JN279070

機械振動学通論

第3版

入江敏博・小林幸徳 著

朝倉書店

改訂に際して

　『機械振動学通論』は，初版出版以来 37 年，第 2 版から数えても 25 年が経過し，多くの学生や技術者に利用していただいた．振動現象や振動解析の基礎が変わることはないが，その間にコンピュータを中心とする情報処理技術は目覚ましい発展を遂げ，振動の計測や制御の分野には新たな展開があった．技術が進歩し，身の回りには高度な技術を感じさせない高性能機器が多いが，その実現には近年実用化された新たな振動解析方法と振動制御技術が欠かせない．そこで，第 2 版の内容を見直し，近年広く用いられる以下の項目を追記した．
(1) モード解析
(2) 振動制御
(3) 有限要素法

　それに伴って構成を若干変更した．また，運動方程式導出の理論的背景をより明確にするため，「力学の諸原理」の章を起こした．内容はやや難しいが，力学を理解するには欠かせないものであり，是非チャレンジしていただきたい．

　ブラックボックス化した解析ツールを容易に利用できる環境が整いつつあるが，解析ツールによる結果の正しい評価には，理論の十分な理解が不可欠である．逆に理論を十分理解してこそ，解析ツールを真に活用できる技術者・研究者となり得る．振動理論は微分方程式や線形代数などの数学と密接な関係にある．そして，数学は物理現象を明快に説明する手段でもある．単に答えを求めるのではなく，理論解析を通じて身近に起こる様々な振動現象の特徴の理解を深めていただきたい．

　改訂に当たっては，山田　元　北海道大学名誉教授，研究室の職員，大学院生諸君の多大なご協力をいただいた．また，本書の改訂を企画しご尽力いただいた朝倉書店の関係各位に心から謝意を表します．

2006 年 11 月

小 林 幸 徳

まえがき

　技術革新の現在，各種の機械が高速，精密かつ高性能となるにしたがって，機械の振動問題はその設計や製作，保守の上からますます重要となってきている．
　わが国の大学工学部，工業短期大学，工業高等専門学校の機械系の学科において，機械振動学とその演習を主な内容とする科目を必須科目として1年間約30週にわたって課しているのはこのためであり，また産業界においても，現場や設計，研究に従事している人達のために講習会や振動セミナーを実施して効果をあげている企業や会社が少なくない．
　本書はこれら学生や青年技術者の教科書あるいは参考者として書かれたものであるが，初歩的な知識から出発して，振動学の基礎的な事項を確実にしながら，章を追うにしたがって新しい問題にも触れている．機械振動学は決して抽象的な学問ではなく，実際の問題に対処するための有力な手段と方法でなければならないから，本書ではなるべく厳密な数学的論議は避け，具体的な意味を十分理解できるよう努めた．そのためにできるだけ多数の説明図を用い，かつ各章の終りの練習問題を吟味して選び，これにかなり懇切なヒントを与えて読者の理解を助けるよう工夫したつもりである．したがって本書の多くの部分，とくに第1～3章，第7章は機械系以外の分野の技術者も十分理解し，これを応用することが可能であろうし，いくらかの指導によって第4～6章を理解することに困難はないであろう．
　どのような学問も同じであろうが，とくに機械振動学では微細な断片的知識を記憶する必要はなく，基礎的な知識が確実に理解できていれば，これを応用することも，いっそう高度な新しい問題の研究も可能であることを著者は過去の経験から確信している．振動学に関する名著を容易に手にとることができる今日，あえて本書を世に問う決心をしたのは以上の理由によるものであって，読者がこれを踏台としてこの分野の学問を理解し，推進して頂ければ著者の幸いこれに過ぎるものはない．
　本書を草するに当って，計算ならびに数多い図面の製作と写図などに協力を

惜しまなかった山田 元 助教授はじめ研究室の職員，大学院学生，研究生の諸君と，本書の出版を企画し，種々尽力を頂いた朝倉書店の関口 伝 氏ほか関係各位に心から謝意を表したい．

昭和 44 年 3 月

北大工学部にて

入 江 敏 博

目　次

1. **振動に関する基礎事項** …………………………………… 1
   1.1 機械の振動問題 …………………………………………… 1
   1.2 力学モデルと自由度 ……………………………………… 2
   1.3 単　振　動 ………………………………………………… 4
   1.4 単振動のベクトル表示 …………………………………… 7

2. **1自由度系の振動** …………………………………………… 12
   2.1 不減衰系の自由振動 ……………………………………… 12
   2.2 粘性減衰系の自由振動 …………………………………… 25
   2.3 粘性減衰系の強制振動 …………………………………… 32
   2.4 回転体の不釣り合いによる強制振動 …………………… 37
   2.5 振動の絶縁と振動計の原理 ……………………………… 39
   2.6 回転軸の危険速度 ………………………………………… 44
   2.7 等価粘性減衰 ……………………………………………… 47
   2.8 周期的な加振力による強制振動 ………………………… 52
   2.9 振動系の周波数伝達関数と周波数応答 ………………… 54
   2.10 ラプラス変換と過渡応答 ………………………………… 61
   2.11 非周期的な加振力による過渡振動 ……………………… 66
   2.12 振動制御の基礎 …………………………………………… 74

3. **多自由度系の振動** …………………………………………… 83
   3.1 2自由度不減衰系の自由振動 …………………………… 83
   3.2 2自由度系の強制振動——動吸振器の理論 …………… 91
   3.3 多自由度系の振動と影響係数法 ………………………… 97
   3.4 固有振動モードの直交性 ………………………………… 102
   3.5 モード解析 ………………………………………………… 105
   3.6 運動の安定性の判別 ……………………………………… 111

4. 連続体の振動 ... 121
- 4.1 弦の振動と波動方程式 ... 121
- 4.2 棒の縦振動 ... 123
- 4.3 棒のねじり振動 ... 131
- 4.4 はりの曲げ振動 ... 133
- 4.5 膜および平面板のたわみ振動 ... 141

5. 非線形振動 ... 150
- 5.1 非線形復原力をもつ不減衰系の自由振動 ... 150
- 5.2 非線形減衰力が働く系の自由振動 ... 159
- 5.3 自励振動 ... 161
- 5.4 非線形復原力をもつ系の強制振動 ... 164
- 5.5 可変ばね系の振動――係数励振型自励振動 ... 170

6. ランダム振動 ... 178
- 6.1 ランダム過程 ... 178
- 6.2 相関関数 ... 184
- 6.3 パワースペクトル密度 ... 189
- 6.4 ランダムな加振力による線形振動系の応答 ... 196

7. 力学の諸原理と数値解析法 ... 201
- 7.1 変分法とオイラー方程式 ... 201
- 7.2 仮想仕事の原理 ... 202
- 7.3 ハミルトンの原理とラグランジュ方程式 ... 203
- 7.4 ガラーキンの方法 ... 206
- 7.5 レーリーの方法とリッツの方法 ... 208
- 7.6 有限要素法 ... 211

参 考 文 献 ... 216
問題の解答とヒント ... 217
索　　引 ... 235

第1章

振動に関する基礎事項

1.1 機械の振動問題

振動 (vibration) とは物体やある状態が時間とともに変化し，平衡の状態を中心として繰り返して変動する現象をいう．こういう現象は自然界の中でもきわめて多く，光，音波，弾性体や地殻の内部を伝わる弾性波，電気回路の電気振動などすべて振動現象で，われわれの生活に密接な関係がある．

本書では機械や構造物の振動問題を取り扱うが，振動の原理は広い意味の振動現象と共通の性質をもっており，視野の広い研究態度が望ましい．輸送機械などでは，大形化，高速化，かつ高性能化する反面，広く軽量構造が採用されるようになり，そのため振動問題はますます重要さを増している．一方，情報機器では小型化に伴う新たな振動問題が発生している．

機械の振動はこれを工業上の目的に利用しようとするものでない限り，好ましいものではなく，機械の機能を低下させ，騒音の発生源となり，材料の疲労と強度の低下を早め，ついには破壊の原因となる．こういった好ましくない振動は極力抑制し，無害なレベルまで低減させるのが望ましい．またこれとは逆に，鍛造機械，振動ふるい，振動試験機のように振動エネルギーを積極的に利用しようとするものもあるが，良い機械を作るためには振動の現象をよく理解したうえで，その知識を十分活用しなければならない．

1.2 力学モデルと自由度

1.2.1 機械の力学モデル

機械や構造物は弾性やある性質の抵抗をもって互いに結合された，いくつかの質量をもつ部分から構成される力学系である．この系になんらかの外力が作用すると振動が発生する．機械の構成は一見複雑なものが多いが，振動解析を行う際にはできるだけ簡単化することが望ましい．複雑なまま取り扱うのは多くの労力と時間を必要とするばかりでなく，問題の性質を理解するうえであまり得策とはいえない．機械をこれと性質を等しくする質量，ばね，ダンパの組み合わせに置き換えたものを**力学モデル** (dynamic model) という．力学モデルを作る目的は，問題の本質を理解するとともに，少ない計算で振動の現象を応用上十分正しく説明する解析結果を得ることにある．

力学モデルの役割を，路面を走行する自動車を例にとって考えてみよう．自動車は道路の凹凸，風の作用，ドライバーの運転などによって，車体，タイヤをはじめその構成部分は複雑な運動をする．解析の目的によっては注目する構成部分の振動を詳細に研究し，記述しなければならないが，ここでは細部の振動とそこに発生する応力をひとまず除外して，車体の上下振動やピッチング，ローリング運動のみに注目するモデルを考えてみよう．図 1.1(a) のように車体を剛体とみなし，懸架装置の弾性と抵抗を代表するばねとダンパ，各車輪の質量と，タイヤの弾性を表すばねで構成される力学モデルを考えた方が簡便であり，実用的でもある．さらに図 (b) のように車体を代表する剛体棒と，前輪系と後輪系の等価ばね，ダンパを考えた簡易モデルで十分な場合もあり，図 (c) のようにばね，ダンパで支えられた質量で置き換えてその性質の概略を理解することもできる．

上の例と異なり，車体やシャーシ，あるいは駆動軸の曲げ，ねじれなどの振動やこれによる応力を求めることが目的である場合，それらを質点あるいは剛体として取り扱うことは適当でなく，連続な弾性体としての取り扱いが必要となる．

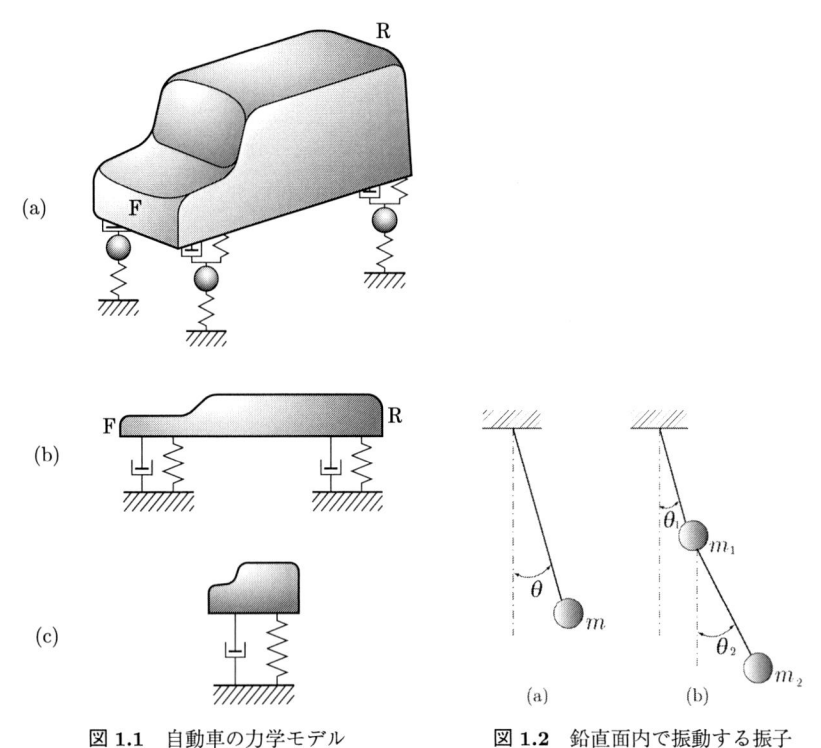

図 1.1　自動車の力学モデル　　　図 1.2　鉛直面内で振動する振子

1.2.2　自　由　度

図 1.1(c) に示す質量の上下運動は，その平衡位置から測った高さの変化のみによって表すことができる．また図 1.2(a) の振子では鉛直となす角 θ の時間的な変化がわかれば十分である．これに対して，図 1.2(b) の 2 重振子ではおのおのの振子の角 θ_1, θ_2 の二つの変数を必要とし，また図 1.1(b) に示す剛体棒の上下運動と回転運動を記述するためには，重心の上下変位と重心周りの回転角を必要とする．

このように物体の運動を記述するために必要な独立変数の数を振動系の**自由度** (degree of freedom) という．上記はそれぞれ自由度が 1 および 2 の例である．自由度は必ずしも振動系を構成する物体や要素の数とは一致しない．例えば図 1.3 に示すいくつかのばねで吊られて空間を運動する，小さい物体の自由度が 3 であるのに対して，図 1.4 のような連結棒で結合された車輪がすべることなくレール上を転がるとき，各部の運動は一通りしかないのでその自由度は 1 で

図 1.3 ばねで吊られて空間を運動する物体

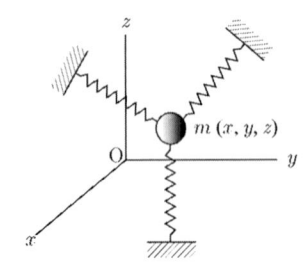

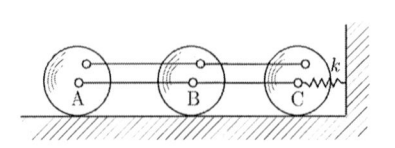

図 1.4 連結棒で結合された車輪系

ある．

　連続的な弾性体では，無数に多くの微小質量が各部で弾性的に結合しているものと考えられるので，その運動を完全に記述するためには無数の独立変数を必要とする．弾性棒や板はその例であるが，このような系を**無限自由度の振動系**という．

　振動系が複雑となり，自由度が増すにしたがって解析もむずかしくなるが，コンピュータによる高度な計算技術が発達し，かなり複雑な系の解析も可能となっている．

1.3 単 振 動

　図 1.5 は機械の運動や状態が時間とともに変化する振動波形の例である．横軸は時間 t，縦軸は平衡位置あるいは基準の状態からの変化量 x で，一つの方向への変化を正，反対方向の変化を負にとっている．

　図 1.5(a)～(c) では一定の時間間隔をおいて同じ現象が繰り返されている．このような振動を**周期振動** (periodic vibration) という．時間の単位で表されたこの一定の間隔を**周期** (period) といい，記号 T で表す．

　一方，図 1.5(d),(e) のような，一定間隔の繰り返しがない振動を**非周期運動** (nonperiodic motion) という．図 (d) は時間とともに減衰する振動である．また図 (e) は簡単な規則性のある運動ではなく，統計的な考え方によらなくてはその性質を把握できない振動で，これを**不規則振動** (random vibration) という．

　周期運動のうちで最も簡単なものは**単振動** (simple harmonic vibration) で，正弦関数または余弦関数で表される．機械の振動現象の多くが近似的にこの関

(a) 正弦波

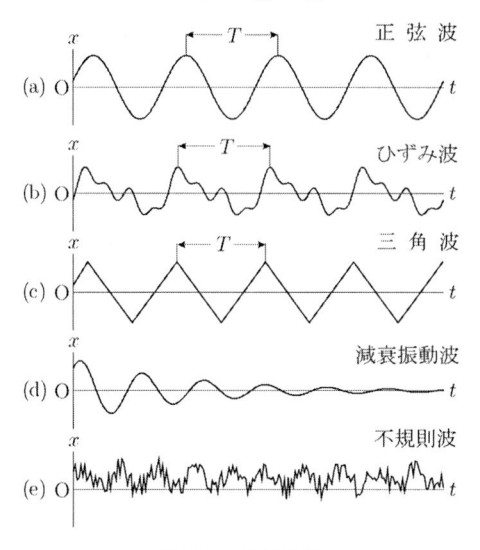

(b) ひずみ波

(c) 三角波

(d) 減衰振動波

(e) 不規則波

図 1.5　振動波形

数で表され，複雑な波形の周期振動もすべて単振動の重ね合せによって記述される．いま

$$x = A\sin(\omega t + \varphi) \tag{1.1}$$

で表される単振動を考えてみよう．A は中立位置からの最大変化量で，これを**振幅** (amplitude) という．両方向の極値間の差 (いわゆる複振幅) を振幅とはいわない．ω は定数で，正弦関数の周期が 2π であるから $\omega T = 2\pi$ となる．すなわち ω は周期に逆比例する量

$$\omega = \frac{2\pi}{T} \tag{1.2}$$

で，これを**角振動数** (angular frequency) あるいは**円振動数** (circular frequency) といい，rad/s の単位で測っている．ωt および φ は rad で測られる角度で，これを**位相角** (phase angle) とよんでいる．単位時間における振動の回数は

$$f = \frac{1}{T} = \frac{\omega}{2\pi} \tag{1.3}$$

で，これを単に振動数といい，Hz の単位で表される．式 (1.1) を時間で微分することによって，速度

$$v = \dot{x} = A\omega\cos(\omega t + \varphi) = A\omega\sin\left(\omega t + \varphi + \frac{\pi}{2}\right) \tag{1.4}$$

が得られる．これは変位と同じ振動数をもち，振幅が $A\omega$ で，位相が変位に比べて $90°$ だけ進んだ単振動である．速度をさらに微分して，加速度

$$a = \dot{v} = \ddot{x} = -A\omega^2 \sin(\omega t + \varphi) = A\omega^2 \sin(\omega t + \varphi + \pi) \quad (1.5)$$

が得られるが，加速度の振幅は速度の ω 倍，位相は速度よりさらに $90°$ 進んでおり，変位に比べると振幅は ω^2 倍，位相は $180°$ 進んで，変位とは全く逆位相となっている．

次に同一の振動数 ω をもち，振幅と位相が異なる二つの単振動

$$x_1 = A_1 \sin(\omega t + \varphi_1), \qquad x_2 = A_2 \sin(\omega t + \varphi_2)$$

を加えてみよう．その和は

$$\begin{aligned}
x &= A_1 \sin(\omega t + \varphi_1) + A_2 \sin(\omega t + \varphi_2) \\
&= (A_1 \cos\varphi_1 + A_2 \cos\varphi_2) \sin\omega t + (A_1 \sin\varphi_1 + A_2 \sin\varphi_2) \cos\omega t \\
&= A \cos\varphi \sin\omega t + A \sin\varphi \cos\omega t \\
&= A \sin(\omega t + \varphi) \quad (1.6)
\end{aligned}$$

のように，もとの振動の振動数と等しい振動数をもつ単振動となる．なお合成された振幅と位相は

$$\begin{aligned}
A &= \sqrt{(A_1 \cos\varphi_1 + A_2 \cos\varphi_2)^2 + (A_1 \sin\varphi_1 + A_2 \sin\varphi_2)^2} \\
&= \sqrt{A_1^2 + A_2^2 + 2A_1 A_2 \cos(\varphi_1 - \varphi_2)} \quad (1.7)
\end{aligned}$$

および

$$\varphi = \tan^{-1} \frac{A_1 \sin\varphi_1 + A_2 \sin\varphi_2}{A_1 \cos\varphi_1 + A_2 \cos\varphi_2} \quad (1.8)$$

で与えられる．

これに対して二つの単振動の振動数が異なっていると，その和は単振動にはならない．実際によく見られる例として，振幅が等しくて振動数がわずかに異なる二つの単振動を加えてみよう．このときは

$$x_1 + x_2 = A \sin\omega t + A \sin(\omega + \Delta\omega)t = 2A \cos\frac{\Delta\omega}{2}t \, \sin\left(\omega + \frac{\Delta\omega}{2}\right)t \quad (1.9)$$

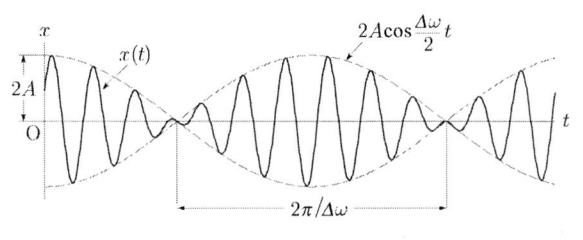

図 1.6 うなり

$\Delta\omega$ は二つの単振動の振動数の差で $|\Delta\omega| \ll \omega$ である．合成された振動は単振動ではなく，角振動数が $\omega + (\Delta\omega/2)$，振幅が 0 から $2A$ の間でゆるやかに変化する図 1.6 のような振動である．このような振動をうなり (beat) という．振幅が最大となる時間間隔が $2\pi/\Delta\omega$ であることから，うなりの振動数は二つの振動成分の振動数 f_1 と f_2 の差に等しく

$$f = |f_1 - f_2| \tag{1.10}$$

である．

1.4 単振動のベクトル表示

図 1.7 のように単振動を振幅 A に等しい大きさをもち，角振動数 ω に等しい角速度で，反時計方向に回転するベクトル $\boldsymbol{A}$ と考えて取り扱うと便利なことが

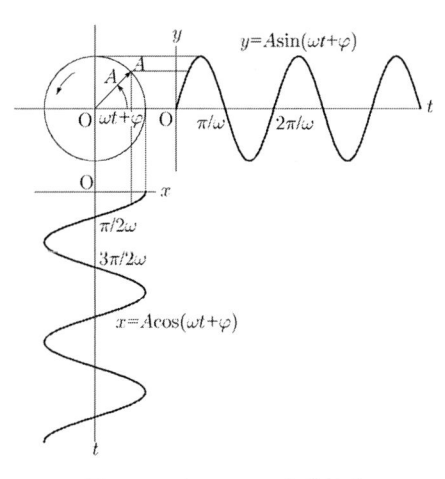

図 1.7 回転ベクトルと単振動

ある．ベクトル $\boldsymbol{A}$ の x 軸となす角を $\omega t + \varphi$ とすれば，$\boldsymbol{A}$ の x, y 軸への正射影は

$$x = A\cos(\omega t + \varphi), \qquad y = A\sin(\omega t + \varphi)$$

で，x 軸を実数軸，y 軸を虚数軸と考えれば，$\boldsymbol{A}$ を次のように複素数を用いて表すことができる．

$$\boldsymbol{A} = A\cos(\omega t + \varphi) + jA\sin(\omega t + \varphi) = Ae^{j(\omega t + \varphi)} \qquad (1.11)$$

ただし $j = \sqrt{-1}$ は虚数単位を表す．$\boldsymbol{A}$ の x 軸および y 軸への正射影は複素数 (1.11) の実部と虚部に相当するから

$$x = \mathrm{Re}\left[Ae^{j(\omega t + \varphi)}\right], \qquad y = \mathrm{Im}\left[Ae^{j(\omega t + \varphi)}\right] \qquad (1.12)$$

と書ける．ここで記号 Re および Im はそれぞれ複素数の実部および虚部をとることを意味する．

式 (1.11) を時間で微分することによって，速度ベクトル

$$\dot{\boldsymbol{A}} = j\omega A e^{j(\omega t + \varphi)} = j\omega \boldsymbol{A} \qquad (1.13)$$

および加速度ベクトル

$$\ddot{\boldsymbol{A}} = (j\omega)^2 A e^{j(\omega t + \varphi)} = (j\omega)^2 \boldsymbol{A} = -\omega^2 \boldsymbol{A} \qquad (1.14)$$

が得られる．式 (1.11), (1.13), (1.14) の虚部をとると，式 (1.1), (1.4), (1.5) が得られる．また

$$e^{j\pi/2} = \cos\left(\frac{\pi}{2}\right) + j\sin\left(\frac{\pi}{2}\right) = j$$
$$e^{j\pi} = \cos\pi + j\sin\pi = -1 = j^2$$

であることから，式 (1.13), (1.14) は

$$\dot{\boldsymbol{A}} = \omega A e^{j(\omega t + \varphi + \pi/2)} \qquad (1.15)$$

$$\ddot{\boldsymbol{A}} = \omega^2 A e^{j(\omega t + \varphi + \pi)} \qquad (1.16)$$

で，これらのベクトルは図 1.8 に示す位相の関係にある．

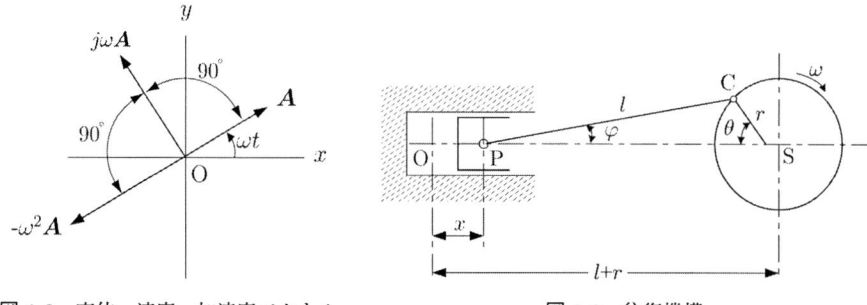

図 1.8 変位, 速度, 加速度ベクトル　　　　**図 1.9** 往復機構

【例題 1.1】 振幅が 5 mm, 振動数が 8 Hz の単振動の速度と加速度の最大値はいくらか.

【解】 最大速度は

$$A\omega = 0.005 \times (2\pi \times 8) = 0.25 \quad [\text{m/s}]$$

最大加速度は

$$A\omega^2 = 0.005 \times (2\pi \times 8)^2 = 12.6 \ [\text{m/s}^2] \fallingdotseq 1.3 \ g$$

【例題 1.2】 複素数 $5 + 3j$ を指数関数 $Ae^{j\theta}$ の形で書き表せ.

【解】 $A = \sqrt{5^2 + 3^2} = 5.83$, $\theta = \tan^{-1}(3/5) = 31.0°$ であるから

$$5 + 3j = 5.83 e^{j\,31.0°}$$

【例題 1.3】 図 1.9 に示す往復機構において, クランクが角速度 ω で等速回転するときのピストンの運動を調べよ. 図中, l はコンロッドの長さ, r はクランクの半径, φ はコンロッドがシリンダ中心線となす角, θ はクランクの回転角を表す.

【解】 上死点 O から測ったピストンの位置を x とすれば

$$\begin{aligned} x &= l + r - (l\cos\varphi + r\cos\theta) \\ &= l(1 - \cos\varphi) + r(1 - \cos\theta) \end{aligned} \tag{1.17}$$

で与えられる. 二つの角 θ, φ の間に

$$l\sin\varphi = r\sin\theta$$

の関係があるから

$$\cos\varphi = \sqrt{1 - \lambda^2 \sin^2\theta}$$

となる．$\lambda = r/l$ はコンロッドの長さに対するクランク半径の比で，実際には $\lambda = 1/3 \sim 1/5$ 程度の値をもつ．したがって二項定理によって根号を展開すると

$$\cos\varphi = 1 - \frac{1}{2}\lambda^2 \sin^2\theta - \frac{1}{8}\lambda^4 \sin^4\theta - \cdots$$

これを式 (1.17) に代入すると

$$x = r\left(1 - \cos\theta + \frac{1}{2}\lambda \sin^2\theta + \frac{1}{8}\lambda^3 \sin^4\theta + \cdots\right)$$

ここで $\sin\theta$ の偶数べきを

$$\sin^2\theta = \frac{1}{2}(1 - \cos 2\theta), \quad \sin^4\theta = \frac{1}{8}(3 - 4\cos 2\theta + \cos 4\theta), \quad \cdots$$

で書き直し，$\theta = \omega t$ とおくことによって，ピストンの位置は

$$x = r\left(1 + \frac{1}{4}\lambda - \cos\omega t - \frac{1}{4}\lambda \cos 2\omega t - \cdots\right) \tag{1.18}$$

と書ける．ピストンの速度および加速度は，式 (1.18) を時間で微分することによって

$$v = \dot{x} = r\omega\left(\sin\omega t + \frac{\lambda}{2}\sin 2\omega t + \cdots\right) \tag{1.19}$$

$$a = \ddot{x} = r\omega^2(\cos\omega t + \lambda \cos 2\omega t + \cdots) \tag{1.20}$$

となる．以上のように，ピストンの運動はクランクの回転角速度に等しい振動数の単振動と，回転角速度の 2, 4, $\cdots$ 倍といった高次の振動数をもつ単振動の重ね合せであることがわかる．実際の往復式の機関では，コンロッドの長さに比べてクランクの半径が小さいので，高次振動の成分はかなり小さくなる．

問 題 1

1.1 振幅 2 mm, 振動数 15 Hz で単振動している物体の最大速度と最大加速度はいくらか.

1.2 振動数 10 Hz で上下に単振動している水平な台の上に置かれた物体が, 台から離れて飛び上がらないためには, 振幅はいくら以下でなければならないか.

1.3 $x = 3\sin(0.5\pi t + \pi/3)$ の単振動において, x が mm, t が s, 角度が rad で測られているとき
  (1) 振動の振動数 (Hz)
  (2) 初期 $(t=0)$ の変位, 速度, 加速度の大きさ
  (3) 時刻 $t = 0.5$ s における変位, 速度, 加速度の大きさはいくらか.

1.4 単振動 $x = A\sin(4.5t + \varphi)$ の初期 $(t=0)$ の変位が 4.0 mm, 速度が 13.0 mm/s であったという. 振幅 A と位相角 φ を求めよ. またこれを

$$x = C\sin 4.5t + D\cos 4.5t$$

と書くとき, C と D はいくらになるか.

1.5 床に対して $x_1 = 5\sin(30t + \pi/3)$ の単振動をする板の上に載った物体が, 板に対してもこれと同じ方向に $x_2 = 3\sin(30t + \pi/4)$ の単振動をするとき, 床に対して物体はどのような運動をするか.

1.6 $x = 8\sin(3t + \varphi)$ の単振動を, これより 45° 進んだ成分と 60° 遅れた成分の二つを用いて表せ.

1.7 次の複素数を複素平面上の点で表し, かつ指数形 $Ae^{j\varphi}$ で書け.

  (1) $3 + 4j$, (2) $(1 + 2j)(3 + 4j)$, (3) $\dfrac{1 + 2j}{3 + 4j}$

1.8 一つの点が平面上を互いに直角方向に

$$x = a\cos\left(\omega t + \frac{\pi}{6}\right), \qquad y = \frac{2}{3}a\cos\left(\omega t + \frac{\pi}{4}\right)$$

の単振動をするとき, 合成運動はどのようになるか. 作図によって求めよ.

1.9 前問において

$$y = \frac{2}{3}a\cos\left(2\omega t + \frac{\pi}{4}\right)$$

のときはどうなるか.

1.10 クランクの半径 30 mm, コンロッドの長さ 165 mm の往復機構が毎分 1800 回の速度で回転するとき, ピストンの速度と加速度はいくらか.

第2章

1自由度系の振動

2.1 不減衰系の自由振動

2.1.1 直線振動

図 2.1 のように一端を固定し，他端に質量 m の物体を吊った軽いばねを考える．ばねは通常これに作用する力に比例して伸縮すると考えられるから，無負荷状態のばねに物体を吊ると，重力 mg により

$$\delta_{\mathrm{st}} = \frac{mg}{k} \tag{2.1}$$

だけたわむ．k はばねに働いて単位長さだけ伸縮させる力で，これをばねのこわさ (stiffness)，あるいはばね定数 (spring constant) という．

物体が平衡位置を中心として鉛直方向に振動するものとして，そのたわみを

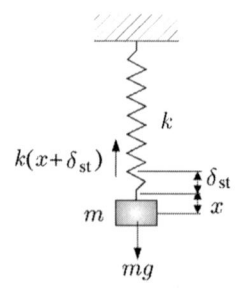

図 2.1 ばね–質量振動系

x で表し,下向きを正とすれば,ニュートン (Newton) の運動法則により

$$m\ddot{x} = mg - k(x + \delta_{\mathrm{st}})$$

が成り立つ.式 (2.1) により $mg = k\delta_{\mathrm{st}}$ なので

$$m\ddot{x} = -kx \tag{2.2}$$

両辺を m で割り,$\omega_{\mathrm{n}}^2 = k/m$ とすれば

$$\ddot{x} + \omega_{\mathrm{n}}^2 x = 0 \tag{2.3}$$

となる.ばねで吊られた物体の運動は式 (2.2) あるいは式 (2.3) の 2 階微分方程式によって表され,その解によって運動の性質を知ることができる.式 (2.3) は $x = \sin\omega_{\mathrm{n}}t$,あるいは $x = \cos\omega_{\mathrm{n}}t$ の三角関数解をもつことは容易にわかるが,A と B を任意の定数とすれば

$$x = A\sin\omega_{\mathrm{n}}t + B\cos\omega_{\mathrm{n}}t \tag{2.4}$$

もまた式 (2.3) の解である.このような二つの独立な任意定数をもつ解を 2 階微分方程式の**一般解** (general solution) という.

位相角が $\omega_{\mathrm{n}}T = 2\pi$ となったとき 1 周期の運動が完了するから,振動の周期は

$$T = 2\pi\sqrt{\frac{m}{k}} \tag{2.5}$$

振動数はその逆数で

$$f_{\mathrm{n}} = \frac{1}{T} = \frac{1}{2\pi}\sqrt{\frac{k}{m}} \tag{2.6}$$

となる.周期や振動数は変位や速度のような運動の状態には関係なく,質量,ばねのこわさといった振動系の定数のみによってきまる.この意味で振動数 f_{n} を**固有振動数** (natural frequency) といい,通常添字 n をつけて表している.

式 (2.6) はまた

$$f_{\mathrm{n}} = \frac{1}{2\pi}\sqrt{\frac{g}{mg/k}} = \frac{1}{2\pi}\sqrt{\frac{g}{\delta_{\mathrm{st}}}} \tag{2.7}$$

と書くことができる.固有振動数を求めるために,必ずしも m と k の値を必要とせず,物体の自重による静たわみの大きさ δ_{st} がわかれば十分である.

式 (2.4) で表される一般解はこの系のすべての可能な運動を含んでおり，特定の運動のみを表すものではない．一つのきまった運動を定めるものはある時刻における物体の運動状態を表す変位と速度であって，これを**初期条件** (initial condition) という．$t = 0$ のとき

$$x = x_0, \qquad \dot{x} = v_0$$

であったとすれば，式 (2.4) がこの条件をみたすためには，定数 A と B が

$$A = \frac{v_0}{\omega_n}, \qquad B = x_0$$

で，したがって

$$x = \frac{v_0}{\omega_n} \sin \omega_n t + x_0 \cos \omega_n t \tag{2.8}$$

あるいは

$$\left.\begin{array}{l} x = \sqrt{x_0^2 + \left(\dfrac{v_0}{\omega_n}\right)^2} \sin(\omega_n t + \varphi) \\[2mm] \varphi = \tan^{-1}\left(\dfrac{x_0}{v_0/\omega_n}\right) \end{array}\right\} \tag{2.9}$$

と書くこともできる．図 2.2 はこれを図示したものである．このようなばねの復原力以外に外部からなんら力が作用しないで起こる振動を**自由振動** (free vibration) とよんでいる．

A. コイルばねのこわさ

機械の振動や衝撃の緩和のために用いられるコイルばね (図 2.3) のこわさは，引張りと圧縮に対して

$$k = \frac{Gd^4}{8ND^3} \tag{2.10}$$

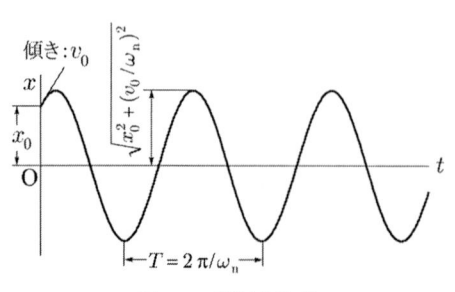

図 2.2 単振動波形

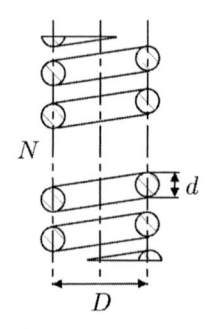

図 2.3 コイルばね

の大きさをもっている．d はコイルの線径，D は平均直径，N はコイルの巻数で，G は材料の横弾性係数を表す．

コイルばねのねじりに対するこわさは

$$k_\mathrm{t} = \frac{Ed^4}{64ND} \tag{2.11}$$

で，コイルばねを単位の角度 (1 rad) だけねじるのに必要なトルクに等しい．ここで E は材料の縦弾性係数である．

B. はりのこわさ

ばねの中には，はりや板の弾性を利用したものがある．はりの弾性によるこわさは，はりのある位置に単位の大きさのたわみを起こす力の大きさに等しく，図 2.4 に示す代表的な構造のはりでは表 2.1 のような値をもっている．ここで l ははりの長さ，I は断面二次モーメントである．この表の (　) 内の数字は片持はりを基準として，これと長さ，断面の形とも等しいはりのこわさを比較したもので，下欄のものほど大きい値をもつ．

表 2.1　はりのこわさ

	はりの種類	はりのこわさ (比率)
(a)	片持はり (荷重先端)	$3EI/l^3$ (1)
(b)	張出はり (〃)	$96EI/7l^3$ (4.6)
(c)	両端支持はり (荷重中央)	$48\,EI/l^3$ (16)
(d)	固定支持はり (〃)	$768\,EI/7l^3$ (36.6)
(e)	両端固定はり (〃)	$192\,EI/l^3$ (64)

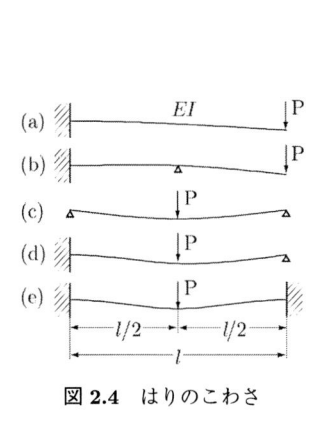

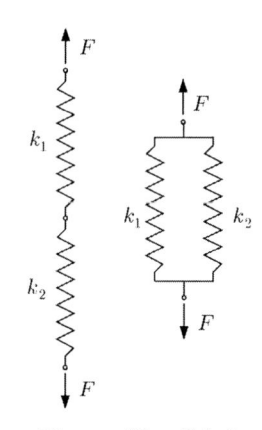

図 2.4　はりのこわさ

図 2.5　ばねの組合せ

C. 組み合せばね

ばねは単独で用いられる以外に，いくつかの種類のばねが組み合わされて用いられることが多い．その組み合せ方は図 2.5 に示す直列と並列の 2 種類が基本となっており，その結果全体としてのばね定数は次のようになる．いま直列ばねの両端を力 F で引張るか，圧縮すると，全体の変形量はおのおののばねの変形量の和となり，変形量がばねに働く力とばね定数の比で表されることから

$$\delta = \delta_1 + \delta_2, \qquad \frac{F}{k} = \frac{F}{k_1} + \frac{F}{k_2}$$

となる．したがって直列ばねのこわさ k は

$$\frac{1}{k} = \frac{1}{k_1} + \frac{1}{k_2} \tag{2.12}$$

並列ばねの両端を引張るか，圧縮するときは，力 F は二つのばねに配分されて

$$F = F_1 + F_2, \qquad k\delta = k_1\delta + k_2\delta$$

したがって並列ばねのこわさは

$$k = k_1 + k_2 \tag{2.13}$$

となる．

ここで簡単な計算をしてみよう．

【例題 2.1】 先端に 20 kg の質量をもつ長さ 300 mm，直径 15 mm の鋼製片持はりの曲げに対するこわさはいくらか．はりの縦弾性係数は 200 GPa，先端に取り付けた質量に比べてはりの質量は無視できるものとして，固有振動数を計算せよ．

【解】 はりの断面二次モーメントは

$$I = \frac{\pi}{64} \times 0.015^4 = 2.5 \times 10^{-9} \quad [\text{m}^4]$$

縦弾性係数は $E = 200\,[\text{GPa}] = 200 \times 10^9\,[\text{N/m}^2]$ で，はりのこわさは表 2.1(a) により

$$k = \frac{3EI}{l^3} = \frac{3 \times 200 \times 10^9 \times 2.5 \times 10^{-9}}{0.3^3} = 5.5 \times 10^4 \quad [\text{N/m}]$$

あるいは 55 kN/m である．式 (2.6) により固有振動数は

$$f_\mathrm{n} = \frac{1}{2\pi}\sqrt{\frac{k}{m}} = \frac{1}{2\pi}\sqrt{\frac{5.5 \times 10^4}{20}} = 8.3 \quad [\mathrm{Hz}]$$

2.1.2 回 転 振 動

質点 m が図 2.6 に示すように回転中心 O の周りを半径 r で回転するとき，接線方向の加速度を a とする．質点に作用する接線方向の力 F は，慣性力と釣り合うので $F = ma$ であり，回転中心周りのモーメントは

$$Fr = mar \tag{2.14}$$

となる．加速度 a と角加速度 α の間には $a = r\alpha$ の関係があるので，式 (2.14) は

$$Fr = mr^2\alpha \tag{2.15}$$

と書ける．このとき mr^2 を**慣性モーメント** (moment of inertia) とよぶ．剛体の慣性モーメント I は，質量 dm の質点を剛体の微小要素と考え，回転中心を原点として全体積にわたって積分することによって

$$I = \int r^2 dm \tag{2.16}$$

と求められる．

図 2.7 のように一端を固定，他端に円板を有する弾性軸をねじった場合を考えてみよう．固定端に対して角度 θ だけねじられた円板には，その角度に比例する大きさの復原モーメント (復原トルク) が働く．弾性軸を単位の角度 (1 rad) だけねじるのに必要なトルクを軸のねじりこわさといい，その大きさは

$$k_\mathrm{t} = \frac{G\pi d^4}{32l} \tag{2.17}$$

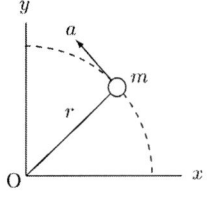

図 2.6　回転運動

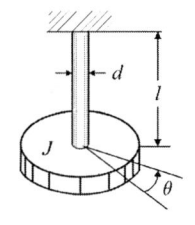

図 2.7　自由端に円板を有する弾性軸

に等しい．d は軸の直径，l は長さで，G は材料の横弾性係数を表す．

円板の中心軸に関する慣性モーメントを J とすれば，円板のねじり振動の方程式は

$$J\ddot{\theta} + k_t\theta = 0 \tag{2.18}$$

で与えられる．ここで円板に比べて軸の回転慣性は小さいとして省略してある．式 (2.18) を J で割って $\omega_n^2 = k_t/J$ とおけば，式 (2.3) と同一の式となり，円板の固有振動数は

$$f_n = \frac{1}{2\pi}\sqrt{\frac{G\pi d^4}{32Jl}} \tag{2.19}$$

となる．

A. 等価ねじり軸

図 2.8 のように軸がいくつかの異なった直径の軸から構成されているとき，一定の直径をもつ等価ねじり軸を考えるのが便利である．全軸のねじりこわさはそれぞれのばね定数が

$$k_i = \frac{G\pi d_i^4}{32l_i}$$

の直列ばねに等しいものと考えられるから，直径が変化する全軸を，これと等しいねじりこわさをもった一定直径 d_{eq} の等価ねじり軸に置き換えたとすれば

$$\frac{32l}{G\pi d_{eq}^4} = \sum_{i=1}^{n}\frac{32l_i}{G\pi d_i^4}$$

で，等価直径の大きさはこれを解いて

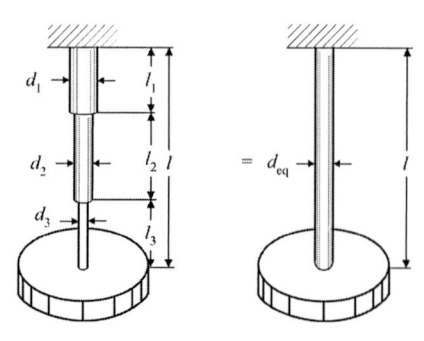

図 2.8 等価ねじり弾性軸

で与えられる．

B. 振子の振動

(1) 鉛直振子　　振子の支点と重心を結ぶ直線が鉛直線と θ の角をなすとき，振子の重心には重力による大きさ $Mgl\sin\theta$ の復原モーメントが働き (図 2.9)，振子の回転運動の方程式は

$$J\ddot{\theta} = -Mgl\sin\theta \tag{2.21}$$

となる．l は支点と重心間の距離，M は振子の質量，J は支点周りの振子の慣性モーメントである．

角 θ が小さくて，$\sin\theta \approx \theta$ とみなし得るときは

$$\ddot{\theta} + \frac{Mgl}{J}\theta = 0 \tag{2.22}$$

と近似でき，直線振動の式 (2.3) と同じ形となる．したがって振子の固有振動数は

$$f_\mathrm{n} = \frac{1}{2\pi}\sqrt{\frac{Mgl}{J}} \tag{2.23}$$

で，振子の振幅に関係のない定数である (振子の等時性)．振子の振幅が大きくなると式 (2.22) で表される近似式は正しくなく，振子の運動は非線形微分方程式 (2.21) に支配され，等時性は成り立たなくなる (第 5 章参照)．

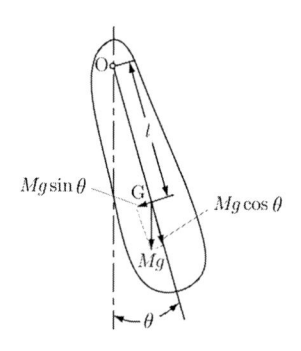

図 2.9　鉛直振子

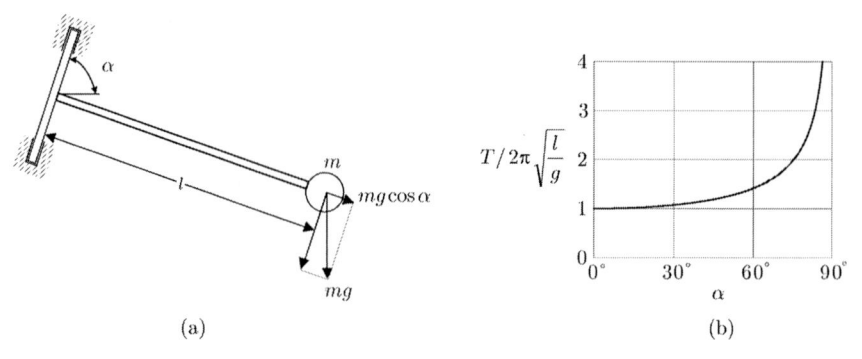

図 2.10 水平振子

振子の支点周りの慣性モーメントは $J = J_G + Ml^2$ であるが，糸や軽い棒で小さい物体を吊ったいわゆる単振子では，重心周りの慣性モーメント J_G が Ml^2 に比べて小さいので，これを省略して，その固有振動数

$$f_n = \frac{1}{2\pi}\sqrt{\frac{g}{l}} \tag{2.24}$$

が得られる．

(2) 水平振子 図 2.10(a) のように質量 m の振子の回転軸を水平面に対して角度 α だけ傾けると，軸に直角な方向の重力加速度の成分は $g\cos\alpha$ となるから，固有振動数は上記の g を $g\cos\alpha$ に書き換えて

$$f_n = \frac{1}{2\pi}\sqrt{\frac{g}{l}\cos\alpha} \tag{2.25}$$

となる．回転軸を 90° ちかく傾けると同図 (b) のように周期はいくらでも大きくなる．これは長い周期を得る一つの有効な手段であって，地震計など多くの分野で利用されている．長周期のものほど回転軸が鉛直にちかく，振子の振動面が水平にちかいので，これを**水平振子** (horizontal pendulum) という．

(3) 倒立振子 図 2.11 のように振子を倒立させて，これを板ばねやコイルばねで支えたものを**倒立振子** (inverted pendulum) という．この場合は振子に働く重力は復原モーメントとしてではなく，振子の角度を大きくする方向に働くが，ばねのこわさや取り付け位置，振子の質量を適当にきめれば，長い周期の振子を作ることができる．振子の質量を m，支点から重心までの高さを l，ばねの取り付け点の高さを h とすれば，振れ角 θ が大きくない限り

$$ml^2\ddot{\theta} = mgl\theta - kh^2\theta \tag{2.26}$$

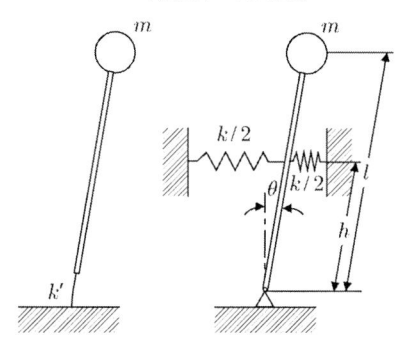

図 **2.11** 倒立振子

で，$kh^2 > mgl$ のとき正の復原モーメントを生じ，固有振動数は

$$f_\mathrm{n} = \frac{1}{2\pi}\sqrt{\frac{kh^2 - mgl}{ml^2}} \qquad (2.27)$$

となる．$kh^2 < mgl$ では振子が倒れ，もはや単振動は起こらない．

2.1.3 エネルギー法

前節まではすべて振動系の運動方程式が与えられて，これより固有振動数が求められたが，エネルギーの保存法則を利用しても同じ結果が得られ，かつ計算がしやすいことがある．振動系のエネルギーは質量に速度の形でたくわえられる**運動エネルギー** (kinetic energy) T と，重力やばね力に抗してたくわえられる**ポテンシャルエネルギー**(potential energy) U よりなる．振動系に摩擦力や抵抗が作用しない限り力学エネルギーは一定で，いわゆるエネルギー保存則

$$T + U = E \qquad (2.28)$$

が成り立つ．この場合，エネルギーの時間的な変化割合は

$$\frac{d}{dt}(T + U) = 0 \qquad (2.29)$$

となる．図 2.1(p.12) に示す振動系では，運動のエネルギーは

$$T = \frac{1}{2}m\dot{x}^2 \qquad (2.30)$$

で，ポテンシャルエネルギーはばねが x だけ変位するまでに振動系にたくわえられる仕事に等しい．ばね力は $mg + kx$ であるから，ばねに加えられた仕事は

$$\int_0^x (mg + kx)dx = mgx + \frac{1}{2}kx^2 \qquad (2.31)$$

物体が x だけ変位する間に位置によるエネルギーは mgx だけ減少するから、ばねにたくわえられるポテンシャルエネルギーは

$$U = \frac{1}{2}kx^2 \tag{2.32}$$

となる．そして式 (2.28) によって

$$\frac{1}{2}m\dot{x}^2 + \frac{1}{2}kx^2 = E \tag{2.33}$$

となる．あるいは式 (2.29) により

$$\dot{x}(m\ddot{x} + kx) = 0$$

この場合 $\dot{x} = 0$ は意味がないから，結局エネルギー保存則から逆に運動方程式 (2.2) が導かれることになる．

保存系では力学エネルギーは不変であるから，系の (T, U) は $(T_\mathrm{max}, 0)$ と $(0, U_\mathrm{max})$ の間で変化しており

$$T_\mathrm{max} = U_\mathrm{max} \tag{2.34}$$

である．物体が単振動 $x = A\sin\omega_\mathrm{n} t$ をする場合，$T_\mathrm{max} = (1/2)m\omega_\mathrm{n}^2 A^2$，$U_\mathrm{max} = (1/2)kA^2$ で，両者を等しいとおくことによって固有振動数 $\omega_\mathrm{n} = \sqrt{k/m}$ が得られる．結局，式 (2.34) を用いれば，微分方程式を解かないで，容易に系の固有振動数を求めることができ，これを**エネルギー法** (energy method) という．

【例題 2.2】 質量 m，中心軸周りの慣性モーメント J の回転体の軸 (半径 r) が，図 2.12 のような半径 R の二つの平行なレール上をすべることなくころがるときの回転体の振動を調べよ．

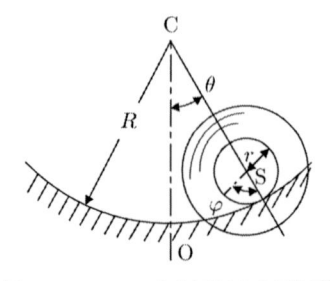

図 **2.12** レール上を回転する回転体

【解】 回転運動による運動エネルギーは，慣性モーメントを J，角速度を ω とすると $J\omega^2/2$ で与えられる．図 2.12 に示す回転体の運動エネルギーは，重心の並進運動によるものと，重心周りの回転運動によるものとからなる．レールの中心 C を通る鉛直線に対する回転体の中心軸の角変位を θ とすれば，重心の並進速度は $(R-r)\dot{\theta}$ となる．回転体の回転角を φ とすれば，重心の周りの回転体の回転速度は $\dot{\varphi}$ で，回転軸がレール上ですべらないときは $r\varphi = R\theta$ の関係があるから，運動エネルギーは

$$T = \frac{1}{2}m(R-r)^2\dot{\theta}^2 + \frac{1}{2}J(\dot{\varphi}-\dot{\theta})^2$$
$$= \frac{1}{2}(mr^2+J)\left(\frac{R-r}{r}\right)^2\dot{\theta}^2$$

回転によって回転体の重心は最下点より $(R-r)(1-\cos\theta)$ だけ上昇するので，位置エネルギーは

$$U = mg(R-r)(1-\cos\theta)$$

となる．この T と U とを式 (2.29) に代入して得られる式を $\dot{\theta}$ で割れば

$$(mr^2+J)\left(\frac{R-r}{r}\right)^2 \ddot{\theta} + mg(R-r)\sin\theta = 0 \quad (2.35)$$

で，角変位 θ が大きくない限り，固有振動数は

$$f_n = \frac{1}{2\pi}\sqrt{\frac{g}{(R-r)(1+J/mr^2)}} \quad (2.36)$$

となる．

2.1.4 レーリーの方法とばねの等価質量

以上の計算では，ばねやはりの質量は，これに取り付けられる物体に比べて小さいとして省略した．しかしこれらの質量が無視できないときには，これに対する補正を必要とする．そのためのエネルギー法を用いた補正計算法を説明しよう．

ばねやはりは質量が分布する連続体なので，エネルギー法を用いるためには運動エネルギーとポテンシャルエネルギーの値を知る必要があり，各部分の変形がわかっていなければならない．レーリー卿 (Lord Rayleigh) はこの目的のた

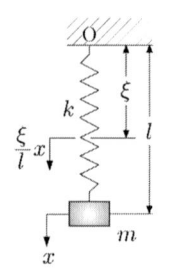

図 2.13 ばね-質量振動系

めに合理的なたわみを仮定して，固有振動数に関するよい近似値を得ることを示した．コイルばねと板ばねを例にとって説明しよう．

【例：コイルばねの質量を考慮したばね-質量振動系】 図 2.13 のように振動中のばねの自由端の変位を x，中間の点の変位を固定端よりの長さに比例するものとして $\xi x/l$ としよう．ただし l は平衡状態にあるばねの全長，ξ はばねの固定端から中間の点までの長さである．したがって振動中ばねの各点は固定端からの距離に比例した変位をもつと仮定したこととなる．この振動系の運動エネルギーは物体とばねのもつエネルギーの和に等しく

$$T = \frac{1}{2}m\dot{x}^2 + \int_0^l \frac{1}{2}\rho \left(\frac{\xi}{l}\dot{x}\right)^2 d\xi = \frac{1}{2}\left(m + \frac{1}{3}\rho l\right)\dot{x}^2$$

で与えられる．ここで ρ は鉛直方向のばねの単位長さ当たりの質量を表す．一方，ポテンシャルエネルギーは $U = (1/2)kx^2$ である．自由端の変位を $x = A\sin\omega_n t$ と仮定し，運動エネルギーとポテンシャルエネルギーの最大値を等しくおくことによって，固有振動数は

$$f_n = \frac{1}{2\pi}\sqrt{\frac{k}{m + \rho l/3}} \tag{2.37}$$

となる．ばねの質量を考慮に入れるときは，物体の質量にばね質量の 1/3 を加えるべきことがわかる．

【例：自由端に集中質量を有する片持はり】 片持はりの振動形を自由端に集中荷重が働くときの静たわみ曲線

$$y = \frac{1}{2}\delta \left\{ 3\left(\frac{x}{l}\right)^2 - \left(\frac{x}{l}\right)^3 \right\}$$

に等しいと仮定しよう（図 2.14）．δ は自由端のたわみを表す．運動のエネルギー

2.2 粘性減衰系の自由振動

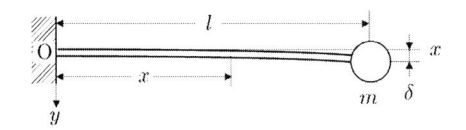

図 2.14 自由端に集中質量を有する片持はり

は自由端の集中質量とはりのエネルギーの和であるから

$$T = \frac{1}{2}m\dot{\delta}^2 + \int_0^l \frac{1}{2}\rho A \frac{\dot{\delta}^2}{4}\left\{3\left(\frac{x}{l}\right)^2 - \left(\frac{x}{l}\right)^3\right\}^2 dx = \frac{1}{2}\left(m + \frac{33}{140}\rho Al\right)\dot{\delta}^2$$

となる．ρ は単位体積当たりのはりの質量，A は断面積を表す．はりにたくわえられるポテンシャルエネルギーは $U = (1/2)k\delta^2$ であるが，片持はりの先端におけるこわさは $k = 3EI/l^3$ であるから，ポテンシャルエネルギーは

$$U = \frac{1}{2}\frac{3EI}{l^3}\delta^2$$

したがって固有振動数は

$$f_n = \frac{1}{2\pi}\sqrt{\frac{3EI/l^3}{m + (33/140)\rho Al}} \tag{2.38}$$

となり，はりの全質量の約 1/4 を自由端の質量に付加すべきことがわかる．

自由端に集中質量がない片持はりの場合は，式 (2.35) の $m=0$ として

$$f_n = \frac{1}{2\pi}\sqrt{\frac{140}{11}\frac{EI}{l^4 \rho A}} = \frac{0.568}{l^2}\sqrt{\frac{EI}{\rho A}} \tag{2.39}$$

となるが，この値は第 4 章の方法で求められる数学的な正解

$$f_n = \frac{1.875^2}{2\pi l^2}\sqrt{\frac{EI}{\rho A}} = \frac{0.560}{l^2}\sqrt{\frac{EI}{\rho A}} \tag{2.40}$$

と比較して，わずか 1.5% 高いにすぎない．

2.2 粘性減衰系の自由振動

実際には理想的な保存系は存在せず，すべての振動系にはなんらかのエネルギーの損失がある．エネルギー損失の原因は物体に作用する抵抗で，これにはいくつかの異なった形式のものがあるが，代表的な例として，物体の運動の速度に

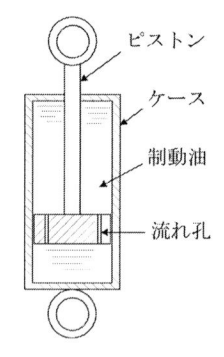

図 2.15 流れ孔を利用したダンパ

比例する減衰力が作用する場合を考えてみよう．この力は物体が流体中を運動するとき，流体の粘性によって起こるもので，これを**粘性減衰** (viscous damping) という．この形式の減衰力は振動や衝撃緩和のために積極的に利用されており，運動する板と側壁に囲まれた流体，あるいは図 2.15 に示すピストンに設けられた流れ孔や側面のすき間を用いたダンパなどが作られている．

c を粘性減衰係数とすれば，物体にはばねの復原力 $-kx$ のほかに減衰力 $-c\dot{x}$ が働くので，運動の方程式は

$$m\ddot{x} = -c\dot{x} - kx$$

あるいは

$$m\ddot{x} + c\dot{x} + kx = 0 \tag{2.41}$$

となる．式 (2.41) は定数係数をもつ線形微分方程式で，A と B を任意定数として

$$x = Ae^{s_1 t} + Be^{s_2 t} \tag{2.42}$$

という一般解をもつ．s_1, s_2 は

$$ms^2 + cs + k = 0 \tag{2.43}$$

を満足する根で

$$s_1, s_2 = -\frac{c}{2m} \pm \sqrt{\left(\frac{c}{2m}\right)^2 - \frac{k}{m}} \tag{2.44}$$

であるが，$c \geq 2\sqrt{mk}$ か，あるいは $c < 2\sqrt{mk}$ かによって実数か，または虚数となり，系の運動の性質が異なってくる．この境界の値

$$c_\mathrm{c} = 2\sqrt{mk} \tag{2.45}$$

を**臨界減衰係数** (critical damping coefficient) という．臨界減衰係数に対する減衰係数の比率

$$\zeta = \frac{c}{c_\mathrm{c}} \tag{2.46}$$

は無次元量で，これを**減衰比** (damping ratio) とよんでおり，実際の機械や構造物の振動を調べるうえで重要な量である．減衰比を用いて式 (2.44) を書き直すと

$$s_1,\ s_2 = (-\zeta \pm \sqrt{\zeta^2 - 1}\,)\omega_\mathrm{n} \tag{2.47}$$

となる．次に粘性減衰係数の値で場合分けして系の運動の性質を調べてみよう．

(1) $c > c_\mathrm{c}$ ($\zeta > 1$) の場合，s_1, s_2 は相異なる負の実数となり，式 (2.42) は

$$x = Ae^{(-\zeta+\sqrt{\zeta^2-1})\omega_\mathrm{n} t} + Be^{(-\zeta-\sqrt{\zeta^2-1})\omega_\mathrm{n} t} \tag{2.48}$$

と書ける．右辺の項はいずれも時間とともに減衰する関数であるから，物体は図 2.16(a) のように振動することなく，平衡位置まで減衰して停止する．このような運動を**超過減衰** (over damping) とよんでいる．

(2) $c = c_\mathrm{c}$ ($\zeta = 1$) の場合，s_1, s_2 は等根となり，式 (2.41) の一般解は

$$x = (A + Bt)e^{-\zeta \omega_\mathrm{n} t} \tag{2.49}$$

と書かれる．$c > c_\mathrm{c}$ の場合と同様，系は振動することなく減衰振動をする．これを**臨界減衰** (critical damping) という．

(3) $c < c_\mathrm{c}$ ($\zeta < 1$) の場合，s_1 と s_2 は共役複素数となり

$$s_1,\ s_2 = \left(-\zeta \pm j\sqrt{1-\zeta^2}\right)\omega_\mathrm{n} \tag{2.50}$$

したがって一般解 (2.42) は

$$x = e^{-\zeta \omega_\mathrm{n} t}\left(Ae^{j\sqrt{1-\zeta^2}\omega_\mathrm{n} t} + Be^{-j\sqrt{1-\zeta^2}\omega_\mathrm{n} t}\right)$$

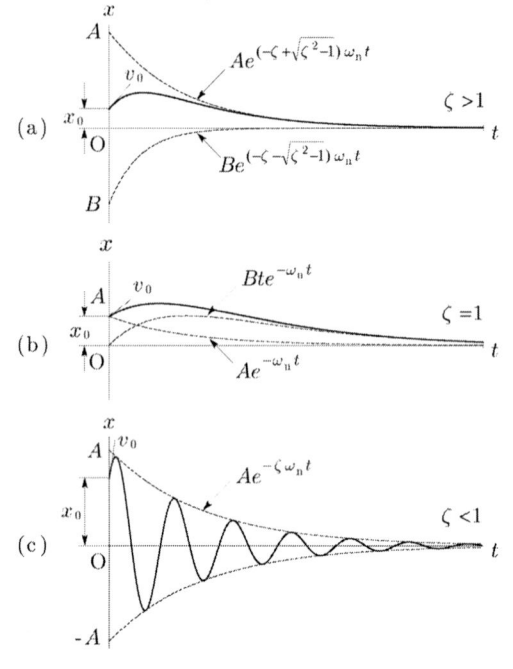

図 2.16 粘性減衰系の自由振動

となるが，指数関数の性質

$$e^{\pm jx} = \cos x \pm j \sin x \tag{2.51}$$

を用いれば

$$x = e^{-\zeta \omega_n t} \{(A+B)\cos \omega_d t + j(A-B)\sin \omega_d t\}$$

$A+B$, $j(A-B)$ は定数なので，これをあらためて A, B とおけば，式 (2.42) の一般解は

$$\begin{aligned} x &= e^{-\zeta \omega_n t}(A\cos \omega_d t + B\sin \omega_d t) \\ &= Ce^{-\zeta \omega_n t}\sin(\omega_d t + \varphi) \end{aligned} \tag{2.52}$$

と書くことができる．$\omega_d = \sqrt{1-\zeta^2}\omega_n$ は減衰系の固有振動数で，不減衰系の値 ω_n に比べていくらか小さいが，実際の振動系では通常 ζ の値は小さいので，ω_d と ω_n の値はあまり違わない (図 2.17)．

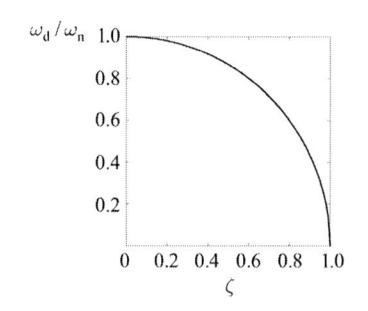

図 2.17 減衰比と減衰系の固有振動数

この場合の運動は図 2.16(c) のように指数関数的に小さくなる振幅をもつ単振動で,時間の経過とともに減衰する. $t = 0$ のとき

$$x = x_0, \quad \dot{x} = v_0$$

であったとすれば,定数 A, B は

$$A = x_0, \quad B = \frac{\zeta \omega_n x_0 + v_0}{\omega_d}$$

で,式 (2.52) は

$$x = e^{-\zeta \omega_n t} \left(x_0 \cos \omega_d t + \frac{\zeta \omega_n x_0 + v_0}{\omega_d} \sin \omega_d t \right) \quad (2.53)$$

となる.このような振動を**粘性減衰振動** (viscous damping vibration) という.

2.2.1 対数減衰率

$\sin(\omega_d t + \varphi) = \pm 1$ のとき,減衰振動曲線は振幅を表す包絡線 $Ce^{-\zeta \omega_n t}$ に接する.図 2.18 のように振動曲線の極大 (小) 値はその直前に起こるが,その差はごくわずかなので,両曲線の接する時刻に振幅がほぼ極大 (小) 値をとるものとみてさしつかえない.したがって,となりあった極大値の間の時間は $2\pi/\omega_d$ で,次々に起こる極大値は

$$\frac{x_1}{x_2} = \frac{x_2}{x_3} = \cdots = \frac{x_i}{x_{i+1}} = \cdots = e^{\zeta \omega_n \frac{2\pi}{\omega_d}} = e^{\frac{2\pi \zeta}{\sqrt{1-\zeta^2}}} \quad (2.54)$$

のように等比級数的に減少する.この対数をとった

$$\delta = \frac{2\pi \zeta}{\sqrt{1-\zeta^2}} \quad (2.55)$$

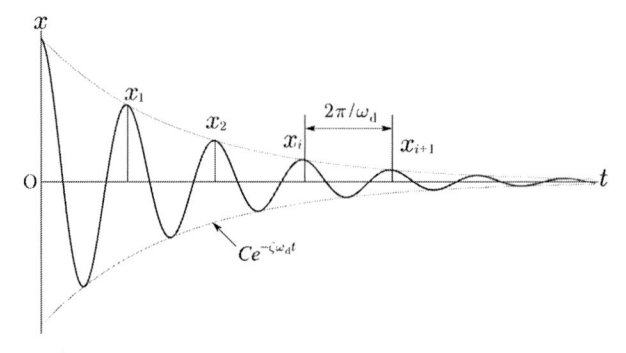

図 **2.18** 粘性減衰振動

を**対数減衰率** (logarithmic decrement) という．実際には ζ は小さくて

$$\delta \approx 2\pi\zeta \tag{2.56}$$

とおいてさしつかえない場合が多い．減衰系の質量とばね定数は静止力を加えるなど静的な実験によってその値を知ることができるが，減衰係数は振動実験によらなければならない．上記は振動曲線より減衰係数の大きさをきめる方法を与えるもので，これを数値例について説明しよう．

【例題 2.3】 質量 12 kg，ばねこわさ 150 kN/m の粘性減衰系を自由振動させたところ，5 回の振動ののち，振幅の極大値が最初の 35% に減少したという．この系の減衰比，臨界減衰係数および減衰係数を求めよ．

【解】 5 回振動したときの振幅比は式 (2.54) により

$$\frac{x_1}{x_6} = \frac{x_1}{x_2}\frac{x_2}{x_3}\frac{x_3}{x_4}\frac{x_4}{x_5}\frac{x_5}{x_6} = e^{5\frac{2\pi\zeta}{\sqrt{1-\zeta^2}}} \fallingdotseq e^{10\pi\zeta}$$

$x_1/x_6 = 1/0.35 \fallingdotseq 2.86$ であるから，減衰比は

$$\zeta = \frac{1}{10\pi}\ln 2.86 = 0.033$$

臨界減衰係数は

$$c_c = 2\sqrt{mk} = 2\sqrt{12 \times 150 \times 10^3} = 2.7 \quad [\text{kN}/(\text{m}/\text{s})]$$

で，減衰係数は

$$c = \zeta c_c = 0.033 \times 2.7 \times 10^3 = 89 \quad [\text{N}/(\text{m}/\text{s})]$$

となる．

【例:ねじり振動系の減衰振動】 一端が固定されたねじりこわさ k_t の弾性軸の自由端に,慣性モーメント J の円板が取り付けられている.円板に粘性減衰トルクが作用するとき,ねじり振動の方程式は

$$J\ddot{\varphi} + c_t \dot{\varphi} + k_t \varphi = 0 \tag{2.57}$$

で与えられる.ここで c_t はねじり減衰係数を表す.この系の臨界ねじり減衰係数は

$$(c_t)_c = 2\sqrt{J k_t} \tag{2.58}$$

である.

【例:ばねとダンパで連結された2物体間の相対運動】 図 2.19 のようにばね k とダンパ c で連結された質量 m_1, m_2 の二つの物体がなめらかな床の上で運動する場合を考える.両物体の位置をそれぞれ x_1, x_2 とすれば,おのおのの物体の運動方程式は

$$\left.\begin{array}{l} m_1\ddot{x}_1 = c(\dot{x}_2 - \dot{x}_1) + k(x_2 - x_1) \\ m_2\ddot{x}_2 = -c(\dot{x}_2 - \dot{x}_1) - k(x_2 - x_1) \end{array}\right\} \tag{2.59}$$

と書ける.この系のばね力と減衰力は両物体間に働く系の内力であるから,式 (2.59) の二つの式を加えると

$$m_1\ddot{x}_1 + m_2\ddot{x}_2 = 0$$

あるいはこの式を積分して

$$m_1\dot{x}_1 + m_2\dot{x}_2 = (m_1 + m_2)\dot{\bar{x}} = \text{const} \tag{2.60}$$

となる.ここで $\bar{x}$ は両物体の重心位置を表す.この振動系に外力や床と物体間の摩擦力が作用しないときは,系の全運動量は一定で,両物体の重心 $\bar{x}$ は等速で運動する.式 (2.59) の上の式に m_2 を,下の式に m_1 を乗じたのち,互いに

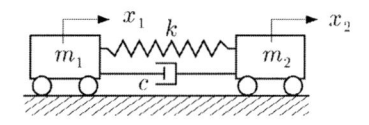

図 **2.19** ばねとダンパで連結された2物体

引算した結果を両物体の相対変位 $x_2 - x_1 = y$ を用いて書けば

$$\frac{m_1 m_2}{m_1 + m_2}\ddot{y} + c\dot{y} + ky = 0 \tag{2.61}$$

となる．この式からダンパがないときの相対運動の固有振動数は

$$f_\mathrm{n} = \frac{1}{2\pi}\sqrt{k\left(\frac{1}{m_1} + \frac{1}{m_2}\right)} \tag{2.62}$$

で，臨界減衰係数は

$$c_\mathrm{c} = 2\sqrt{\frac{m_1 m_2}{m_1 + m_2}k} \tag{2.63}$$

となる．

2.3 粘性減衰系の強制振動

自由振動は摩擦によるエネルギーの消失のためやがて減衰するが，振動系にエネルギーが継続して与えられると一定の振動が維持される．図 2.20 に示す正弦加振力 $F_0 \sin \omega t$ が作用する粘性減衰系の振動を調べてみよう．ここで F_0 は加振力の振幅，ω は振動数である．この場合の運動方程式は

$$m\ddot{x} + c\dot{x} + kx = F_0 \sin \omega t \tag{2.64}$$

となる．一般解は右辺を 0 とした自由振動の解と，強制力が作用する場合の特解の和で与えられるが，時間が経過するにつれて自由振動はやがて減衰して，加振力による定常な**強制振動** (forced vibration) だけが残り，これを**定常振動** (steady-state vibration) とよぶ．

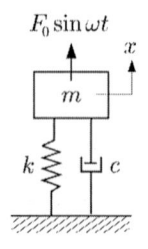

図 2.20 粘性減衰系の強制振動

いまこの定常振動を
$$x = C\sin\omega t + D\cos\omega t$$
と書いて，式 (2.64) の左辺に代入して整理すると
$$\{(k-m\omega^2)C - c\omega D\}\sin\omega t + \{c\omega C + (k-m\omega^2)D\}\cos\omega t = F_0\sin\omega t$$
となる．この関係が常に成り立つためには，両辺の $\sin\omega t$ と $\cos\omega t$ の係数が等しくなければならないから
$$\left.\begin{array}{l}(k-m\omega^2)C - c\omega D = F_0 \\ c\omega C + (k-m\omega^2)D = 0\end{array}\right\}$$
これより定数 C, D を解くことによって，定常振動の解
$$\begin{aligned}x &= \frac{F_0}{(k-m\omega^2)^2 + (c\omega)^2}\{(k-m\omega^2)\sin\omega t - c\omega\cos\omega t\} \\ &= A\sin(\omega t - \varphi)\end{aligned} \quad (2.65)$$
が得られる．ここで
$$A = \frac{F_0}{\sqrt{(k-m\omega^2)^2 + (c\omega)^2}}, \qquad \varphi = \tan^{-1}\frac{c\omega}{k-m\omega^2} \quad (2.66)$$
である．A は強制振動の振幅，φ は位相角で，この角度だけ応答変位が加振力の位相より遅れていることになる．振幅と位相角を力 F_0 による静たわみ $A_{\text{st}} = F_0/k$ と記号 ω_{n}, ζ を用いて，次のような無次元式に書くと便利である．
$$\frac{A}{A_{\text{st}}} = \frac{1}{\sqrt{\{1-(\omega/\omega_{\text{n}})^2\}^2 + (2\zeta\omega/\omega_{\text{n}})^2}} \quad (2.67)$$
$$\varphi = \tan^{-1}\frac{2\zeta\omega/\omega_{\text{n}}}{1-(\omega/\omega_{\text{n}})^2} \quad (2.68)$$

A/A_{st} は静たわみに対する強制振動の振幅比であって，**振幅倍率** (amplitude magnification factor) とよばれる．A/A_{st} および φ は振動数比 ω/ω_{n} と減衰比 ζ のみの関数である．図 2.21 に振幅倍率 A/A_{st}，図 2.22 に位相角 φ を示す．

図 2.21 からわかるように，加振力の振動数が系の固有振動数に比べて小さい ($\omega < \omega_{\text{n}}$) とき，振幅倍率は 1 にちかく，振動の振幅はほぼ静たわみに等しい．逆に加振振動数が大きくなるにつれて振幅は小さくなってくる．その中間で，

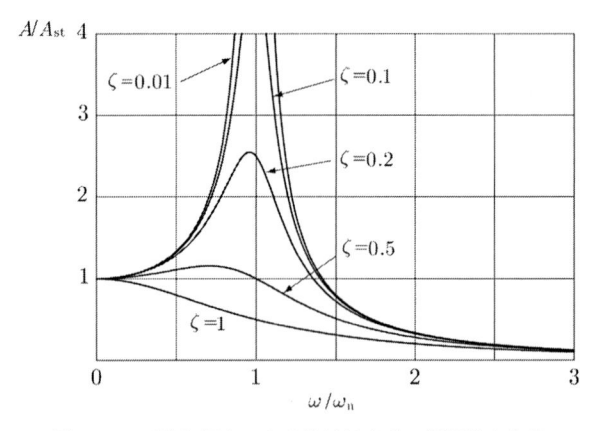

図 2.21 正弦加振力による粘性減衰系の振幅倍率曲線

加振力の振動数が固有振動数にちかづくと振幅倍率は大きさを増し，とくに不減衰系では

$$\frac{A}{A_\text{st}} = \frac{1}{|1-(\omega/\omega_\text{n})^2|} \tag{2.69}$$

で，ω が ω_n に等しいとき倍率は無限大となる．この現象を**共振** (resonance) とよんでいる．

　減衰振動系では減衰比が大きくなるにしたがって倍率曲線の極大値は減少し，かつ極大値が起こる振動数比も多少低くなってくる．その位置は

$$\frac{\partial(A/A_\text{st})}{\partial(\omega/\omega_\text{n})} = 0$$

を満足する

$$\frac{\omega}{\omega_\text{n}} = \sqrt{1-2\zeta^2} \tag{2.70}$$

のときである．実際の振動系では減衰比はそれほど大きくなく，$\zeta = 0.01 \sim 0.05$ 程度のものが多いので，極大値はほぼ共振点における振幅に等しく，式 (2.67) で $\omega/\omega_\text{n} = 1$ として

$$\left(\frac{A}{A_\text{st}}\right)_\text{max} = \frac{1}{2\zeta} \tag{2.71}$$

となる．減衰系に正弦力を加えて振動させ，共振点における振幅を測定することができれば ζ の値が求まり，これより系の減衰係数の値を知り得る．

　図 2.22 のように，振動数比が小さいときは $\varphi < 90°$ で，変位は加振力と同位相であるのに対し，振動数比が大きくなって 1 を超えると $\varphi > 90°$ で，互いに

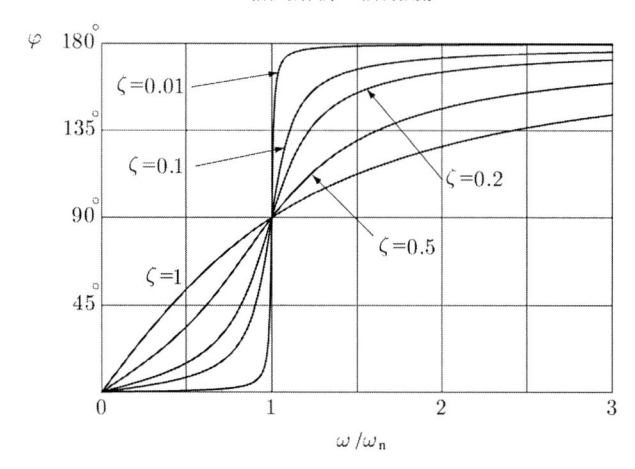

図 2.22 正弦加振力による粘性減衰系の位相曲線

逆位相となる．共振点では減衰の大きさに関係なく位相差は 90° で，減衰の小さい振動系ほど共振点を境として位相が急激に変化する．

【例題 2.4】 例題 2.3(p.30) の機械の共振振動数はいくらか．この機械に大きさ 30 N の正弦加振力が作用するときの共振振幅はいくらか．加振振動数が共振振動数より 10% 高くなると，機械の振幅はいくらになるか．

【解】 共振振動数は

$$f_n = \frac{1}{2\pi}\sqrt{\frac{150}{12} \times 10^3} = 18 \quad [\text{Hz}]$$

共振振幅は式 (2.71) により

$$A_{\text{res}} = \frac{1}{2\zeta}A_{\text{st}} = \frac{1}{2 \times 0.033} \times \frac{30}{150} = 3.0 \quad [\text{mm}]$$

$f = 18 \times 1.1 = 20\,\text{Hz}$ の加振力が働くときは，式 (2.67) によって

$$A = \frac{1}{\sqrt{(1-1.1^2)^2 + (2 \times 0.033 \times 1.1)^2}} \times \frac{30}{150} = 0.9 \quad [\text{mm}]$$

となる．

2.3.1 複素数を用いた計算法

式 (2.65) でわかるように，正弦的な加振力による粘性減衰系の強制振動は加振振動数と等しい振動数をもつ単振動である．加振力を

$$\boldsymbol{F} = F_0 e^{j\omega t} \tag{2.72}$$

の回転ベクトルで表せば，変位もこれと同じ角速度で回転するベクトル

$$\boldsymbol{x} = A e^{j(\omega t - \varphi)} \tag{2.73}$$

で表され，この式を運動方程式

$$m\ddot{\boldsymbol{x}} + c\dot{\boldsymbol{x}} + k\boldsymbol{x} = F_0 e^{j\omega t} \tag{2.74}$$

の左辺に代入すると

$$-m\omega^2 A e^{j(\omega t - \varphi + \pi)} - c\omega A e^{j(\omega t - \varphi + \pi/2)} - kA e^{j(\omega t - \varphi)} + F_0 e^{j\omega t} = 0 \tag{2.75}$$

となる．これは図 2.23 のように慣性力，減衰力，ばね力および加振力がベクトル的に釣り合っていることを示すものである．式 (2.73) を

$$\boldsymbol{x} = \tilde{A} e^{j\omega t} \tag{2.76}$$

と書けば

$$\tilde{A} = A e^{-j\varphi} \tag{2.77}$$

は位相角 φ を含んだ複素振幅で，加振力に対する角位置をきめるベクトル量でもある．式 (2.76) を運動方程式 (2.74) に代入した式

$$\left\{ (k - m\omega^2) + jc\omega \right\} \tilde{A} = F_0$$

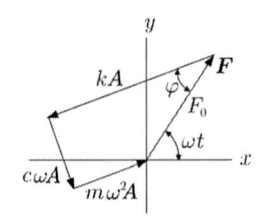

図 2.23 粘性減衰系に働く力の釣り合い

から $\tilde{A}$ を解いて

$$\left.\begin{array}{l}\tilde{A}=\dfrac{F_0}{(k-m\omega^2)+jc\omega}=\dfrac{F_0 e^{-j\varphi}}{\sqrt{(k-m\omega^2)^2+(c\omega)^2}}\\ \varphi=\tan^{-1}\dfrac{c\omega}{k-m\omega^2}\end{array}\right\} \quad (2.78)$$

が得られる．式 (2.64) 右辺の加振力 $F_0\sin\omega t$ は式 (2.74) の虚部をとったものであるから，式 (2.78) の虚部をとって得られる結果は，当然式 (2.65) に一致する．このように複素数を用いた計算法は微分方程式を解くうえできわめて簡単なので，自由度が多い系の計算に利用すると便利である．

2.4 回転体の不釣り合いによる強制振動

モータやタービンのような回転機械では，回転部分に偏心質量があって重心が回転軸上にないときは，回転によって生じる遠心力の作用を受ける．回転質量 m_u と重心の偏心量 e の積を回転体の**不釣り合い** (unbalance) という．いま図 2.24 のように水平方向の運動が拘束され，鉛直方向にばね k とダンパ c で支えられた機械を考える．この機械の全質量を m，非回転部分の質量 $m-m_\mathrm{u}$ の鉛直変位を x とすれば，回転部分 m_u の変位は $x+e\sin\omega t$ であるから，機械の運動方程式は次のようになる．

$$(m-m_\mathrm{u})\ddot{x}+m_\mathrm{u}\dfrac{d^2}{dt^2}(x+e\sin\omega t)=-c\dot{x}-kx$$

これを書き直すと

$$m\ddot{x}+c\dot{x}+kx=m_\mathrm{u}e\omega^2\sin\omega t \quad (2.79)$$

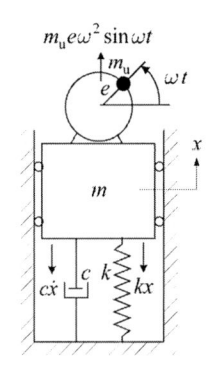

図 2.24 回転体の不釣り合いによる強制振動

となる．この場合は式 (2.64) の F_0 が遠心力 $m_\mathrm{u} e\omega^2$ に置き換わったものに等しいから，定常振動は

$$x = \frac{m_\mathrm{u} e\omega^2}{\sqrt{(k-m\omega^2)^2 + (c\omega)^2}} \sin(\omega t - \varphi) \tag{2.80}$$

で，位相角は式 (2.66) と全く等しい．振幅，位相角を無次元数で表して

$$\left.\begin{aligned}\frac{mA}{m_\mathrm{u} e} &= \frac{(\omega/\omega_\mathrm{n})^2}{\sqrt{\left\{1-(\omega/\omega_\mathrm{n})^2\right\}^2 + (2\zeta\omega/\omega_\mathrm{n})^2}} \\ \varphi &= \tan^{-1} \frac{2\zeta\omega/\omega_\mathrm{n}}{1-(\omega/\omega_\mathrm{n})^2}\end{aligned}\right\} \tag{2.81}$$

ただし $mA/m_\mathrm{u} e$ は回転体の不釣り合いに対する mA の比であって，式 (2.67) の振幅倍率に相当する無次元数である．図 2.25 にこれを示す．回転速度が低いときは遠心力が小さいので振幅も小さいが，回転数が共振振動数にちかづくにしたがって振幅は大きくなる．系に減衰が存在するときは，その影響によって $mA/m_\mathrm{u} e$ 曲線の極大値は共振点より若干高い回転数で起こる．その位置は

$$\frac{\partial (mA/m_\mathrm{u} e)}{\partial (\omega/\omega_\mathrm{n})} = 0$$

を満足する

$$\frac{\omega}{\omega_\mathrm{n}} = \frac{1}{\sqrt{1-2\zeta^2}} \tag{2.82}$$

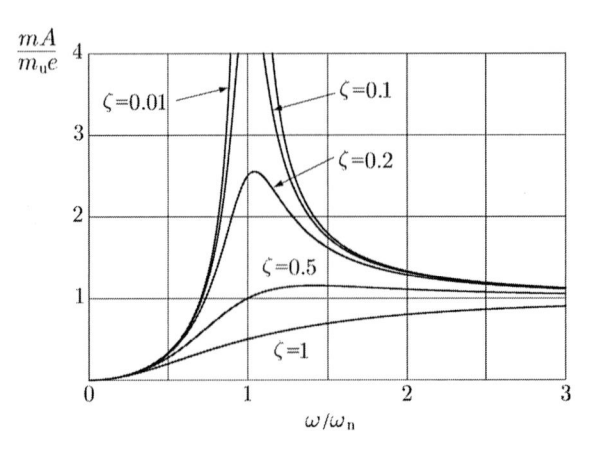

図 2.25 回転体の不釣り合いによる粘性減衰系の振幅曲線

にあり，その傾向は前節で述べた正弦加振力が働く場合と逆である．回転数が共振点を超えて高速になるにつれて $mA/m_\mathrm{u}e$ は 1 に近くなる．位相角 φ は図 2.22 と同じである．

2.5 振動の絶縁と振動計の原理

機械やエンジンを基礎に直接据え付けたり，構造物にかたく取り付けるときは，機械が発生する加振力はその支持物に直接伝達し，周囲の構造物に好ましくない振動を与える．またこれとは反対に，精密な装置や測定機器のように周囲の振動によって悪い影響を受けたり，自動車のように走行する路面の凹凸の影響を受けやすいものもある．いずれの場合も，伝達する振動を小さくするためには，適当な支持物で支持されなければならない．タイヤと懸架ばねで自動車に路面の凹凸を直接伝えないようにするのも後者の例である．以上の二つの場合を，機械に発生する加振力が振動源となる場合と基礎の振動が振動源となる場合に分けて説明しよう．

2.5.1 機械の加振力の絶縁と力の伝達率

図 2.26 のように，ばね k とダンパ c から構成される振動絶縁器で支持した機械 m に加振力 $F_0 \sin \omega t$ が作用し，その結果，系が

$$x = \frac{F_0}{\sqrt{(k-m\omega^2)^2 + (c\omega)^2}} \sin(\omega t - \varphi) \tag{2.83}$$

の振動を行うものとしよう．このとき基礎や支持構造物には，ばねとダンパを通して

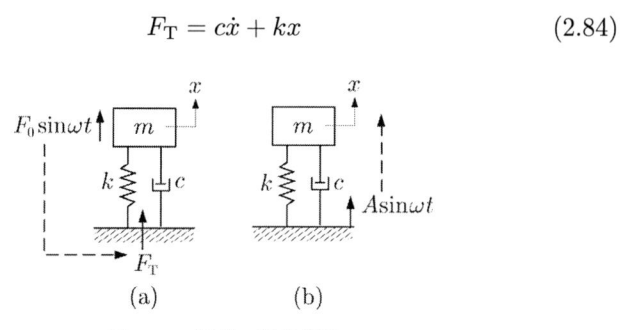

$$F_\mathrm{T} = c\dot{x} + kx \tag{2.84}$$

図 2.26 機械の振動絶縁

の力が伝達される．式 (2.83) を用いると，この伝達力 F_T の大きさは

$$|F_\mathrm{T}| = F_0 \sqrt{\frac{k^2 + (c\omega)^2}{(k - m\omega^2)^2 + (c\omega)^2}} \tag{2.85}$$

となる．機械に発生する力の大きさ F_0 に対する伝達力の大きさ $|F_\mathrm{T}|$ の比を力の**伝達率** (transmissibility) といい，これを記号 T_R で表す．その大きさは振動数比 ω/ω_n，と減衰比 ζ を用いて

$$T_\mathrm{R} = \frac{|F_\mathrm{T}|}{F_0} = \sqrt{\frac{1 + (2\zeta\omega/\omega_n)^2}{\left\{1 - (\omega/\omega_n)^2\right\}^2 + (2\zeta\omega/\omega_n)^2}} \tag{2.86}$$

と書ける．

図 2.27 は力の伝達率の大きさを図示したものである．減衰比 ζ の値にかかわらず $\omega/\omega_\mathrm{n} < \sqrt{2}$ のとき $T_\mathrm{R} > 1$ で，$\omega/\omega_\mathrm{n} \geq \sqrt{2}$ になってはじめて $T_\mathrm{R} \leq 1$ となる．振動絶縁の効果は振動系の固有振動数が小さいほど高く，同一の機械に対して，絶縁器のばねこわさが小さいほど力の伝達率を小さくすることができる．とくに不減衰系では

$$T_\mathrm{R} = \frac{1}{\left|1 - (\omega/\omega_\mathrm{n})^2\right|} \tag{2.87}$$

で，正弦的な加振力が働く場合の振幅倍率に等しい．ω_n を静たわみ δ_st を用い

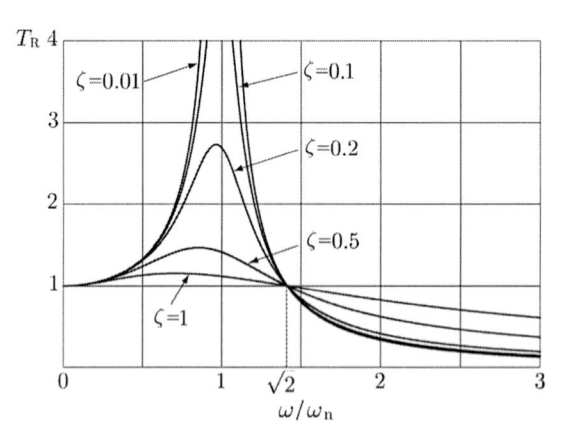

図 2.27 力の伝達率

2.5 振動の絶縁と振動計の原理

て書き直すと $\omega_\mathrm{n} = \sqrt{g/\delta_\mathrm{st}}$ で,力の伝達率は

$$T_\mathrm{R} = \frac{1}{|1 - \omega^2 \delta_\mathrm{st}/g|} \tag{2.88}$$

と書くこともできる.$\omega/\omega_\mathrm{n} > \sqrt{2}$ に対しては,系に減衰があるときの方が減衰がない場合より伝達率が大きいが,共振点付近の伝達率の大きさを低減させるためには適当な減衰が必要である.

定速度型の機械の場合は加振力が一定であるから,伝達される力の大きさは伝達率の大きさに比例する.しかし可変速度型の機械では,不釣り合い質量による力は速度の 2 乗に比例し,伝達する力の大きさは

$$|F_\mathrm{T}| = m_\mathrm{u} e \omega^2 \sqrt{\frac{1 + (2\zeta\omega/\omega_\mathrm{n})^2}{\left\{1 - (\omega/\omega_\mathrm{n})^2\right\}^2 + (2\zeta\omega/\omega_\mathrm{n})^2}} \tag{2.89}$$

で,両辺を定数 $m_\mathrm{u} e \omega^2$ で割り,式 (2.86) の伝達率 T_R を用いると

$$\frac{|F_\mathrm{T}|}{m_\mathrm{u} e \omega_\mathrm{n}^2} = T_\mathrm{R} \left(\frac{\omega}{\omega_\mathrm{n}}\right)^2 \tag{2.90}$$

となる.図 2.28 はこれを図示したものである.高い回転数においては,伝達率 T_R が小さくても伝達力が大きくなることに注意しなければならない.

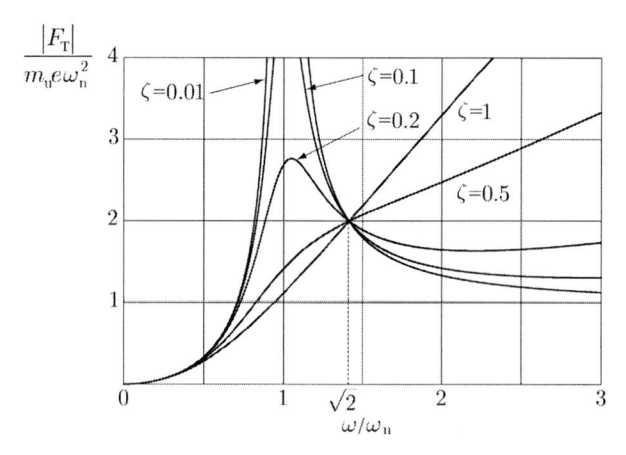

図 2.28 回転不釣り合い力に対する力の伝達率

2.5.2 基礎の振動の絶縁と変位の伝達率

次に床が変位 u で振動するときの機械の振動を考えよう．機械の変位を x とすれば，ばねとダンパの変位は機械と床の間の相対変位 $x - u$ に等しい．したがってこの系の運動方程式は

$$m\ddot{x} = -c(\dot{x} - \dot{u}) - k(x - u)$$

で，書きあらためると

$$m\ddot{x} + c\dot{x} + kx = c\dot{u} + ku \tag{2.91}$$

となる．

基礎に強制変位が与えられると，絶縁器のばねとダンパを介して機械に加振力を与えられたのと同じ効果を生じる．変位が $u = A\sin\omega t$ のとき，式 (2.91) は

$$m\ddot{x} + c\dot{x} + kx = A(k\sin\omega t + c\omega\cos\omega t)$$
$$= A\sqrt{k^2 + (c\omega)^2}\sin(\omega t + \alpha) \tag{2.92}$$

$$\alpha = \tan^{-1}\frac{c\omega}{k} \tag{2.93}$$

となる．機械の定常振幅はこれに直接 $A\sqrt{k^2 + (c\omega)^2}\sin(\omega t + \alpha)$ の加振力が作用したときの振動と等しく，その振幅は式 (2.66) により

$$X = A\sqrt{\frac{k^2 + (c\omega)^2}{(k - m\omega^2)^2 + (c\omega)^2}} \tag{2.94}$$

となる．この場合，機械と基礎の振幅の比は

$$\frac{X}{A} = \sqrt{\frac{1 + (2\zeta\omega/\omega_\mathrm{n})^2}{\{1 - (\omega/\omega_\mathrm{n})^2\}^2 + (2\zeta\omega/\omega_\mathrm{n})^2}} = T_\mathrm{R} \tag{2.95}$$

で，これを変位の伝達率というが，その大きさは力の伝達率と変わらない．

A. 相対伝達率

基礎に対する機械の相対変位は絶縁装置に要求される間隙の大きさと，これに生ずる応力を決定する．これは構造上あるいは強度上許容される値を超えることはできない．相対変位を $x - u = y$ とおいて，式 (2.91) を書き直すと

$$m\ddot{y} + c\dot{y} + ky = -m\ddot{u} = mA\omega^2\sin\omega t \tag{2.96}$$

2.5 振動の絶縁と振動計の原理

となり,さらに式 (2.96) の $mA\omega^2$ を $m_\mathrm{u} e\omega^2$ と書き換えれば,回転体の不釣り合いによる振動の方程式 (2.79) と全く同じ式になる.

基礎の振幅に対する相対変位の振幅の比 Y/A を相対伝達率というが

$$\frac{Y}{A} = \frac{(\omega/\omega_\mathrm{n})^2}{\sqrt{\{1-(\omega/\omega_\mathrm{n})^2\}^2 + (2\zeta\omega/\omega_\mathrm{n})^2}} \tag{2.97}$$

で,その大きさは式 (2.81) と等しく,図 2.25 をそのまま使用することができる.

式 (2.97) において,固有振動数 ω_n が励振振動数 ω より小さいとき ($\omega/\omega_\mathrm{n} \gg 1$) は $Y/A \approx 1$ となるので変位計として,固有振動数 ω_n が励振振動数 ω より大きいとき ($\omega/\omega_\mathrm{n} \ll 1$) は $Y \approx A\omega^2/\omega_\mathrm{n}{}^2$ と表されるので加速度計として使用できる.

【例:凹凸路面を走行する自動車の振動】 自動車の走行時,路面の凹凸によって車体に上下振動が起こる.タイヤと車体の懸架装置は振動絶縁器の役目をもつものであるが,これをばね–ダンパ系で置き換えて考えてみよう.

自動車が一定速度 V で,図 2.29 のような振幅 A,波長 λ の正弦波状の凹凸路面 $u = A\sin(2\pi x_\mathrm{R}/\lambda)$ を走行するものとする.このとき,$x_\mathrm{R} = Vt$ で,路面は自動車に対して

$$u = -A\sin\left(\frac{2\pi Vt}{\lambda}\right) \tag{2.98}$$

の強制変位を与えることとなる.車体の質量を m とし,強制変位の振動数を $\omega = 2\pi V/\lambda$ とすれば,式 (2.94) を自動車の上下振動の振幅の値としてそのまま用いることができる.すなわち

$$X = A\sqrt{\frac{k^2 + (c2\pi V/\lambda)^2}{\{k - m(2\pi V/\lambda)^2\}^2 + (c2\pi V/\lambda)^2}} \tag{2.99}$$

で,自動車の速度が,この式の分母の $\{k - m(2\pi V/\lambda)^2\}^2$ を 0 とする

$$V = \frac{\lambda}{2\pi}\omega_\mathrm{n} = \lambda f_\mathrm{n} \tag{2.100}$$

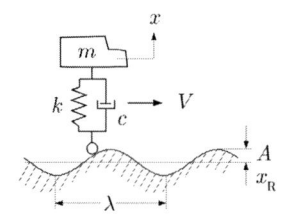

図 2.29 凹凸路面を走行する自動車の力学モデル

に達したとき，車体が路面の凹凸と共振することに注意する必要がある．ここで $f_\mathrm{n} = (1/2\pi)\sqrt{k/m}$ は車体の固有振動数を表す．

2.6 回転軸の危険速度

不釣り合いのある円板をもつ回転軸は，その回転速度が軸の横振動の固有振動数と等しい速度に達したとき，横方向に激しい振動を起こす．この回転速度を回転軸の**危険速度** (critical speed) といい，回転軸の設計上重要な意味をもっている．

いま図 2.30 のように二つの軸受間の中央で，一定の角速度 ω で回転している円板の重心 G が回転中心 C に対して e だけ偏心量をもっており，この不釣り合いのため回転中に円板の回転中心が軸受を結ぶ中心線 O から横方向に r だけ変位しているものとする．いまある時刻 t における円板の回転中心 C の座標を (x, y) とすれば，円板の重心 G の座標は $(x + e\cos\omega t,\, y + e\sin\omega t)$ で表される．円板に働く重力の影響を無視すれば，円板に働く力は円板の回転中心 C から軸受中心線 O へ向かう軸の弾性力 kr （k は円板に対する軸の横こわさ）と円

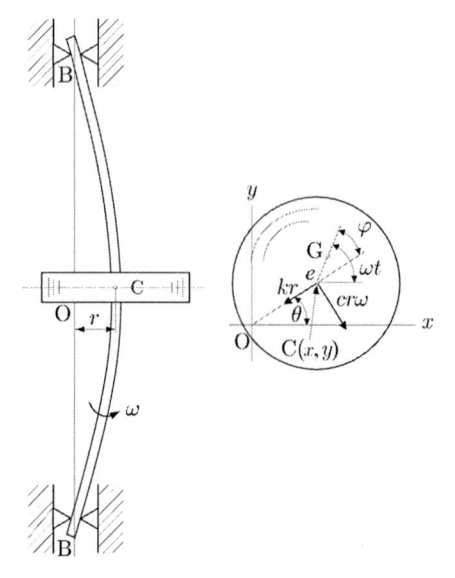

図 2.30　不釣り合いのある円板を有する回転軸

2.6 回転軸の危険速度

板に働く抵抗とである.

円板に作用する抵抗は回転中心 C に働く抵抗力と回転中心の周りに働くモーメントに分解できるが,このうちモーメントは軸の駆動トルクと釣り合いを保つ.簡単のため,回転中心に作用する抵抗力をその周速度 $r\omega$ に比例する粘性減衰力 $cr\omega$ で置き換えることとしよう.円板に働く軸の弾性力の x, y 方向の成分は線分 OC が x 軸となす角を θ として,$-kr\cos\theta = -kx$,$-kr\sin\theta = -ky$,減衰力の成分は $cr\omega\sin\theta = -c(-r\omega\sin\theta) = -c\dot{x}$,$-cr\omega\cos\theta = -c\dot{y}$ であるから,円板の重心の運動方程式は

$$\left.\begin{array}{l} m\dfrac{d^2}{dt^2}(x + e\cos\omega t) = -c\dot{x} - kx \\[2mm] m\dfrac{d^2}{dt^2}(y + e\sin\omega t) = -c\dot{y} - ky \end{array}\right\} \quad (2.101)$$

と書ける.あるいは

$$\left.\begin{array}{l} m\ddot{x} + c\dot{x} + kx = me\omega^2\cos\omega t \\ m\ddot{y} + c\dot{y} + ky = me\omega^2\sin\omega t \end{array}\right\} \quad (2.102)$$

で,式 (2.102) は式 (2.79) と同じ形の式であるから,式 (2.80) において $m_\mathrm{u} = m$ とおいて

$$x = e\frac{(\omega/\omega_\mathrm{n})^2}{\sqrt{\{1 - (\omega/\omega_\mathrm{n})^2\}^2 + (2\zeta\omega/\omega_\mathrm{n})^2}}\cos(\omega t - \varphi) \quad (2.103)$$

$$y = e\frac{(\omega/\omega_\mathrm{n})^2}{\sqrt{\{1 - (\omega/\omega_\mathrm{n})^2\}^2 + (2\zeta\omega/\omega_\mathrm{n})^2}}\sin(\omega t - \varphi) \quad (2.104)$$

$$\varphi = \tan^{-1}\frac{2\zeta\omega/\omega_\mathrm{n}}{1 - (\omega/\omega_\mathrm{n})^2} \quad (2.105)$$

を得る.したがって軸の横たわみは

$$r = \sqrt{x^2 + y^2} = e\frac{(\omega/\omega_\mathrm{n})^2}{\sqrt{\{1 - (\omega/\omega_\mathrm{n})^2\}^2 + (2\zeta\omega/\omega_\mathrm{n})^2}} \quad (2.106)$$

で,これは式 (2.81) において $m_\mathrm{u} = m$ とおいた値に等しい.図 2.31 は軸の固有振動数に対する回転数比 ω/ω_n の値に対する振幅と位相の関係を示したものである.軸のたわみと位相角は回転数が与えられると一定の値をもつので,軸受中心 O,回転中心 C,重心 G の三つは互いに一定の位置関係を保つ.軸の振

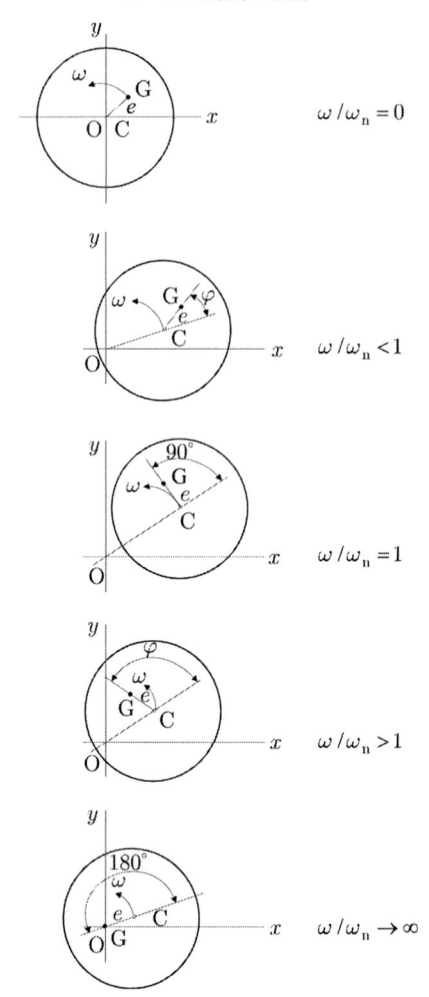

図 2.31　不釣り合いのある円板を有する回転軸の振幅と位相

動数に比べて回転数がきわめて小さいときは，円板の回転中心が軸受中心と一致し，重心がそのまわりを回転する．回転数が危険速度にちかづくにしたがって，重心の位置は回転中心より 90° ちかく進み，軸のたわみも大きくなる．さらに回転数が大きく，危険速度の数倍以上になると重心が軸受中心と一致し，逆に回転中心が重心のまわりを回転するようになる．

2.7 等価粘性減衰

　機械や構造物における振動の減衰は一般に複雑な現象である．多くの場合，互いに接触する固体面の摩擦，流体の抵抗，不完全弾性体内の応力によるもの，電磁力によるものなどが原因となっている．一般にエネルギーの消費のある系では必ず減衰力が作用する．減衰力の大きさは系の運動状態によって変わるほか，流体の粘性が温度変化に敏感であるなど環境条件による影響が大きい．

　いま取り扱いが最も簡単な粘性減衰系に正弦加振力 $F_0 \sin \omega t$ が働く場合を考えてみよう．定常状態の変位は

$$x = A\sin(\omega t - \varphi) \tag{2.107}$$

で，1サイクルの間に加振力によってなされる仕事は

$$\Delta E = \int_0^T F_0 \sin \omega t \cdot \dot{x}\, dt = \omega F_0 A \int_0^T \sin\omega t \cos(\omega t - \varphi)dt = \pi F_0 A \sin\varphi \tag{2.108}$$

である．力と変位の間の位相角が $0°$ か $180°$ のとき，この仕事は 0 で，系にエネルギーの流入はない．共振時には位相角は $90°$ で，加振力による仕事は最大となる．

　一方，減衰力による1サイクルの間の消費エネルギーは

$$\Delta E = \int_0^T c\dot{x} \cdot \dot{x}\, dt = c\omega^2 A^2 \int_0^T \cos^2(\omega t - \varphi)dt = \pi c \omega A^2 \tag{2.109}$$

のように振幅の2乗に比例する．共振時におけるこの二つのエネルギーを等しいとおけば，このときの振幅が求められる．すなわち

$$A = \frac{F_0}{c\omega_\mathrm{n}} = \frac{A_\mathrm{st}}{2\zeta} \tag{2.110}$$

これは式 (2.71) にほかならない．

　他の形の減衰力が働くときはこのような簡単な式は成立せず，その運動は必ずしも正弦的とはならない．しかし減衰の形に関係なく定常な単振動を仮定し，系の減衰力により1サイクルの間になされた仕事を求め，これを式 (2.109) と等

しくおくことによって，等価な粘性減衰係数 c_{eq} に置き換えて近似することができる．二，三の代表的な減衰の例について考えてみよう．

2.7.1 クーロン減衰

変位や速度に関係なく，二つの物体間の垂直力に比例する**クーロン減衰** (Coulomb damping) 力が作用する系の振動を考えてみよう．潤滑が十分でない物体間に働く減衰力は，クーロン減衰とみなせる場合が多い．摩擦力の大きさを F とすると，質量 m に作用する摩擦力は $\dot{x}>0$ のとき $-F$ で，$\dot{x}<0$ のとき $+F$ となるから，運動方程式は

$$m\ddot{x} + kx = \begin{cases} -F & (\dot{x}>0) \\ +F & (\dot{x}<0) \end{cases} \tag{2.111}$$

と書ける．そして一般解は

$$x = \begin{cases} A_+ \cos\omega_n t + B_+ \sin\omega_n t - a & (\dot{x}>0) \\ A_- \cos\omega_n t + B_- \sin\omega_n t + a & (\dot{x}<0) \end{cases} \tag{2.112}$$

のように，速度の向きによって振動の中心が摩擦力によるばねの静たわみ $a = F/k$ だけどちらかの側へ寄った単振動となる．ただしその固有振動数は摩擦力が作用しない場合と変わらない．積分定数 $A_+, B_+; A_-, B_-$ は初期条件あるいは $\dot{x}=0$ となる時刻に x が等しく，運動の方向が変わるごとに連続解が得られるように決めなければならない．

$t=0$ のとき $x=x_0, \dot{x}=0$ で，$x_0>0$ であったとすれば，それ以後は $\dot{x}<0$ となるから，まず式 (2.112) の第 2 式の運動が起こる．初期条件は $A_- = x_0 - a, B_- = 0$ のとき満足されるから

$$x = (x_0 - a)\cos\omega_n t + a \quad \left(0 \leq t \leq \frac{\pi}{\omega_n}\right) \tag{2.113}$$

となる．1/2 サイクル経過して時刻 $t=\pi/\omega_n$ に達すると $x=-x_0+2a, \dot{x}=0$ となるが，それ以後は $\dot{x}>0$ となり，式 (2.112) の第 1 式の運動に移行する．$t=\pi/\omega_n$ において x が連続で $\dot{x}=0$ となることから，$A_+ = x_0 - 3a, B_+ = 0$ で

$$x = (x_0 - 3a)\cos\omega_n t - a \quad \left(\frac{\pi}{\omega_n} \leq t \leq \frac{2\pi}{\omega_n}\right) \tag{2.114}$$

2.7 等価粘性減衰

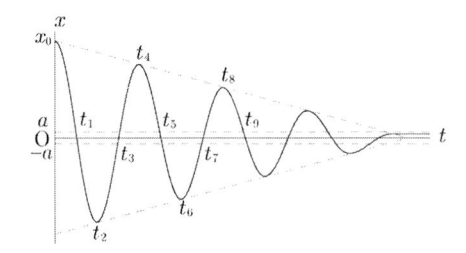

図 2.32 クーロン型減衰振動

そして 1 サイクルののち ($t = 2\pi/\omega_\mathrm{n}$) には，$x = x_0 - 4a$, $\dot{x} = 0$ となる．以上と同様の計算を繰り返せば

$$\left.\begin{array}{l} x = (x_0 - 5a)\cos\omega_\mathrm{n} t + a \quad \left(\dfrac{2\pi}{\omega_\mathrm{n}} \leq t \leq \dfrac{3\pi}{\omega_\mathrm{n}}\right) \\[2mm] x = (x_0 - 7a)\cos\omega_\mathrm{n} t - a \quad \left(\dfrac{3\pi}{\omega_\mathrm{n}} \leq t \leq \dfrac{4\pi}{\omega_\mathrm{n}}\right) \\[2mm] \cdots\cdots\cdots\cdots\cdots \end{array}\right\} \quad (2.115)$$

がつぎつぎに得られる．したがってこの系の運動は図 2.32 のように，交互に $\pm a$ の点を中心として 1/2 サイクルごとに $2a$ ずつ振幅が等差級数的に減少する振動で，振幅が a より小さい範囲に入ったとき，ばねの力が摩擦力より小さくなって運動は停止する．

次にクーロン減衰力が作用する系の定常振動を考えてみよう．定常振動における振幅を A とすると，1 サイクルの運動の変位は $4A$ であるから，消費エネルギーは

$$\Delta E = 4FA \qquad (2.116)$$

式 (2.109) と式 (2.116) を等しくおくことによって，等価粘性減衰係数

$$c_\mathrm{eq} = \frac{4F}{\pi\omega A} \qquad (2.117)$$

が得られる．ただし c_eq は一定値ではなく，振動数と振幅に逆比例する．

この場合の定常振動の振幅は式 (2.66) を参照して

$$A = \frac{F_0}{\sqrt{(k - m\omega^2)^2 + (c_\mathrm{eq}\omega)^2}} = \frac{F_0/k}{\sqrt{\left\{1 - (\omega/\omega_\mathrm{n})^2\right\}^2 + (4F/\pi k A)^2}}$$

これを A について解くと

$$A = \frac{F_0}{k}\sqrt{\frac{1-(4F/\pi F_0)^2}{\{1-(\omega/\omega_\mathrm{n})^2\}^2}} \tag{2.118}$$

が得られる．式 (2.118) は摩擦力が正弦的な加振力の大きさ F_0 に対して

$$F < \frac{\pi}{4}F_0 \tag{2.119}$$

のときにのみ実数値をとり，定常振動が可能となる．実際には摩擦力が小さくて，この条件が満足されるのが普通である．

クーロン減衰力が働く場合は，共振点において振幅が無限大となる可能性がある．その理由は共振点における 1 サイクルのエネルギー流入量が $\pi F_0 A (\varphi = 90°)$, 消費量は $4FA$ で，$F < (\pi/4)F_0$ のとき消費量に比べて流入量の方が大きいからである．

2.7.2 速度 2 乗型減衰

流体内を運動する物体の速度が大きくなると，流体の抵抗は速度の 2 乗に比例する．抵抗力 $\pm a\dot{x}^2$ ($x \lessgtr 0$, 複号同順) による 1 サイクル当たりの消費エネルギーは

$$\Delta E = 2\int_{-A}^{A} a\dot{x}^2 \dot{x}dt = 2a\omega^2 A^3 \int_{-\pi/2}^{\pi/2} \cos^3 \omega t \, d(\omega t) = \frac{8}{3}a\omega^2 A^3 \tag{2.120}$$

で，この式を式 (2.109) と等しくおいて

$$c_\mathrm{eq} = \frac{8a\omega A}{3\pi} \tag{2.121}$$

となる．共振振幅は式 (2.121) の c_eq を式 (2.110) の c に代入し，これより A を解いて求められる．その大きさは

$$A = \sqrt{\frac{3\pi F_0}{8a\omega^2}} \tag{2.122}$$

である．

2.7.3 構造減衰

振動系の弾性を表すばねは減衰のない完全弾性体と仮定しているが,機械の材料や構造物に理想的な完全弾性体はなく,実際にはなんらかの減衰性をもっている.機械に周期的に変動する荷重が働くとき,同一のひずみに対して応力はひずみが増加するときの値の方が大きく,応力-ひずみ曲線は直線とはならないで,一定の面積を囲む図 2.33 のような閉曲線となる.このような曲線をヒステリシス曲線というが,これに囲まれる面積は 1 サイクルの間に消費するエネルギーに等しい.このような減衰を**固体減衰** (solid damping) あるいは**構造減衰** (structural damping) という.

これをモデル化して,変位に比例し,速度と反対の方向に働くベクトル的な (変位に対して 90° 位相が遅れた) 減衰力 $-jbx$ を導入すると,加振力 $F_0 e^{j\omega t}$ が作用するときの運動方程式は

$$m\ddot{x} = -kx - jbx + F_0 e^{j\omega t} \tag{2.123}$$

と書ける.$b = \gamma k$ (k はばね定数) とおくと,γ は構造減衰係数といわれる無次元数で,構造物の多くが 0.05 より小さい値をもっている.式 (2.123) を書き直して

$$m\ddot{x} + k(1 + j\gamma)x = F_0 e^{j\omega t} \tag{2.124}$$

この式の定常解は $x = \tilde{A} e^{j\omega t}$ の形をもっており,これを代入して $\tilde{A}$ を解けば

$$\left|\tilde{A}\right| = \frac{F_0}{|k - m\omega^2 + j\gamma k|} = \frac{F_0}{\sqrt{(k - m\omega^2)^2 + (\gamma k)^2}} \tag{2.125}$$

で,この式を式 (2.66) と比較して次の等価粘性減衰係数が得られる.

$$c_{\text{eq}} = \frac{\gamma k}{\omega} \tag{2.126}$$

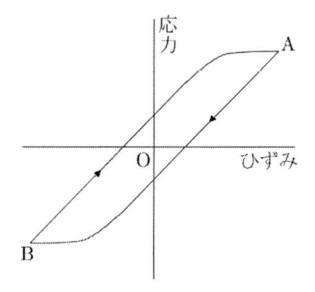

図 **2.33** 材料の応力-ひずみ曲線

また1サイクルの間に消費するエネルギーは式 (2.109) より

$$\Delta E = \pi c_{\text{eq}} \omega A^2 = \pi \gamma k A^2 \tag{2.127}$$

で，振動数に関係なく，ひずみの振幅の2乗に比例する．

2.7.4 混合減衰系

実際の振動系には粘性減衰や固体減衰など数種の減衰が混じって作用することが多い．こういった系の等価粘性減衰係数は次のようにして求められる．いま，おのおのの形の減衰力により消費されるエネルギーを ΔE_i とし，系に含まれているすべての形の消費エネルギーの和を等価な粘性減衰によって消費されるエネルギーに等しいとおけば

$$\pi c_{\text{eq}} \omega A^2 = \sum_{i=1}^{n} \Delta E_i \tag{2.128}$$

で，これより等価粘性減衰係数は

$$c_{\text{eq}} = \frac{\sum_{i=1}^{n} \Delta E_i}{\pi \omega A^2} \tag{2.129}$$

となる．加振力 $F_0 e^{j\omega t}$ が働くときの共振振幅は式 (2.110) を用いて

$$A = \frac{F_0}{c_{\text{eq}}(A) \omega} \tag{2.130}$$

と書かれるが，$c_{\text{eq}}(A)$ は一般に A の関数であるから，式 (2.130) を A で解くことによって共振振幅が得られる．

2.8 周期的な加振力による強制振動

以上は正弦的な加振力による強制振動を考えてきたが，一般にはこのような理想的な力は少なく，加振力は複雑な性質をもっている．しかし加振力が周期的であれば，これを三角関数の級数和に展開でき，また運動方程式が線形である限り解の重ね合わせができるので，加振力の各成分による応答を求めたのち，これらの和をとることによって周期力による系の応答を求めることができる．

いま，$f(t)$ を周期 T，角振動数 ω の周期的な振動波形とすると，$f(t)$ は三角関数を用いて

$$f(t) = \frac{a_0}{2} + \sum_{n=1}^{\infty}(a_n \cos n\omega t + b_n \sin n\omega t) \qquad (2.131)$$

のように展開することができる．この級数を**フーリエ級数** (Fourier series) という．ただし n は正の整数，a_0 および a_n, b_n は定数で，次のようにして求められる．まず式 (2.131) の両辺を 1 サイクルについて積分すれば

$$\int_0^T f(t)dt = \frac{a_0}{2}T + \int_0^T \sum_{n=1}^{\infty}(a_n \cos n\omega t + b_n \sin n\omega t)dt$$

右辺第 2 項の積分と無限和の順序を交換できるものとすれば，$\cos n\omega t$ あるいは $\sin n\omega t$ の 1 サイクルの積分は 0 であるから，右辺第 1 項のみが残って

$$\frac{a_0}{2} = \frac{1}{T}\int_0^T f(t)dt$$

となる．$a_0/2$ は振動波形の平均値を表す．

次に，式 (2.131) の両辺に $\cos n\omega t$ を乗じて積分すると

$$\int_0^T f(t)\cos n\omega t\, dt$$
$$= \frac{a_0}{2}\int_0^T \cos n\omega t\, dt$$
$$+ \sum_{m=1}^{\infty}\left(a_m \int_0^T \cos m\omega t \cos n\omega t\, dt + b_m \int_0^T \sin m\omega t \cos n\omega t\, dt\right)$$

三角関数の積分が

$$\int_0^T \cos m\omega t \cos n\omega t\, dt = \frac{1}{2\omega}\int_0^{2\pi}\{\cos(m-n)\omega t + \cos(m+n)\omega t\}d(\omega t)$$
$$= \begin{cases} T/2 & (m=n) \\ 0 & (m \neq n) \end{cases} \qquad (2.132)$$

$$\int_0^T \sin m\omega t \cos n\omega t\, dt = \frac{1}{2\omega}\int_0^{2\pi}\{\sin(m-n)\omega t + \sin(m+n)\omega t\}d(\omega t)$$
$$= 0 \qquad (2.133)$$

となることから，右辺の積分は係数 a_n をもつ項以外すべて消えて

$$a_n = \frac{2}{T}\int_0^T f(t)\cos n\omega t\, dt$$

が得られる．また式 (2.131) の両辺に $\sin n\omega t$ を乗じて積分することにより b_n が求められる．以上をまとめてフーリエ係数は

$$\left.\begin{aligned} a_0 &= \frac{2}{T}\int_0^T f(t)\,dt \\ a_n &= \frac{2}{T}\int_0^T f(t)\cos n\omega t\, dt \\ b_n &= \frac{2}{T}\int_0^T f(t)\sin n\omega t\, dt \end{aligned}\right\} \quad (2.134)$$

と書くことができる．

こうして粘性減衰系に周期力 $f(t)$ が働くときは

$$m\ddot{x} + c\dot{x} + kx = f(t) = \frac{a_0}{2} + \sum_{n=1}^{\infty}(a_n\cos n\omega t + b_n\sin n\omega t) \quad (2.135)$$

となる．$a_0/2$ による応答は $a_0/(2k)$，$a_n\cos n\omega t$ による定常応答は式 (2.65) の F_0 を a_n，ω を $n\omega$ に書き直すことによって

$$x_n = \frac{a_n/k}{\sqrt{\{1-(n\omega/\omega_{\mathrm{n}})^2\}^2 + (2\zeta n\omega/\omega_{\mathrm{n}})^2}}\sin(n\omega t - \varphi_n)$$

$$\varphi_n = \tan^{-1}\frac{2\zeta n\omega/\omega_{\mathrm{n}}}{1-(n\omega/\omega_{\mathrm{n}})^2} \quad \left(\omega_{\mathrm{n}} = \sqrt{\frac{k}{m}},\ \zeta = \frac{c}{2\sqrt{mk}}\right)$$

で，$b_n\sin n\omega t$ による応答成分も同様にして求められる．そしてこれらすべての解を重ね合わせることによって，周期励振力 $f(t)$ による定常応答

$$x = \frac{a_0}{2k} + \sum_{n=1}^{\infty}\frac{a_n\cos(n\omega t - \varphi_n) + b_n\sin(n\omega t - \varphi_n)}{k\sqrt{\{1-(n\omega/\omega_{\mathrm{n}})^2\}^2 + (2\zeta n\omega/\omega_{\mathrm{n}})^2}} \quad (2.136)$$

が得られる．

2.9 振動系の周波数伝達関数と周波数応答

式 (2.131) の三角関数を複素数を用いて書き直すと

$$\cos n\omega t = \frac{1}{2}(e^{jn\omega t} + e^{-jn\omega t}), \quad \sin n\omega t = \frac{1}{2j}(e^{jn\omega t} - e^{-jn\omega t})$$

2.9 振動系の周波数伝達関数と周波数応答

したがって

$$f(t) = \frac{a_0}{2} + \frac{1}{2}\sum_{n=1}^{\infty}(a_n - jb_n)e^{jn\omega t} + \frac{1}{2}\sum_{n=1}^{\infty}(a_n + jb_n)e^{-jn\omega t} \quad (2.137)$$

となる．フーリエ係数 a_n, b_n には

$$a_{-n} = a_n, \qquad b_{-n} = -b_n \quad (b_0 = 0)$$

の関係があるから，式 (2.137) は単に

$$f(t) = \sum_{n=-\infty}^{\infty} c_n e^{jn\omega t} \quad (2.138)$$

と書くことができる．c_n は複素係数で次のような値をもっている．

$$\begin{aligned} c_n &= \frac{1}{2}(a_n - jb_n) = \frac{1}{T}\int_0^T f(t)(\cos n\omega t - j\sin n\omega t)dt \\ &= \frac{1}{T}\int_0^T f(t)e^{-jn\omega t}dt \qquad (n = 0, \pm 1, \pm 2, \cdots) \end{aligned} \quad (2.139)$$

ここで，周期の長さを無限大と考え，基本振動数 ω を微小量 $\Delta\omega$ として式 (2.138) を次のように書く．

$$f(t) = \sum_{n=-\infty}^{\infty} c_n e^{jn\Delta\omega t}$$

$$c_n = \frac{\Delta\omega}{2\pi}\int_0^T f(t)e^{-jn\Delta\omega t}dt$$

ここで $T \to \infty$, $\Delta\omega \to d\omega$, $n\Delta\omega \to \omega$ の極限を考え，和 $\sum$ を積分 $\int$ で置き換えれば

$$f(t) = \frac{1}{2\pi}\int_{-\infty}^{\infty}\left(\int_0^{\infty} f(t')e^{-j\omega t'}dt'\right)e^{j\omega t}d\omega$$

となり

$$F(j\omega) = \int_0^{\infty} f(t)e^{-j\omega t}dt \quad (2.140)$$

とおけば

$$f(t) = \frac{1}{2\pi}\int_{-\infty}^{\infty} F(j\omega)e^{j\omega t}d\omega \quad (2.141)$$

となる．式 (2.140) の $F(\omega)$ を時間関数 $f(t)$ の**フーリエ変換** (Fourier transform) といい，時間領域から周波数領域への変換を表す．式 (2.141) は周波数領域から時間領域への逆変換である．

外力 $f(t)$ が作用する 1 自由度振動系の運動方程式をフーリエ変換してみよう．

$$m\ddot{x} + c\dot{x} + kx = f(t) \tag{2.142}$$

微分のフーリエ変換は，

$$\begin{aligned}\int_0^\infty \frac{dx}{dt} e^{-j\omega t} dt &= [xe^{-j\omega t}]_0^\infty + j\omega \int_0^\infty x e^{-j\omega t} dt \\ &= -x(0) + j\omega X(j\omega)\end{aligned} \tag{2.143}$$

$$\begin{aligned}\int_0^\infty \frac{d^2 x}{dt^2} e^{-j\omega t} dt &= [\dot{x}e^{-j\omega t}]_0^\infty + j\omega \int_0^\infty \frac{dx}{dt} e^{-j\omega t} dt \\ &= -\dot{x}(0) - j\omega x(0) + (j\omega)^2 X(j\omega)\end{aligned} \tag{2.144}$$

と求められるので，初期値を 0 として運動方程式をフーリエ変換すると，

$$\{(k - m\omega^2) + jc\omega\} X(j\omega) = F(j\omega) \tag{2.145}$$

と書ける．ここで，$F(\omega) = \int_0^\infty f(t) e^{-j\omega t} dt$ である．このとき，外力 (入力) と応答 (出力) のフーリエ変換の比

$$G(j\omega) = \frac{X(j\omega)}{F(j\omega)} = \frac{1}{(k - m\omega^2) + jc\omega} = \frac{1/k}{1 - \beta^2 + 2j\zeta\beta} \tag{2.146}$$

を**周波数伝達関数** (frequency transfer function) という．ここで

$$\beta = \frac{\omega}{\omega_\mathrm{n}}, \qquad \omega_\mathrm{n} = \sqrt{\frac{k}{m}}, \qquad \zeta = \frac{c}{2\sqrt{mk}} = \frac{c\omega_\mathrm{n}}{2k} \tag{2.147}$$

である．周波数伝達関数は，振動系に正弦波または余弦波が長時間入力され続けたときの定常応答特性を表している．また，$G(j\omega) = |G|e^{j\varphi}$ と表して，大きさと位相に分離すれば

$$|G| = \frac{1/k}{\sqrt{(1-\beta^2)^2 + (2\zeta\beta)^2}}, \qquad \tan\varphi = \frac{-2\zeta\beta}{1-\beta^2} \tag{2.148}$$

である (図 2.34)．周波数伝達関数の大きさを**ゲイン** (gain) といい，入力に対する出力振幅の倍率を示し，位相が負 ($\varphi < 0$) のときは入力に対する出力の遅れを示す．いずれの特性も周波数 ω に依存していることに注意が必要である．ゲインが 1 を超えると，出力は入力に対して増幅され，1 より小さいときは減少

図 2.34 周波数伝達関数　　**図 2.35** RC 回路

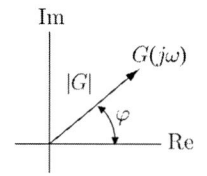

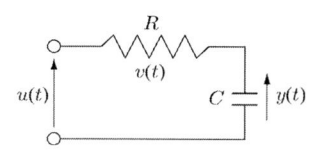

する．ステレオのイコライザで特定周波数帯の音を強調・低減する操作は，アンプのゲイン特性を変更させて実現している．

周波数伝達関数を実部と虚部に分けると

$$\left.\begin{array}{l} G_{\mathrm{Re}} = \dfrac{k - m\omega^2}{(k - m\omega^2)^2 + (c\omega)^2} = \dfrac{(1 - \beta^2)/k}{(1 - \beta^2)^2 + (2\zeta\beta)^2} \\[2mm] G_{\mathrm{Im}} = \dfrac{-c\omega}{(k - m\omega^2)^2 + (c\omega)^2} = \dfrac{-2\zeta\beta/k}{(1 - \beta^2)^2 + (2\zeta\beta)^2} \end{array}\right\} \quad (2.149)$$

と書ける．$\zeta < 1/\sqrt{2}$ のとき $\omega = \omega_{\mathrm{n}}\sqrt{1 - 2\zeta^2}$ で周波数伝達関数は最大となり

$$|G|_{\max} = \frac{1}{2k\zeta\sqrt{1 - \zeta^2}} \quad (2.150)$$

である．

周波数伝達関数の表す周波数応答特性は，図示すると特徴がわかりやすい．横軸を $\log_{10}\omega$ とし，縦軸にゲイン特性を $20\log_{10}|G|$ dB と位相特性を示したグラフを並べた示し方を**ボード線図** (Bode plot) といい，複素平面上で ω を $0 \to \infty$ としたときの $|G|$ の軌跡を描く方法を**ベクトル軌跡** (vector locus) とよぶ．

【例：1 次遅れ系】　図 2.35 に示す抵抗 $R\,[\Omega]$ とコンデンサ $C\,[\mathrm{F}]$ からなる回路において，入力電圧を $u(t)\,[\mathrm{V}]$，コンデンサ間の出力電圧を $y(t)\,[\mathrm{V}]$ とする．抵抗間の電圧を $v(t)\,[\mathrm{V}]$，回路内を流れる電流を $i(t)\,[\mathrm{A}]$ とすると，オームの法則とクーロンの法則より次式が成立する．

$$R\,i(t) = v(t), \quad \frac{1}{C}\int_0^t i(\tau)\,d\tau = y(t) - y(0)$$

ここで，t は時間，$y(0)$ は初期値 (定数) である．

さらに，キルヒホッフの法則から $v + y = u$ となる．上式から v と i を消去すると，入力電圧 u と出力電圧 y の関係式

$$RC\,\dot{y} = -y + u$$

を得る．この式を初期値を0としてフーリエ変換すると，

$$j\omega RC Y(j\omega) = -Y(j\omega) + U(\omega)$$

したがって，周波数伝達関数は

$$G(j\omega) = \frac{Y(j\omega)}{U(j\omega)} = \frac{1}{1+j\omega RC}$$

と求められる．周波数伝達関数のゲイン特性は

$$|G(j\omega)| = \frac{1}{\sqrt{1+(\omega RC)^2}}$$

であり，位相特性は

$$\tan\varphi = -\omega RC$$

となる．

$RC=1$ のときのボード線図は図2.36に示すとおりであり，周波数 $1/(RC)$ の前後でゲイン特性は折れ曲がるように減少し，その後 $-20\,\mathrm{dB/dec}$ (周波数が10倍になると20 dB減少) の傾きとなる．この周波数 $1/(RC)$ を**折点角周波数** (break point angular frequency) とよぶ．また，位相は折点角周波数の前後で大きく遅れ，次第に $-90°$ に漸近する．このように支配方程式が1階微分方程式で表され，折点角周波数の前後で位相が $90°$ 遅れる系を**1次遅れ系** (first delay system) とよぶ．

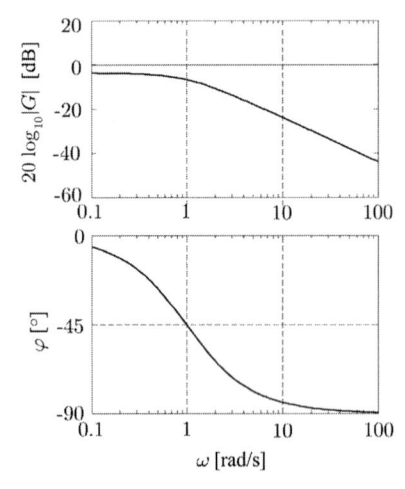

図 **2.36** 1次遅れ系のボード線図

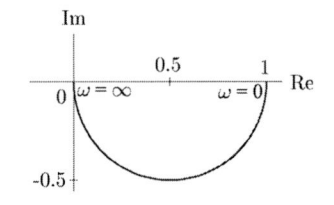

図 **2.37** 1次遅れ系のベクトル軌跡

さらに，周波数伝達関数を実部と虚部に分けて表すと

$$G_{\mathrm{Re}} = \frac{1}{\sqrt{1+(RC\omega)^2}}, \qquad G_{\mathrm{Im}} = \frac{-\omega RC}{\sqrt{1+(\omega RC)^2}}$$

であり，

$$\left(G_{\mathrm{Re}} - \frac{1}{2}\right)^2 + G_{\mathrm{Im}}^2 = \left(\frac{1}{2}\right)^2$$

の関係から，そのベクトル軌跡は図 2.37 のとおりに，$(1/2+j0)$ を中心とする半径 $1/2$ の半円を描く．

【例：2 次遅れ系】 1 自由度振動系の周波数伝達関数 (2.146) において，$m = 0.001\,\mathrm{kg}$, $c = 0.005\,\mathrm{N/(m/s)}$, $k = 0.1\,\mathrm{N/m}$ の場合のボード線図は，図 2.38 のようになる．減衰が小さいとき，ゲイン特性は系の共振振動数で最大となり，その後減少する．また，位相は共振振動数を境として 180° 遅れる．このように，支配方程式が 2 階微分方程式で表され，共振振動数を境として位相が 180° 遅れる系を **2 次遅れ系** (second delay system) とよぶ．

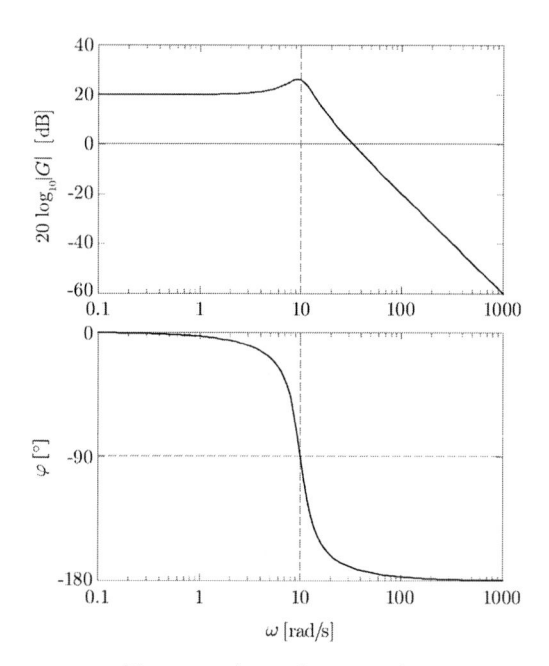

図 2.38 2 次遅れ系のボード線図

【例：直列結合系】 直列結合系の周波数特性はボード線図を用いるとき，以下のように求められる．$G = G_1 G_2$ のときは，

ゲイン特性：$20 \log_{10} |G| = 20 \log_{10} |G_1| + 20 \log_{10} |G_2|$

位相特性：$\angle G = \angle G_1 + \angle G_2$

すなわち，直列結合系のボード線図は，個々のシステムのゲイン線図と位相線図を描き，幾何学的に足し合わせることで得られる．

$$G_1(j\omega) = \frac{5}{5 + j\omega}, \qquad G_2(j\omega) = 1 + j\omega$$

のボード線図を図 2.39 に示す．

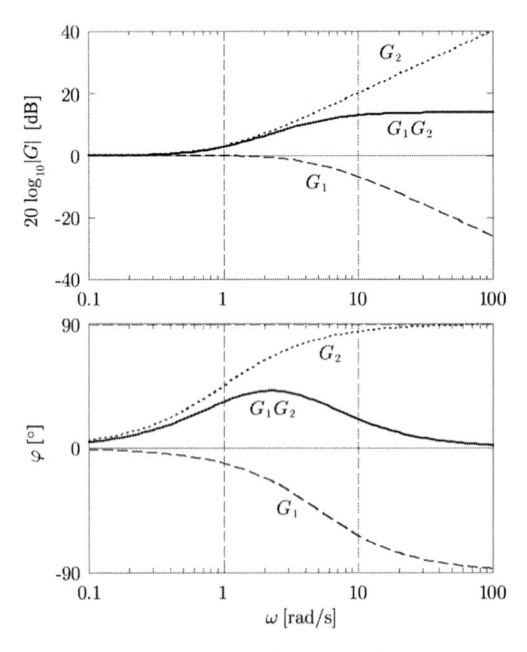

図 2.39 直列結合系のボード線図

2.10 ラプラス変換と過渡応答

機械の始動時,あるいは機械の速度や運転状況が変わったときには,静止状態あるいは定常振動から別の定常振動の状態へと推移する.このとき生じる過渡的な振動を**過渡振動** (transient vibration) とよぶ.物体の衝突,爆発,航空機の着陸など,機械や構造物に作用する力や変位に突然の変化があると強い過渡振動が起こる.

一般に機械の過渡振動は複雑で,計測するのもむずかしく,かつ加振,応答波形とも不規則なものが多い.ここでは簡単な関数で表される加振力によって起こる1自由度系の応答に問題を限っておく.このためには振動系の常微分方程式を解いて一般解を求め,初期条件を満足するように積分定数を決めなくてはならないが,一般には計算はやや面倒である.

ラプラス変換 (Laplace transform) はこの種の問題を取り扱うのに便利な方法で,微分方程式を代数方程式に変換し,代数演算によって目的とする変換形を求めるものである.これをもとの形の式に直せば求める解が得られるが,演算のはじめから初期条件を考えているために,積分定数を決めるという手数を省きうるなど便利な点が多い.数学的な説明は専門書にゆずり,以下にその計算法の概略と振動の問題に用いた例をあげる.

ラプラス変換は実変数 t の与えられた関数 $f(t)$ を次の積分変換によって複素変数 $s(=\alpha+j\beta,\ \alpha>0)$ の関数 $F(s)$ に変換するものである.

$$F(s) = \int_0^\infty f(t)e^{-st}dt = \mathcal{L}[f(t)] \qquad (2.151)$$

像関数 $F(s)$ は次式によって対応する原関数 $f(t)$ に逆変換できる.

$$f(t) = \frac{1}{2\pi j}\int_{c-j\infty}^{c+j\infty} F(s)e^{st}ds = \mathcal{L}^{-1}[F(s)] \qquad (2.152)$$

これは反転積分と呼ばれ,$\mathcal{L}^{-1}$ はラプラス逆変換記号を表す.式 (2.152) はまたブロムウィッチ (Bromwich) 積分と呼ばれる複素積分で,その値を求めるには複素関数論の知識を必要とするが,実際には表 2.2(p.67) のような変換表が作られていて計算の労力を省くことができる.ラプラス変換を利用して振動の問

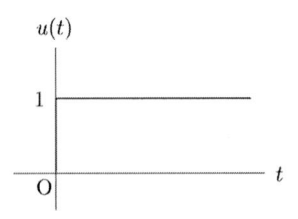

図 2.40 単位ステップ関数

題を解くためには詳細な変換表は必ずしも必要ではなく，簡単な初等関数に関する基本的な性質を利用して計算できる場合が多い．

2.10.1 簡単な変換の例
A. ステップ関数

図 2.40 に示す

$$u(t) = \begin{cases} 0 & (t < 0) \\ 1 & (t \geq 0) \end{cases} \tag{2.153}$$

の性質をもつ関数を**単位ステップ関数** (unit step function) というが，この変換は

$$\mathcal{L}[u(t)] = \int_0^\infty 1 \cdot e^{-st} dt = -\left|\frac{1}{s}e^{-st}\right|_0^\infty = \frac{1}{s} \tag{2.154}$$

で与えられる．

B. ランプ関数

$$f(t) = t$$

の変換は，部分積分法を利用して

$$\mathcal{L}[t] = \int_0^\infty t e^{-st} dt = -\left|t\frac{1}{s}e^{-st}\right|_0^\infty + \frac{1}{s}\int_0^\infty e^{-st} dt = \frac{1}{s^2} \tag{2.155}$$

C. 指数関数

$$f(t) = e^{-at}$$

の変換は

$$\mathcal{L}[e^{-at}] = \int_0^\infty e^{-(a+s)t} dt = \frac{1}{s+a} \tag{2.156}$$

で，ここで複素変数 s の実部は a より大きいとする．

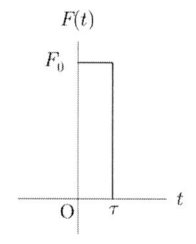

図 2.41　単位インパルス関数

D.　三角関数

$$f(t) = \sin \omega t \quad \text{または} \quad f(t) = \cos \omega t$$

に対しては，三角関数を複素数で表して

$$\begin{aligned}
\mathcal{L}[\sin \omega t] &= \int_0^\infty \frac{1}{2j}(e^{j\omega t} - e^{-j\omega t})e^{-st}dt \\
&= \frac{1}{2j}\left(\frac{1}{s-j\omega} - \frac{1}{s+j\omega}\right) = \frac{\omega}{s^2+\omega^2}
\end{aligned} \quad (2.157)$$

$$\begin{aligned}
\mathcal{L}[\cos \omega t] &= \int_0^\infty \frac{1}{2}(e^{j\omega t} + e^{-j\omega t})e^{-st}dt \\
&= \frac{1}{2}\left(\frac{1}{s-j\omega} + \frac{1}{s+j\omega}\right) = \frac{s}{s^2+\omega^2}
\end{aligned} \quad (2.158)$$

となる．

E.　インパルス関数

図 2.41 のような衝撃高さ F_0，持続時間 τ の方形波パルスにおいて，時間 τ がきわめて短く，高さ F_0 の大きいものは，衝撃の簡単な数学モデルと考えられる．とくに，$F_0\tau = 1$ という単位面積をもつ方形波パルスにおいて $\tau \to 0$，したがって $1/\tau \to \infty$ の関数を**単位インパルス関数** (unit impulse function) といい，衝撃や過渡振動を解析する際に単位ステップ関数とともに重要な役割を果たしている．

単位インパルス関数は次のように定義される．

$$\delta(t) = \begin{cases} 0 & (t<0,\ \tau<t) \\ \dfrac{1}{\tau} & (0 \leq t \leq \tau) \end{cases} \quad (2.159)$$

$$\int_{-\infty}^{\infty} \delta(t)dt = 1$$

そのラプラス変換は

$$\mathcal{L}[\delta(t)] = \lim_{\tau \to 0} \int_0^\tau \frac{1}{\tau} e^{-st} dt = \lim_{\tau \to 0} \frac{1}{\tau s}(1 - e^{-\tau s}) = 1 \quad (2.160)$$

となる．

2.10.2 ラプラス変換の基本定理

次にラプラス変換による計算をするうえで重要な基本定理をあげておく．

A. 直線性

a を任意の定数として

$$\mathcal{L}[af(t)] = aF(s) \quad (2.161)$$

$$\mathcal{L}[f_1(t) \pm f_2(t)] = F_1(s) \pm F_2(t) \quad (2.162)$$

B. 微 分

$f(t)$ の 1 階微分の変換は，部分積分によって

$$\begin{aligned}\mathcal{L}[f'(t)] &= \int_0^\infty f'(t) e^{-st} dt \\ &= \left|f(t)e^{-st}\right|_0^\infty + s\int_0^\infty f(t)e^{-st}dt \\ &= sF(s) - f(+0)\end{aligned} \quad (2.163)$$

この性質を用いると，2 階以上の微分の変換を計算できる．すなわち

$$\left.\begin{aligned}\mathcal{L}[f''(t)] &= s\mathcal{L}[f'(t)] - f'(+0) \\ &= s^2 F(s) - sf(+0) - f'(+0) \\ &\cdots\cdots\cdots\cdots\cdots\cdots\cdots\cdots\cdots \\ \mathcal{L}[f^{(n)}(t)] &= s^n F(s) - s^{n-1}f(+0) \\ &\quad - s^{n-2}f'(+0) - \cdots - f^{(n-1)}(+0)\end{aligned}\right\} \quad (2.164)$$

ここで，$f(+0), f'(+0), \cdots, f^{(n-1)}(+0)$ は $t = +0$ における初期条件を与える．

C. 積 分

逆に $f(t)$ の不定積分の変換は

$$\mathcal{L}\left[\int f(t)dt\right] = \int_0^\infty \left[\int f(t)dt\right] e^{-st} dt$$

$$= -\left|\frac{1}{s}e^{-st}\int f(t)dt\right|_0^\infty + \frac{1}{s}\int_0^\infty f(t)e^{-st}dt$$
$$= \frac{1}{s}F(s) + \frac{1}{s}f^{-1}(+0) \tag{2.165}$$

で，$f^{-1}(+0)$ は $t = +0$ における積分定数を表す．

時間に関する微分は s 平面上では s を乗じ，積分は s で除することに対応する．こうして微積分演算は変換後は代数演算となり，微分方程式の解法は s 平面上では単に代数方程式を解くこととなる．

D. 時間の転移

τ だけ時間の遅れがある場合は

$$\mathcal{L}[f(t-\tau)] = \int_0^\infty f(t-\tau)e^{-st}dt$$

で，新しい変数 $t' = t - \tau$ を用いれば

$$\mathcal{L}[f(t')] = F(s) = \int_0^\infty f(t')e^{-st'}dt' = \int_\tau^\infty f(t-\tau)e^{-st}e^{s\tau}dt$$

となる．ここで

$$f(t-\tau) = \begin{cases} 0 & (0 < t < \tau) \\ f(t-\tau) & (\tau \leq t) \end{cases}$$

と定義すれば，積分の下限は 0 と書いてよく，両辺に $e^{-s\tau}$ を乗じて

$$e^{-s\tau}F(s) = \int_0^\infty f(t-\tau)e^{-st}dt \tag{2.166}$$

となる．時間を τ だけ移動することは，s 平面上では $e^{-s\tau}$ を乗じることに対応する．

E. s の転移

a を定数とし，$F(s)$ の変数を $s - a$ に置き換えると

$$F(s-a) = \int_0^\infty f(t)e^{-(s-a)t}dt = \int_0^\infty \{e^{at}f(t)\}e^{-st}dt$$

ゆえに

$$F(s-a) = \mathcal{L}[e^{at}f(t)] \tag{2.167}$$

s を $s - a$ に置き換えることは，$f(t)$ に e^{at} を乗じることに対応する．

2.10.3 ラプラス逆変換

像関数 $F(s)$ を時間 t の関数へ逆変換するために,必ずしも式 (2.152) の複素積分を計算する必要はなく,変換表と変換の基本定理を用いて目的を達することができる.振動の解析をする場合,応答の変換が二つの多項式 $A(s)$ と $B(s)$ の比になっていることが多いので,その逆変換を求める計算法を述べておこう.いま

$$F(s) = \frac{A(s)}{B(s)} = \frac{a_0 s^m + a_1 s^{m-1} + \cdots + a_{m-1} s + a_m}{b_0 s^n + b_1 s^{n-1} + \cdots + b_{n-1} s + b_n} \quad (2.168)$$

において,m, n は正の整数で $n > m$,したがって $F(s)$ は s の真分数関数であるとする.$n < m$ のときは分子を分母で除して多項式と真分数関数の和とすることができる.

代数学によれば,$B(s) = 0$ が n 個の相異なる根 $s_1, s_1, \cdots, s_n$ をもつ場合

$$F(s) = \frac{A_1}{s - s_1} + \frac{A_2}{s - s_2} + \cdots + \frac{A_n}{s - s_n} \quad (2.169)$$

のように部分分数に分解される.そして $F(s)$ の逆関数はただちに

$$f(t) = A_1 e^{s_1 t} + A_2 e^{s_2 t} + \cdots + A_n e^{s_n t}$$

で求められる.$A_1, A_2, \cdots, A_n$ はいずれも定数であるが,これは初等的な方法で計算することができる.

2.10.4 ラプラス変換表

次頁の表 2.2 に振動問題を解析する際にしばしば用いられる関数のラプラス変換表をあげておく.

2.11 非周期的な加振力による過渡振動

一般的な加振力による振動を述べるまえに,その基礎となる単位ステップ形と単位インパルス形の加振力による応答を調べてみよう.

表 2.2 ラプラス変換表

No.	$f(t)$	$F(s)$	No.	$f(t)$	$F(s)$
1	1	$\dfrac{1}{s}$	10	$\cos at$	$\dfrac{s}{s^2+a^2}$
2	$t^n (n=1,2,\cdots)$	$\dfrac{n!}{s^{n+1}}$	11	$at - \sin at$	$\dfrac{a^3}{s^2(s^2+a^2)}$
3	e^{at}	$\dfrac{1}{s-a}$	12	$1 - \cos at$	$\dfrac{a^2}{s(s^2+a^2)}$
4	$1 - e^{-at}$	$\dfrac{a}{s(s+a)}$	13	$\dfrac{1}{a}\sin at - \dfrac{1}{b}\sin bt$	$\dfrac{b^2-a^2}{(s^2+a^2)(s^2+b^2)}$
5	$e^{at} - e^{bt}$	$\dfrac{a-b}{(s-a)(s-b)}$	14	$\cos at - \cos bt$	$\dfrac{(b^2-a^2)s}{(s^2-a^2)(s^2-b^2)}$
6	te^{-at}	$\dfrac{1}{(s+a)^2}$	15	$t \sin at$	$\dfrac{2as}{(s^2+a^2)^2}$
7	$\sinh at$	$\dfrac{a}{s^2-a^2}$	16	$t \cos at$	$\dfrac{s^2-a^2}{(s^2+a^2)^2}$
8	$\cosh at$	$\dfrac{s}{s^2-a^2}$	17	$e^{-at}\sin bt$	$\dfrac{b}{(s+a)^2+b^2}$
9	$\sin at$	$\dfrac{a}{s^2+a^2}$	18	$e^{-at}\cos bt$	$\dfrac{s+a}{(s+a)^2+b^2}$

2.11.1 単位ステップ力による応答

最初静止していた粘性減衰系に,ある時刻 $(t=0)$ に突然,力 F_0 が作用したものとしよう.このときの運動方程式は単位ステップ関数 $u(t)$ を用いて

$$m\ddot{x} + c\dot{x} + kx = F_0 u(t) \tag{2.170}$$

と書ける.初期条件

$$t = 0 \quad \text{のとき} \quad x = 0, \quad \dot{x} = 0$$

のもとでは

$$\mathcal{L}[\ddot{x}(t)] = s^2 X(s), \quad \mathcal{L}[\dot{x}(t)] = sX(s), \quad \mathcal{L}[x(t)] = X(s), \quad \mathcal{L}[u(t)] = \frac{1}{s}$$

であるから,式 (2.170) をラプラス変換した結果は

$$(ms^2 + cs + k)X(s) = \frac{F_0}{s}$$

で，これを $X(s)$ について解くと

$$X(s) = \frac{F_0/m}{s\left(s^2 + 2\zeta\omega_\mathrm{n} s + \omega_\mathrm{n}^2\right)} \qquad (2.171)$$

となる．これを部分分数に展開し，整理すると

$$X(s) = \frac{F_0}{k}\left\{\frac{1}{s} - \frac{s + \zeta\omega_\mathrm{n}}{(s+\zeta\omega_\mathrm{n})^2 + \omega_\mathrm{d}^2} - \frac{\zeta\omega_\mathrm{n}}{(s+\zeta\omega_\mathrm{n})^2 + \omega_\mathrm{d}^2}\right\} \qquad (2.172)$$

ここで

$$\omega_\mathrm{n} = \sqrt{\frac{k}{m}}, \qquad \omega_\mathrm{d} = \omega_\mathrm{n}\sqrt{1-\zeta^2}, \qquad \zeta = \frac{c}{2\sqrt{mk}} < 1$$

としてある．変換表2.2の式1, 17, 18を用いて時間関数 $x(t)$ に逆変換すると

$$\begin{aligned}x(t) &= \frac{F_0}{k}\left\{1 - e^{-\zeta\omega_\mathrm{n} t}\left(\cos\omega_\mathrm{d} t + \frac{\zeta}{\sqrt{1-\zeta^2}}\sin\omega_\mathrm{d} t\right)\right\} \\ &= \frac{F_0}{k}\left\{1 - \frac{e^{-\zeta\omega_\mathrm{n} t}}{\sqrt{1-\zeta^2}}\sin(\omega_\mathrm{d} t + \varphi)\right\}\end{aligned} \qquad (2.173)$$

となる．ここで $\tan\varphi = \sqrt{1-\zeta^2}\big/\zeta$．系の振動はやがて減衰し，力 F_0 による静たわみ $x = F_0/k$ の位置で静止する．とくに $F_0 = 1$，すなわち単位ステップ力による系の応答を**インデシャル応答** (indicial response) といい，記号 $A(t)$ で表す．すなわち

$$A(t) = \frac{1}{k}\left\{1 - \frac{e^{-\zeta\omega_\mathrm{n} t}}{\sqrt{1-\zeta^2}}\sin(\omega_\mathrm{d} t + \varphi)\right\} \qquad (2.174)$$

【例：1次遅れ系】 図2.35に示す回路にステップ入力電圧

$$u(t) = \begin{cases} 0 & (t < 0) \\ 1 & (t \geq 0) \end{cases}$$

が印加される場合を考える．ステップ関数のラプラス変換は $U(s) = 1/s$ であるので，周波数応答関数は

$$Y(s) = \frac{1}{1+sRC}\frac{1}{s} = \frac{1}{s} - \frac{1}{1/(RC) + s}$$

と求まる．これをラプラス逆変換すると時間領域でのステップ応答は

$$y = 1 - e^{-\frac{t}{RC}}$$

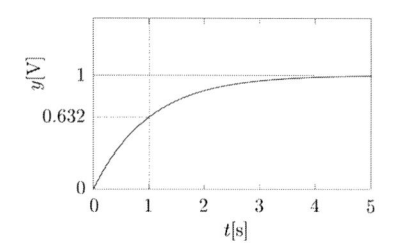

図 **2.42** 1 次遅れ系のステップ応答

となる．$t = RC$ のとき $y = (1 - e^{-1}) \fallingdotseq 0.632$ となるが，この時間 RC は 1 次遅れ系の即応性を示すめやすであり，**時定数** (time constant) という．図 2.42 は $RC = 1$ のときのステップ応答を示す．

2.11.2 単位インパルス力による応答

ごく短時間 Δt に，大きい衝撃力 $I/\Delta t$ が働いたときの系の応答を考えよう．I はインパルスで，短い時間に働いた力の積分に相当する．このときの運動方程式は単位インパルス関数 $\delta(t)$ を用いて

$$m\ddot{x}^2 + c\dot{x} + kx = I\delta(t) \tag{2.175}$$

と書ける．初期条件を $t = 0$ で $x = 0, \dot{x} = 0$ として，式 (2.175) をラプラス変換すれば

$$(ms^2 + cs + k)X(s) = I \tag{2.176}$$

これを $X(s)$ について解いて

$$X(s) = \frac{I/m}{s^2 + 2\zeta\omega_\mathrm{n} s + \omega_\mathrm{n}^2} = \frac{I/m}{(s + \zeta\omega_\mathrm{n})^2 + \omega_\mathrm{d}^2} \tag{2.177}$$

表 2.2 の式 17 により，時間関数に逆変換して

$$x(t) = \frac{I}{\sqrt{mk(1-\zeta^2)}} e^{-\zeta\omega_n t} \sin\omega_\mathrm{d} t \tag{2.178}$$

となる．インデシャル応答と同様，単位インパルス $I = 1$ に対する系の応答 $h(t)$ も任意の加振力の場合の計算に重要である．これがインデシャル応答 (2.174) を微分した結果と等しいことに注意する必要がある．すなわち

$$h(t) = \dot{A}(t) = \frac{e^{-\zeta\omega_n t}}{\sqrt{mk(1-\zeta^2)}} \sin\omega_\mathrm{d} t \tag{2.179}$$

2.11.3 任意の加振力による振動

インデシャル応答あるいは単位インパルスによる応答を用いると,重ね合わせの原理によって任意の加振力による応答を求めることができる.いま,図 2.43 のように時刻 $\tau(0<\tau<t)$ において,短い $d\tau$ 時間に $dF=\dot{F}(\tau)d\tau$ のステップ力が作用したものと考えれば,これより $t-\tau$ だけ時間が経過した時刻 t におけるこの力による応答の増加分は $dx=\dot{F}(\tau)A(t-\tau)d\tau$ である.したがって,$t=0$ から t にいたる間のステップ力による応答を,初期のステップ力 $F(0)$ による応答を含めてすべて加え合わせることによって,時刻 t における振動の応答が得られる.すなわち

$$x(t)=F(0)A(t)+\int_0^t \dot{F}(\tau)A(t-\tau)d\tau \tag{2.180}$$

$F(t)$ をステップごとの増加分に分けないで,図 2.44 のように各時刻ごとにインパルスに分けて,これらによる応答をすべて加え合わせても振動の応答が求められる.すなわち時刻 τ に働いたインパルス $F(\tau)d\tau$ による時刻 t における増加分は,単位インパルスによる応答が $h(t-\tau)$ であることから

$$dx=F(\tau)h(t-\tau)d\tau$$

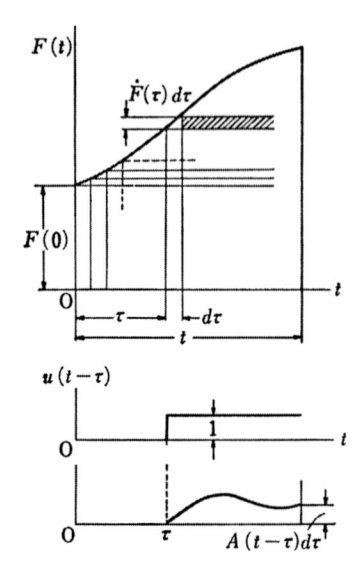

図 2.43 ステップ力による応答の重ね合わせ

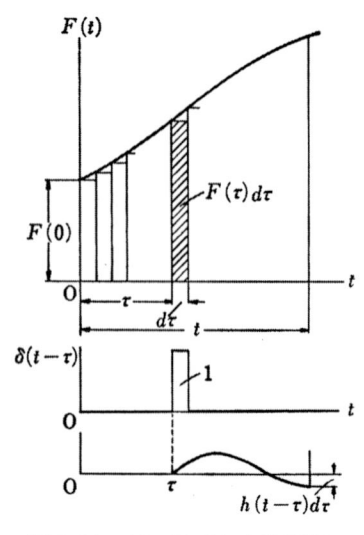

図 2.44 インパルスによる応答の重ね合わせ

となる．これらすべてを加え合わせて

$$x(t) = \int_0^t F(\tau)h(t-\tau)d\tau \tag{2.181}$$

が得られる．

式 (2.180) と式 (2.181) とは実質的に等しいものであることが次のようにしてわかる．すなわち，式 (2.179) の関係を用いて式 (2.181) を部分積分すれば

$$\begin{aligned}x(t) &= -|F(\tau)A(t-\tau)|_0^t + \int_0^t \dot{F}(\tau)A(t-\tau)d\tau \\ &= F(0)A(t) + \int_0^t \dot{F}(\tau)A(t-\tau)d\tau\end{aligned}$$

で，この式は式 (2.180) にほかならない．この積分を**デュハメル積分** (Duhamel integral) といい，過渡振動の計算には有用なものである．

【例：立ち上がり時間をもつステップ力による振動】 一般にステップ力には図 2.45 のように立ち上がり時間 t_1 があるのが普通である．デュハメル積分を用いて系の応答を調べてみよう．$0 < t < t_1$ では

$$F(t) = \frac{F_0 t}{t_1}$$

となり，系の減衰を省略すれば，インデシャル応答は，式 (2.173) で，$\zeta = 0$, $\varphi = \pi/2$ とした

$$A(t) = \frac{1}{k}(1 - \cos\omega_\mathrm{n} t) \tag{2.182}$$

であるから，式 (2.174) によって

$$\begin{aligned}x(t) &= \int_0^t \frac{F_0}{t_1}\frac{1}{k}\{1 - \cos\omega_\mathrm{n}(t-\tau)\}d\tau \\ &= \frac{F_0}{kt_1}\left(t - \frac{1}{\omega_\mathrm{n}}\sin\omega_\mathrm{n} t\right) \qquad (0 < t < t_1)\end{aligned} \tag{2.183}$$

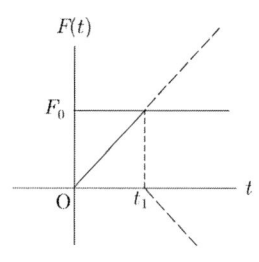

図 2.45 立ち上がり時間をもつステップ力

となる．

$t > t_1$ に対しては，式 (2.183) から t_1 だけ時間遅れのある同じ形の応答を引くことにより

$$x(t) = \frac{F_0}{kt_1}\left\{\left(t - \frac{1}{\omega_\mathrm{n}}\sin\omega_\mathrm{n}t\right) - \left(t - t_1 - \frac{1}{\omega_\mathrm{n}}\sin\omega_\mathrm{n}(t-t_1)\right)\right\} \quad (2.184)$$
$$(t > t_1)$$

が得られる．この二つの式を単位ステップ関数

$$u(t-t_1) = \begin{cases} 0 & (t < t_1) \\ 1 & (t \geq t_1) \end{cases} \quad (2.185)$$

を用いて

$$x(t) = \frac{F_0}{kt_1}\left(t - \frac{1}{\omega_\mathrm{n}}\sin\omega_\mathrm{n}t\right)u(t)$$
$$-\frac{F_0}{kt_1}\left(t - t_1 - \frac{1}{\omega_\mathrm{n}}\sin\omega_\mathrm{n}(t-t_1)\right)u(t-t_1) \quad (2.186)$$

の形にまとめておくと便利である．

【例：突起物を乗り越える自動車の振動】 ばね k とダンパ c に支えられる質量 m の自動車 (力学モデル) が，一定速度 V で，図 2.46 に示す小さな突起物

$$y = h\left(1 - \cos\frac{2\pi}{\lambda}x\right) \quad (0 < x < \lambda) \quad (2.187)$$

を乗り越えるときの車体の運動を調べてみよう．

車体の重心の上向きの変位を w とし，自動車が突起に差しかかった時刻を $t = 0$ とすれば，$x = Vt$ で，式 (2.91) を導いたのと同様な考え方によって運動方程式

$$\begin{aligned}m\ddot{w} + c\dot{w} + kw &= c\dot{y} + ky \\ &= ch\frac{2\pi V}{\lambda}\sin\frac{2\pi V}{\lambda}t + kh\left(1 - \cos\frac{2\pi V}{\lambda}t\right)\end{aligned} \quad (2.188)$$
$$(0 < t < \lambda/V)$$

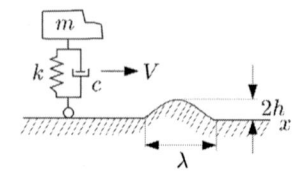

図 2.46 突起物を乗り越える自動車

が得られる．$\omega = 2\pi V/\lambda$ とおけば，式 (2.179), (2.181) によって

$$w(t) = \frac{h}{\sqrt{mk(1-\zeta^2)}} \int_0^t \{c\omega \sin\omega\tau + k(1-\cos\omega\tau)\} \\ \times e^{-\zeta\omega_n(t-\tau)} \sin\omega_d(t-\tau)\,d\tau \quad (2.189)$$

から自動車の応答が求められる．ここで ω_n は車体の固有振動数，ζ は減衰比である．計算は少々面倒であるが，上式の積分を実行すれば

$$\frac{w(t)}{h} = 1 - \frac{1}{(\omega_n{}^2 - \omega^2)^2 + (2\zeta\omega_n\omega)^2} \\ \times [2\zeta\omega_n\omega^3 \sin\omega t + \{\omega_n{}^2(\omega_n{}^2-\omega^2) + (2\zeta\omega_n\omega)^2\}\cos\omega t] \\ + \frac{\omega^2}{(\omega_n{}^2 - \omega^2)^2 + (2\zeta\omega_n\omega)^2} e^{-\zeta\omega_n t} \\ \times \left(\frac{\zeta}{\sqrt{1-\zeta^2}}(\omega_n^2 + \omega^2)\sin\omega_d t + (\omega_n{}^2 - \omega^2)\cos\omega_d t\right) \quad (2.190) \\ (0 < t < \lambda/V)$$

となって，車体が突起上にあるときの運動が求められる．突起を乗り越えたあとは，λ/V だけ時間遅れがある同じ形の突起物による応答を上式から引けばよい．その理由は，$x=0$ から始まる周期関数 $y(x) = \{1 - \cos(2\pi x/\lambda)\}$ から 1 周期分だけ遅れた関数 $y(x - \lambda)$ を差し引くと図 2.46 の突起が得られるからである．この場合，式 (2.190) の右辺の第 1，2 項は相殺されて

$$\frac{w(t)}{h} = \frac{\omega^2}{(\omega_n{}^2 - \omega^2)^2 + (2\zeta\omega_n\omega)^2} \\ \times \left[e^{-\zeta\omega_n t}\left\{\frac{\zeta}{\sqrt{1-\zeta^2}}(\omega_n^2 + \omega^2)\sin\omega_d t + (\omega_n^2 - \omega^2)\cos\omega_d t\right\} \right. \\ - e^{-\zeta\omega_n(t-\lambda/V)}\left\{\frac{\zeta}{\sqrt{1-\zeta^2}}(\omega_n^2 + \omega^2)\sin\omega_d\left(t - \frac{\lambda}{V}\right)\right\} \\ \left. + \left\{(\omega_n^2 - \omega^2)\cos\omega_d\left(t - \frac{\lambda}{V}\right)\right\} \right] \quad (2.191) \\ (t > \lambda/V)$$

となる．以上は $\zeta < 1$ の場合であるが，臨界減衰系では $\zeta \to 1$ の極限値を計算すればよく，超過減衰系に対しては $\sqrt{1-\zeta^2} \to j\sqrt{\zeta^2-1}$ ($j = \sqrt{-1}$) として上式を書き直せばよい．

図 2.47 フィードバック系

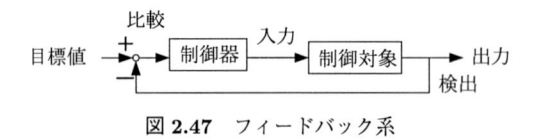

2.12 振動制御の基礎

振動は構造の減衰を増すことによって抑制できるが，構造的には減衰を増加できない場合や，適応的に振動を抑制したい場合などには，何らかの制御入力によって振動を抑制する必要がある．外部エネルギーを用いずにダンパなどの機構によって振動を抑制する手法を**パッシブ制振**あるいは**パッシブ制御** (passive control) といい，外部エネルギーを用いるアクチュエータによって積極的に振動を抑制する手法を**アクティブ制御** (active control) という．ここでは，図 2.47 に示すように振動系 (制御対象) の変位や速度などを計測し，それらの値や変化に応じて制御入力を決定する**フィードバック制御** (feedback control) を考える．

減衰比が $\zeta < 1$ のとき，1自由度粘性減衰振動系の自由振動の時間応答は，式 (2.52) より

$$x = Ce^{-\zeta \omega_n t}\sin(\omega_d t + \varphi)$$

となり，特性根 (2.50) の実部が減衰特性を決めることがわかる．

外力を速度に負比例する速度フィードバック入力 $-d\dot{x}$ とすると，運動方程式 (2.64) は

$$m\ddot{x} + (c+d)\dot{x} + kx = 0 \tag{2.192}$$

となり，見かけ上減衰が増加する．すなわち，振動ははやく減衰することになり，システムをより安定化できたといえる．これが，振動制御の基本であるが，実際には応答の周波数特性や過渡特性にも注意する必要がある．

2.12.1 フィードバック制御

運動方程式をフーリエ変換し，周波数領域で表すとき，信号の流れは**ブロック線図** (block diagram) で表せる．制御対象と制御器の周波数伝達関数を，それぞれ C, G で表すとき，出力 Y と目標値 R の比較信号 $V = R - Y$ を制御

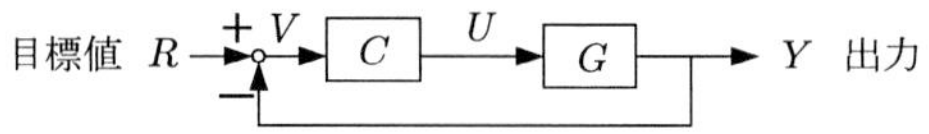

2.12 振動制御の基礎

目標値 R →+ V → C → U → G → Y 出力

図 2.48 フィードバック制御系のブロック線図

器に入力する．フィードバック制御系の周波数伝達関数は

$$\tilde{G} = \frac{Y}{R} = \frac{GC}{1+GC} \tag{2.193}$$

である．図 2.48 はフィードバック制御系のブロック線図を示す．制御器のゲイン特性が無限大であるとき

$$\tilde{G} = \frac{1}{1/\infty + 1} = 1 \tag{2.194}$$

となり，出力は目標値に一致する．実際には，制御器のゲイン特性を全周波数領域で無限大とすることは困難であるが，制御目標に応じて周波数特性を設計することはある程度可能である．

制御器を構成する基本要素は，**比例補償器** (proportional compensator)，**積分補償器** (integral compensator)，**微分補償器** (differential compensator) によって構成され，それらを組み合わせた **PID 補償器** (PID compensator) がよく用いられ

$$C(j\omega) = K_\mathrm{P} + \frac{K_\mathrm{I}}{j\omega} + K_\mathrm{D} j\omega \tag{2.195}$$

と表される．そのゲイン特性と位相特性は

$$\left.\begin{array}{l} |C| = \sqrt{K_\mathrm{P}^2 + (K_\mathrm{D}\omega - K_\mathrm{I}/\omega)^2} \\ \varphi = \tan^{-1} \dfrac{K_\mathrm{D}\omega - K_\mathrm{I}/\omega}{K_\mathrm{P}} \end{array}\right\} \tag{2.196}$$

であり，低周波数領域では積分補償器 (位相遅れ)，中間周波数領域ではゲイン補償器の特性を有する (図 2.49)．

2.12.2 極配置法

外力 f が作用する 1 自由度振動系の運動方程式において，変数を $x_1 = x$, $x_2 = \dot{x}$ として行列表現すると

$$\begin{bmatrix} \dot{x}_1 \\ \dot{x}_2 \end{bmatrix} = \begin{bmatrix} 0 & 1 \\ -\frac{k}{m} & -\frac{c}{m} \end{bmatrix} \begin{bmatrix} x_1 \\ x_2 \end{bmatrix} + \begin{bmatrix} 0 \\ \frac{1}{m} \end{bmatrix} f \tag{2.197}$$

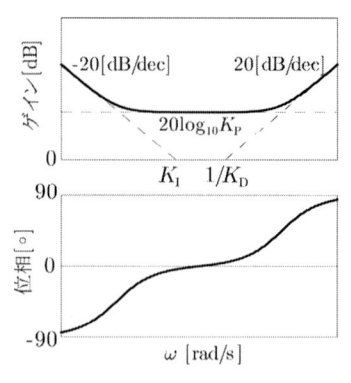

図 2.49 PID 補償器のボード線図

と書ける.このように,1階常微分方程式で表すことを状態方程式表現といい,ベクトル $\boldsymbol{x} = [x_1 \ x_2]^T$ を用いて上式を

$$\dot{\boldsymbol{x}} = \boldsymbol{A}\boldsymbol{x} + \boldsymbol{b}f \tag{2.198}$$

と表すとき,状態方程式のシステム行列 $\boldsymbol{A}$ の固有値は運動方程式の特性根に一致し,**極** (pole) とよぶ.これは式 (2.198) を初期状態が 0 のもとでラプラス変換すると次式となることからもわかる.

$$s\boldsymbol{X} = \boldsymbol{A}\boldsymbol{X} + \boldsymbol{b}F \ \to \ \boldsymbol{X} = [s\boldsymbol{I} - \boldsymbol{A}]^{-1}\boldsymbol{b}F \tag{2.199}$$

制御入力が

$$f = [f_1 \ f_2]\boldsymbol{x} = \boldsymbol{f}\boldsymbol{x} \tag{2.200}$$

で与えられるとき,これを**状態フィードバック** (state feedback) という.このとき,システムは**閉ループ** (closed loop) となる.

$$\dot{\boldsymbol{x}} = \boldsymbol{A}\boldsymbol{x} + \boldsymbol{b}\boldsymbol{f}\boldsymbol{x} = (\boldsymbol{A} + \boldsymbol{b}\boldsymbol{f})\boldsymbol{x} \tag{2.201}$$

システムがより安定となるためには,$(\boldsymbol{A} + \boldsymbol{b}\boldsymbol{f})$ の固有値 (極) の実部がより大きな負の値となればよく,複素平面上で $(\boldsymbol{A} + \boldsymbol{b}\boldsymbol{f})$ の極の配置を検討して入力 $\boldsymbol{f}$ を決定する手法を**極配置** (pole placement) という.

問題 2

2.1 質量 m の物体が長さ l，断面積 A，縦弾性係数 E の細い鋼製針金で鉛直に吊られている．この物体が上下に振動するときの固有振動数はいくらか．

2.2 線径 3 mm，コイルの平均直径 25 mm，巻数 30 の鋼製コイルばね (縦弾性係数 200 GPa，横弾性係数 80 GPa) の引張りと圧縮に対するばね定数はいくらか．また，ねじりこわさはいくらか．

2.3 軽い水平なはりに重い物体を載せたところ鉛直方向に 5.5 mm だけ変形した．この系の固有振動数はいくらか．

2.4 質量 m の物体が軽い両端支持はりの中央に取り付けられた振動系の固有振動数はいくらか．この質量をこわさ k のばねを介してはりに取り付けると，固有振動数はいくらになるか．はりの長さは l，曲げこわさを EI とし，はりの質量を省略して計算せよ．

2.5 未知のこわさをもったばねの自由端に取り付けられた物体の固有振動数が 3.2 Hz であった．これに 5 kg の質量を追加したら振動数が 2.5 Hz に低下した．ばねのこわさと最初の質量はいくらか．

2.6 図 2.50 のように質量 m の物体に，これが運動する水平面と α の角度でばね k が取り付けられている．この振動系が微小振動するときの固有振動数はいくらか．

2.7 図 2.51 に示す内径が一様な U 字管に入った液体の固有振動数はいくらか．ただし U 字管に沿った液柱の長さを l とし，管壁の抵抗を省略して計算せよ．

2.8 図 2.52(p.78) に示す質量 m，液面に接する管の外径が d の比重計の上下振動数はいくらか．液体の密度を ρ として計算せよ．

2.9 図 2.53(p.78) はボートの断面図である．ボートの全質量が M，重心まわりの慣性モーメントが J で，ボートのメタセンタが重心より h だけ上にあるとき，ローリングの固有振動数はいくらか．

2.10 図 2.54(p.78) に示す 1 点でピボットされ，一端に質量 m，他端にばね k を有する軽い剛体棒の固有振動数はいくらか．

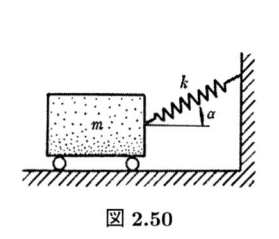

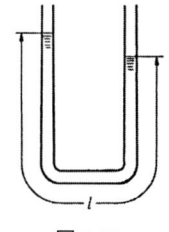

図 2.50

図 2.51

図 2.52　　　　図 2.53　　　　図 2.54

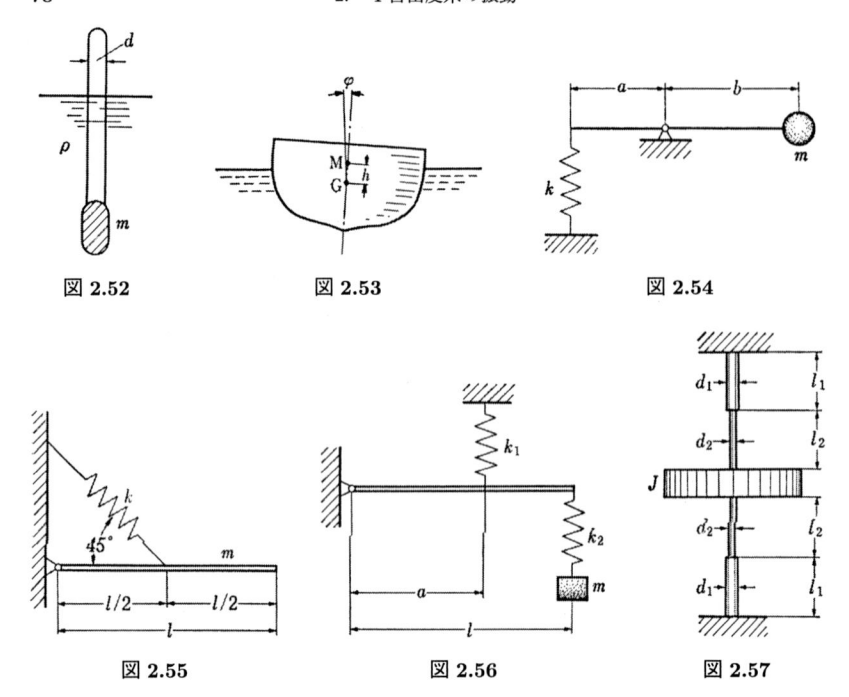

図 2.55　　　　図 2.56　　　　図 2.57

2.11 図 2.55 のように質量 m，長さ l の一様な剛体棒の一端がピボットされ，中央の点にこわさ k のばねが 45° の角度でかけてある．この系の固有振動数はいくらか．

2.12 図 2.56 に示す軽い剛体棒の固有振動数を求めよ．

2.13 図 2.57 に示す二つの異なった直径をもつ段付き軸の中央に取り付けられた円板のねじり振動の固有振動数はいくらか．

2.14 図 2.58 のように質量 m，長さ b の一様な棒の両端が軽い糸で水平になるように吊られている．この棒をその中心を通る鉛直線の周りに軽くねじって放すと，いくらの振動数で振動するか．

2.15 図 2.59 のように質量 m，半径 r の円板の中心軸をこわさ k のばねで支え，円

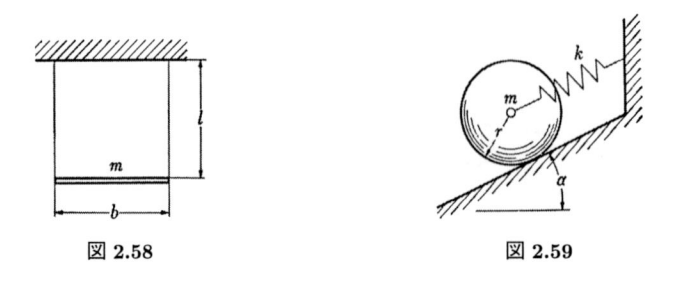

図 2.58　　　　図 2.59

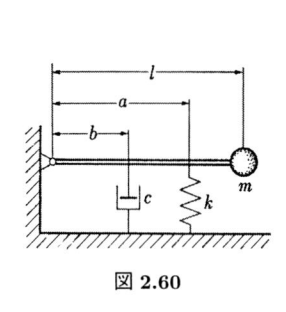

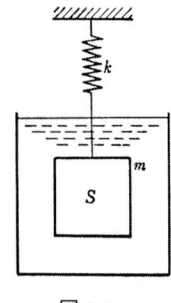

板を傾斜角 α の斜面をすべることなく転がすとき，いくらの振動数の振動が起こるか．

2.16 図 2.60 のように剛体棒の一端がピボットされ，他端に質量 m，途中にばね k とダンパ c が取り付けられている．微小振動の方程式を導き，減衰固有振動数と臨界減衰係数を求めよ．

2.17 図 2.61 のように質量 m の薄い板をばね k で吊るして空気中で振動させたとき周期は T であった．これをすっかり液体中に浸して振動させると周期はその $n(>1)$ 倍となった．板に働く液体の抵抗が板の面積 S と速度に比例するものとすれば，板の抵抗係数はいくらか．

2.18 質量 100 kg の物体が，こわさ 150 kN/m のばねと粘性ダンパによってかたい基礎に支えられている．この物体を自由振動させたら，10 サイクルの間に振幅が 3 mm からその 1/4 に減少したという．この系の減衰比はいくらか．またダンパの減衰係数はいくらか．

2.19 図 2.19(p.31) のように 1450 kg の 2 個の台車がこわさ 800 kN/m のばねで連結されている．この系の固有振動数と臨界減衰係数はいくらか．

2.20 こわさ 600 kN/m のばねでかたい支点に連結され，他の面と水平に接触しながら振動する 95 kg の機械部品がある．自由振動させて相つぐサイクルの振幅の値を測定したところ，1 サイクルについて 1.5 mm ずつ減っていることがわかった．面に働くクーロン摩擦力と摩擦係数の大きさを求めよ．またこのときの固有振動数はいくらか．

2.21 こわさ 50 kN/m のばねで支えられた 80 kg の物体に 90 N のクーロン摩擦力が働くとき，この物体に 12 mm の初期変位を与えて放せば，停止するまでに何回振動するか．停止するときの物体の変位はいくらか．

2.22 なめらかな軸受で支えられて一定速度で回転するロータ (慣性モーメント J) に，急にトルク $T\sin\omega t$ が作用するとき，ロータにはどのような速度変化が生じるか．ただしロータは軸を含めて剛体とする．

図 2.62

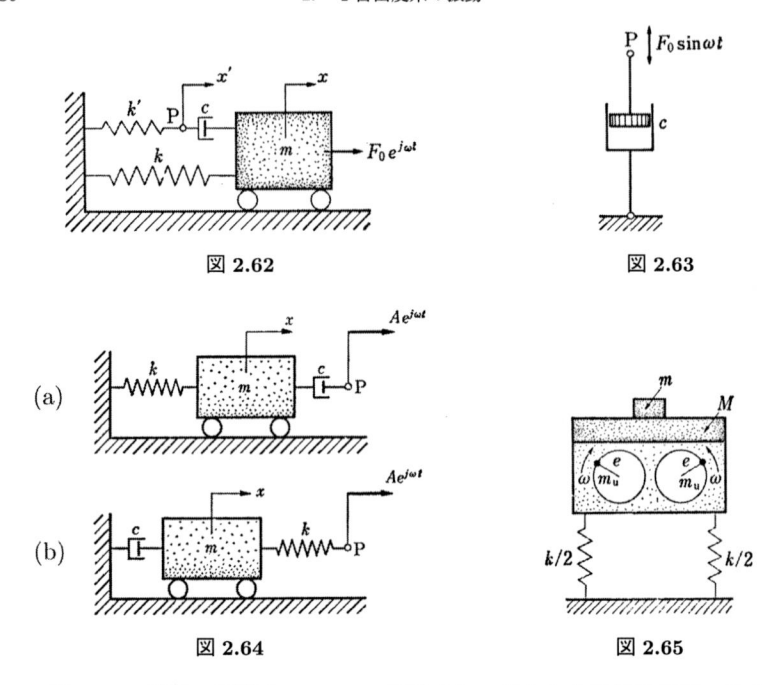

図 2.63

図 2.64

図 2.65

2.23 問 2.16 の質量に周期力 $F_0 \sin \omega t$ が働くと，どんな定常振動が起こるか．同じ加振力がばねの位置に働くときはどうか．

2.24 図 2.62 に示す振動系に加振力 $F_0 e^{j\omega t}$ が作用するときの質量 m の運動方程式と，P点における力の釣り合い式を書け．この式を解いて質量の定常応答を求めよ．$c \to 0$, $c \to \infty$; $k' \to 0$, $k' \to \infty$ の場合はそれぞれどんな振動系に相当するか．

2.25 図 2.63 のようにダンパのシリンダをかたい床に固定し，ピストンを上下に大きさ 500 N，振動数 6.5 Hz の周期力で加振する．このときのピストンの振幅が 6 mm であったとすれば，ダンパに働く減衰力の係数はいくらか．

2.26 質景 250 kg の機械に大きさ 280 N，振動数 4 Hz の正弦加振力が作用したときの共振振幅が 8 mm であったという．この系のばね定数と減衰比はいくらか．加振振動数を 5 Hz に上げると振幅はいくらになるか．

2.27 図 2.64 に示す振動系の先端 P に強制変位 $u = Ae^{j\omega t}$ が与えられるとき，運動の方程式はどのようになるか．この場合の質量 m の定常応答を求めよ．P点に力 $F_0 e^{j\omega t}$ が働くときはどうか．

2.28 図 2.65 は不釣り合い質量を有する振動台を示す．各回転質量 $m_u = 3$ kg，偏心量 $e = 3.5$ mm，振動台の質量 $M = 15$ kg，これを支えるばねのこわさは $k = 25$ kN/m である．振動台に $m = 1.0$ kg の試料を載せて振動させるとき，試料に働く加速度が $10\,g$ を超えるのはどれだけの回転数のときか．

図 2.66   図 2.67

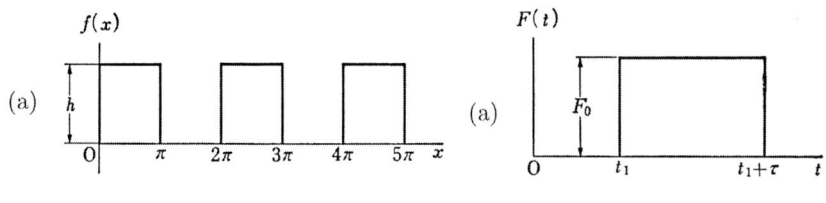

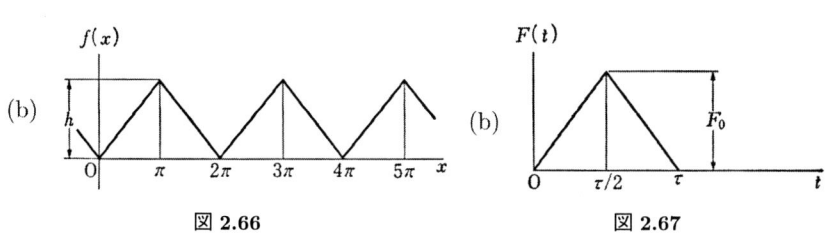

2.29 80 kg の機械が支持構造物に弾性支持されている．機械の回転数 1400 rpm に等しい振動数をもつ加振力の 10% が支持構造物に伝達するように設計するとすれば，支持ばねのこわさをいくらにすればよいか．

2.30 静たわみ 25 mm の懸架ばねに支えられた 1500 kg の自動車が波長 4 m の正弦波状の路面を走行するときの危険速度はいくらか．

2.31 質量 25 kg の円板が，軸受間の距離 300 mm，直径 12 mm の鋼軸の中央に固定されている．軸が軸受で単純支持されているものとすれば，その危険速度はいくらか．

2.32 直径 80 mm の回転軸に質量 400 kg のはずみ車が取り付けられており，その危険速度が 1450 rpm であるという．このはずみ車を 450 kg，軸径を 90 mm に変えると，危険速度はいくらになるか．

2.33 クーロン減衰系において，エネルギーを考察することによって 1 サイクル当たりの振幅の減衰が $4F/k$ であることを示せ．

2.34 図 2.66(a),(b) に示す方形波と三角波をフーリエ級数に展開せよ．

2.35 次の関数のラプラス変換を求めよ．
  (1) t^2 (2) $\sin\omega t + 2\cos\omega t$ (3) $\sin\omega t \cos\omega t$
  (4) 図 2.67(a) に示す方形波パルス   (5) 図 2.67(b) に示す三角波パルス

2.36 次の関数のラプラス逆変換を求めよ．
  (1) $\dfrac{2s+1}{s^2+s-2}$ (2) $\dfrac{4}{s(s+2)^2}$ (3) $\dfrac{1}{s^3+a^3}$ (4) $\dfrac{s}{s^3+a^3}$
  (5) $\dfrac{1}{s}e^{-as}$

2.37 ばね k に支えられた質量 m の物体に，図 2.67(b) に示す三角波衝撃パルスが作用するとき，物体はどんな運動をするか．

図 2.68

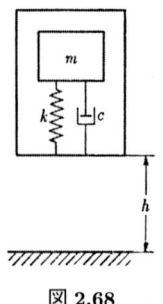

2.38 前問の物体に (a) 一定速度形入力 $F(t) = F_v t$, あるいは (b) 一定加速度形入力 $F(t) = (F_a/2)t^2$ が働くときはどうなるか．

2.39 図 2.68 のように器械 m が軽い容器内でばね k とダンパ c で代表される防振材で支持されている．この容器が h の高さからかたい床の上に落下するとき，器械は容器内でどんな運動をするか．容器の自由落下時，器械と容器の間には相対運動はないものとする．

2.40 次式で表される 2 次遅れ系の，入力 f と出力 x の間の周波数伝達関数を求めよ．

$$\ddot{x} + 101\dot{x} + 100x = 100f$$

2.41 前問で求めた周波数伝達関数のボード線図を周波数 $0.1 \sim 1000\,\mathrm{rad/s}$ の範囲で描け．

2.42 次式で表される 2 次遅れ系の，入力 f と出力 x の間の周波数伝達関数を求め，余弦波入力 $f = \cos t$ を加えたときの定常状態における時間応答を求めよ．

$$\ddot{x} + 3\dot{x} + x = f$$

2.43 次式で与えられる 1 入出力システムがある．

$$\begin{bmatrix} \dot{x}_1 \\ \dot{x}_2 \end{bmatrix} = \begin{bmatrix} 0 & 1 \\ 2 & 3 \end{bmatrix} \begin{bmatrix} x_1 \\ x_2 \end{bmatrix} + \begin{bmatrix} 0 \\ 1 \end{bmatrix} f, \qquad x = \begin{bmatrix} 1 & 0 \end{bmatrix} \begin{bmatrix} x_1 \\ x_2 \end{bmatrix}$$

状態フィードバック入力

$$f = \begin{bmatrix} f_1 & f_2 \end{bmatrix} \begin{bmatrix} x_1 \\ x_2 \end{bmatrix}$$

が作用するとき，極が $-2 \pm j$ となるフィードバック係数 f_1 と f_2 を求めよ．

第3章
多自由度系の振動

　実際の機械に起こる問題は，多自由度系として取り扱うべき性質のものが多い．振動系はいくつかの固有振動数と振動形をもち，これらが合成された振動が起こる．自由度が多くなると，式や変数の数が増して計算も複雑になる．

　本章では2自由度系の問題からはじめ，n自由度系の取り扱い法ならびにいくつかの計算法についてふれ，最後に運動の安定性の判別法を説明する．

3.1　2自由度不減衰系の自由振動

　2自由度系の例として，図3.1のような二つの円板が弾性軸で連結されたねじり振動系を考えてみよう．円板の慣性モーメントをJ_1, J_2，ねじり角をθ_1, θ_2，軸のねじりこわさをk_1, k_2とすれば，この系の運動方程式は

$$\left.\begin{array}{l} J_1\ddot{\theta}_1 = -k_1\theta_1 + k_2(\theta_2 - \theta_1) \\ J_2\ddot{\theta}_2 = -k_2(\theta_2 - \theta_1) \end{array}\right\} \quad (3.1)$$

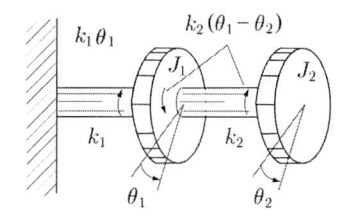

図 3.1　ねじり振動系

と書ける. 式 (3.1) は

$$\theta_1 = A_1 \sin(\omega t + \varphi), \qquad \theta_2 = A_2 \sin(\omega t + \varphi) \qquad (3.2)$$

という振動解をもつ. ただし振幅 A_1, A_2, 角振動数 ω, 位相角 φ はいまのところ未知数である. 式 (3.2) を式 (3.1) に代入すれば

$$(k_1 + k_2 - J_1\omega^2)A_1 - k_2 A_2 = 0, \qquad -k_2 A_1 + (k_2 - J_2\omega^2)A_2 = 0 \quad (3.3)$$

式 (3.3) は振幅 A_1, A_2 に関する同次連立方程式で, A_1, A_2 がともに 0 でないためには, その係数で作られる行列式が 0 でなければならない. すなわち

$$\Delta(\omega) = \begin{vmatrix} k_1 + k_2 - J_1\omega^2 & -k_2 \\ -k_2 & k_2 - J_2\omega^2 \end{vmatrix} = 0 \qquad (3.4)$$

式 (3.4) を展開して得られる式

$$\omega^4 - \left(\frac{k_1 + k_2}{J_1} + \frac{k_2}{J_2}\right)\omega^2 + \frac{k_1 k_2}{J_1 J_2} = 0 \qquad (3.5)$$

を ω^2 について解いて, 二つの正の実根

$$\omega^2 = \frac{1}{2}\left\{\left(\frac{k_1 + k_2}{J_1} + \frac{k_2}{J_2}\right) \mp \sqrt{\left(\frac{k_1 + k_2}{J_1} + \frac{k_2}{J_2}\right)^2 - 4\frac{k_1 k_2}{J_1 J_2}}\right\} \qquad (3.6)$$

を得る. これをさらに開平して得られる二つの正根のうち, 小さい ω_1 は基本振動数を, 大きい ω_2 は 2 次振動数を与える.

式 (3.1) の一般解は

$$\left.\begin{array}{l} \theta_1 = A_1^{(1)} \sin(\omega_1 t + \varphi_1) + A_1^{(2)} \sin(\omega_2 t + \varphi_2) \\ \theta_2 = A_2^{(1)} \sin(\omega_1 t + \varphi_1) + A_2^{(2)} \sin(\omega_2 t + \varphi_2) \end{array}\right\} \qquad (3.7)$$

で表される. ここで θ_1, θ_2 の各振幅と位相角は任意の定数で, いずれも初期条件によって決まるものであるが, 各成分の振幅比は常に一定の値をもっている. すなわち, 式 (3.3) に $\omega = \omega_1$ および $\omega = \omega_2$ の値を入れることによって

$$\left.\begin{array}{l} \dfrac{A_1^{(1)}}{A_2^{(1)}} = \dfrac{k_2}{k_1 + k_2 - J_1\omega_1^2} = \dfrac{k_2 - J_2\omega_1^2}{k_2} = \dfrac{1}{\lambda_1} \\[2ex] \dfrac{A_1^{(2)}}{A_2^{(2)}} = \dfrac{k_2}{k_1 + k_2 - J_1\omega_2^2} = \dfrac{k_2 - J_2\omega_2^2}{k_2} = \dfrac{1}{\lambda_2} \end{array}\right\} \qquad (3.8)$$

ここで λ_1 と λ_2 は各振動数における振幅比を表す．この振幅比 λ_1, λ_2 を式 (3.7) に用いると

$$\left.\begin{array}{l}\theta_1 = A_1^{(1)} \sin(\omega_1 t + \varphi_1) + A_1^{(2)} \sin(\omega_2 t + \varphi_2) \\ \theta_2 = \lambda_1 A_1^{(1)} \sin(\omega_1 t + \varphi_1) + \lambda_2 A_1^{(2)} \sin(\omega_2 t + \varphi_2)\end{array}\right\} \quad (3.9)$$

で，初期条件 $\theta_1(0)$, $\theta_2(0)$; $\dot{\theta}_1(0)$ $\dot{\theta}_2(0)$ が与えられたとき，定数 $A_1^{(1)}$, $A_1^{(2)}$; φ_1, φ_2 の値が決定する．そして適当な初期条件を選ぶとどちらか一方の振動数をもつ振動だけが起こる．この振動形を**固有振動モード** (natural mode of vibration) といい，低い振動数の振動を**基本振動** (fundamental vibration), 高いほうを **2 次振動** (second mode vibration) とよんでいる．

とくに $J_1 = J_2 = J$, $k_1 = k_2 = k$ の場合は，式 (3.6) より

$$\omega^2 = \frac{1}{2}\left(3 \mp \sqrt{5}\right)\frac{k}{J}$$

開平して

$$\omega_1 = \frac{\sqrt{5}-1}{2}\sqrt{\frac{k}{J}} \fallingdotseq 0.618\sqrt{\frac{k}{J}}, \qquad \omega_2 = \frac{\sqrt{5}+1}{2}\sqrt{\frac{k}{J}} \fallingdotseq 1.618\sqrt{\frac{k}{J}}$$

となる．このときの振幅比は

$$\lambda_1 = 1.618, \qquad \lambda_2 = -0.618$$

で，適当な初期条件を選んで $A_1^{(2)} = 0$ とすれば，基本振動

$$\theta_1 = A_1^{(1)} \sin(\omega_1 t + \varphi_1), \qquad \theta_2 = \lambda_1 A_1^{(1)} \sin(\omega_1 t + \varphi_1) \quad (3.10)$$

だけが起こり，$A_1^{(1)} = 0$ とすれば，2 次振動

$$\theta_1 = A_1^{(2)} \sin(\omega_2 t + \varphi_2), \qquad \theta_2 = \lambda_2 A_1^{(2)} \sin(\omega_2 t + \varphi_2) \quad (3.11)$$

だけが起こる．λ_1 の値が正で，λ_2 が負であることから，二つの円板の振動は基本振動が同位相，2 次振動が逆位相となっている．図 3.2 は各振動数における固有振動モードを示す．図 (c) の P 点は，2 次振動の不動点で，これを**節** (node) という．

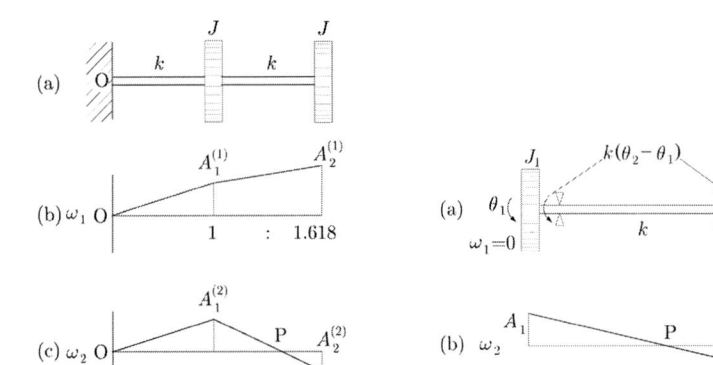

図 3.2 二つの円板を有する弾性軸   **図 3.3** 両端に円板を有する弾性軸

3.1.1 両端に円板を有する弾性軸

図 3.3 のように両端に円板をもち，摩擦のない軸受で支えられたねじり系の運動方程式は

$$\left.\begin{array}{l} J_1\ddot{\theta}_1 = k(\theta_2 - \theta_1) \\ J_2\ddot{\theta}_2 = -k(\theta_2 - \theta_1) \end{array}\right\} \quad (3.12)$$

となる．式 (3.12) の二つの式を加えると，おのおのの円板に作用するねじりモーメントが互いに反対方向の内力であることから

$$\frac{d}{dt}(J_1\dot{\theta}_1 + J_2\dot{\theta}_2) = 0 \quad (3.13)$$

すなわち外部からの力が作用しない限り，角運動量 $J_1\dot{\theta}_1 + J_2\dot{\theta}_2$ は常に一定に保たれる．この場合の振動数は式 (3.5) で $k_1 = 0$, $k_2 = k$ とおいた

$$\omega^4 - \left(\frac{1}{J_1} + \frac{1}{J_2}\right)k\omega^2 = 0$$

より求められるが

$$\omega_1 = 0, \quad \omega_2 = \sqrt{\left(\frac{1}{J_1} + \frac{1}{J_2}\right)k} \quad (3.14)$$

のように，低い方の振動数は 0 となる．このときは式 (3.8) より $A_1^{(1)} = A_2^{(1)}$ となり，円板の一様な回転に対応する．高い方の振動数において

$$\frac{A_2^{(2)}}{A_1^{(2)}} = -\frac{J_1}{J_2} < 0 \quad (3.15)$$

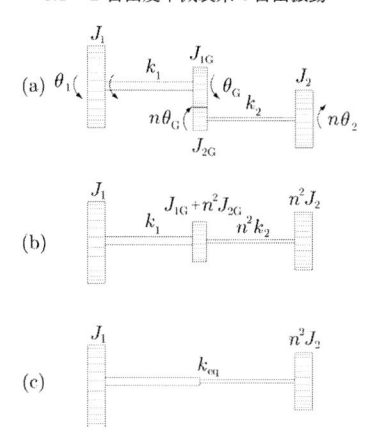

3.1 2自由度不減衰系の自由振動

図3.4 歯車伝導系の等価ねじり振動系

で，円板は互いに逆の方向にねじられ，弾性軸上で円板の慣性モーメントの逆比に内分する位置に節点を有する．

3.1.2 歯車伝導系

図 3.4(a) に示す**歯車系** (geared system) を用いて動力を伝達する機械の例は多い．このような2軸歯車系では各軸は異なった速度で回転するから，系の二つの部分を一つの共通な軸をもった等価な回転系で置き換えて考えるのがわかりやすい．1軸の円板と歯車の角変位を θ_1, θ_G, 歯車の減速比を n とすれば，2軸の歯車と円板の角変位は $-n\theta_G$, $-n\theta_2$ となる．各円板と歯車の慣性モーメントをそれぞれ J_1, J_2 ; J_{1G}, J_{2G} とし，二つの軸のねじりこわさを k_1, k_2 とすれば，この系の運動エネルギーは

$$T = \frac{1}{2}\{J_1\dot{\theta}_1^2 + (J_{1G} + n^2 J_{2G})\dot{\theta}_G^2 + n^2 J_2 \dot{\theta}_2^2\} \tag{3.16}$$

軸にたくわえられるポテンシャルエネルギーは

$$U = \frac{1}{2}\{k_1(\theta_1 - \theta_G)^2 + n^2 k_2(\theta_G - \theta_2)^2\} \tag{3.17}$$

で与えられる．したがって，この歯車系は図3.4(b)のようなそれぞれ J_1, $J_{1G} + n^2 J_{2G}$, $n^2 J_2$ の慣性モーメントをもつ三つの円板が，こわさ k_1, $n^2 k_2$ の軸で連結されたねじり振動系と等価になる．とくに，歯車系の慣性モーメントが円板

に比して小さく，省略して差し支えないとき (図 3.4(c)) は，式 (3.14) において

$$J_1 \to J_1, \quad J_2 \to n^2 J_2; \quad k_{\mathrm{eq}} = \frac{1}{1/k_1 + 1/(n^2 k_2)}$$

とおくことにより，固有振動数

$$\omega_\mathrm{n} = \sqrt{\frac{J_1 + n^2 J_2}{J_1 J_2} \frac{k_1 k_2}{k_1 + n^2 k_2}} \qquad (3.18)$$

が得られる．

3.1.3 自動車の上下振動とピッチング

自動車の車体を剛体棒とみなし，前輪および後輪の懸架装置，タイヤの弾性を図 3.5 のような等価ばね k_1, k_2 で置き換える．車体の重心の鉛直方向変位を x，重心周りの車体の回転角を θ とすれば，車の前輪，後輪の鉛直変位はそれぞれ $x - l_1\theta$, $x + l_2\theta$ で，前後輪のばね系には $k_1(x - l_1\theta)$, $k_2(x + l_2\theta)$ の復原力が働くので，車体の重心の上下運動と重心周りの回転運動について次の方程式が成り立つ．

$$\left.\begin{array}{l} M\ddot{x} = -k_1(x - l_1\theta) - k_2(x + l_2\theta) \\ J\ddot{\theta} = k_1(x - l_1\theta)l_1 - k_2(x + l_2\theta)l_2 \end{array}\right\} \qquad (3.19)$$

ただし M は車体の質量，J は重心周りの車体の慣性モーメント，l_1, l_2 は重心と前，後輪軸間の距離である．

式 (3.19) を書き直して

$$M\ddot{x} + k_x x - k_{x\theta}\theta = 0, \qquad J\ddot{\theta} + k_\theta \theta - k_{x\theta} x = 0 \qquad (3.20)$$

これらの式の係数 $k_x = k_1 + k_2$ は全車のばね定数，$k_\theta = k_1 l_1^2 + k_2 l_2^2$ は回転ばね定数で，第 3 項の $k_{x\theta} = k_1 l_1 - k_2 l_2$ は**連成項** (coupling term) の係数を表す．

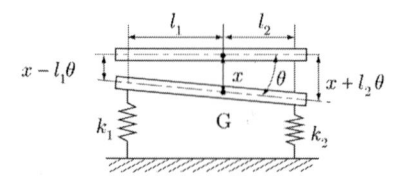

図 3.5 自動車の上下振動とピッチング

$k_1 l_1 = k_2 l_2$ のとき連成項は 0 となり，車体の上下運動と回転運動は互いに関係なく独立な運動をする．これらの固有振動数はそれぞれ

$$\omega_x = \sqrt{\frac{k_x}{M}}, \qquad \omega_\theta = \sqrt{\frac{k_\theta}{J}} \qquad (3.21)$$

となる．

$k_1 l_1 \neq k_2 l_2$ のときは，式 (3.20) に $x = A\sin(\omega t + \varphi)$, $\theta = \Theta \sin(\omega t + \varphi)$ を代入すると

$$(k_x - M\omega^2)A - k_{x\theta}\Theta = 0, \qquad -k_{x\theta}A + (k_\theta - J\omega^2)\Theta = 0 \quad (3.22)$$

この式から A と Θ を消去すれば

$$\omega^4 - \left(\frac{k_x}{M} + \frac{k_\theta}{J}\right)\omega^2 + \frac{k_x k_\theta - k_{x\theta}^2}{MJ} = 0 \qquad (3.23)$$

が得られる．これより固有振動数は

$$\omega^2 = \frac{1}{2}\left(\frac{k_x}{M} + \frac{k_\theta}{J}\right) \mp \sqrt{\frac{1}{4}\left(\frac{k_x}{M} - \frac{k_\theta}{J}\right)^2 + \frac{k_{x\theta}^2}{MJ}} \qquad (3.24)$$

振幅比は

$$\frac{A}{\Theta} = \frac{k_{x\theta}}{k_x - M\omega^2} = \frac{k_\theta - J\omega^2}{k_{x\theta}} \qquad (3.25)$$

となる．

【例】 いま

$$M = 1600 \ \ [\text{kg}], \qquad J = 2500 \ \ [\text{kg}\cdot\text{m}^2]$$
$$l_1 = 1.4 \ \ [\text{m}], \qquad l_2 = 1.6 \ \ [\text{m}]$$
$$k_1 = 35 \ \ [\text{kN/m}], \quad k_2 = 41 \ \ [\text{kN/m}]$$

である自動車について計算をしてみよう．この場合

$$\frac{k_x}{M} = \frac{(35+41)\times 10^3}{1.6 \times 10^3} = 48 \ \ [\text{s}^{-2}]$$

$$\frac{k_\theta}{J} = \frac{(35\times 1.4^2 + 41\times 1.6^2)\times 10^3}{2.5\times 10^3} = 70 \ \ [\text{s}^{-2}]$$

$$\frac{k_{x\theta}^2}{MJ} = \frac{(35\times 1.4 - 41\times 1.6)^2 \times 10^6}{1.6\times 2.5\times 10^6} = 72 \ \ [\text{s}^{-2}]$$

となるので，式 (3.24) から固有振動数は

$$\omega_1 = 6.7 \ \ [\text{rad/s}] \quad (f_1 = 1.1 \ \ [\text{Hz}])$$
$$\omega_2 = 8.5 \ \ [\text{rad/s}] \quad (f_2 = 1.4 \ \ [\text{Hz}])$$

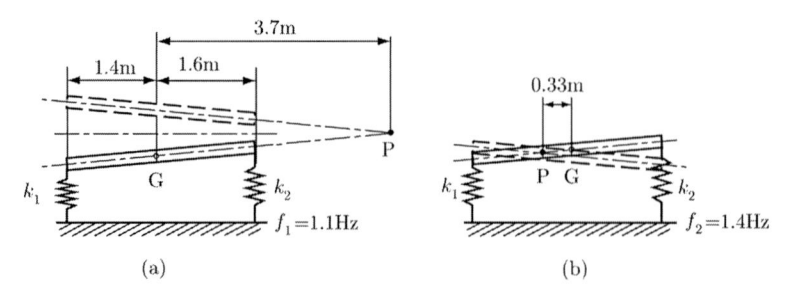

図 3.6 自動車の固有振動モード

式 (3.25) により振幅比は

$$\left(\frac{A}{\Theta}\right)^{(1)} = \frac{175 - 2.5 \times 6.7^2}{-17} = -3.7 \text{ [m/rad]} = -65 \quad \text{[mm/deg]}$$

$$\left(\frac{A}{\Theta}\right)^{(2)} = \frac{175 - 2.5 \times 8.5^2}{-17} = 0.33 \text{ [m/rad]} = 5.8 \quad \text{[mm/deg]}$$

となって，固有振動モードは図 3.6 のようになる．基本振動では重心より後方 3.7 m，2 次振動では前方 0.33 m の位置に節がある．

3.1.4 ラグランジュ方程式の応用

直接運動方程式を導きにくい場合や，間違いやすい場合には，**ラグランジュ方程式** (Lagrange's equation) を用いるのが便利である．

系の運動エネルギーを T，ポテンシャルエネルギーを U，**一般座標** (generalized coordinates) での変位を q_i とすれば，保存系のラグランジュ方程式は

$$\frac{d}{dt}\left(\frac{\partial T}{\partial \dot{q}_i}\right) - \frac{\partial T}{\partial q_i} + \frac{\partial U}{\partial q_i} = 0 \tag{3.26}$$

で与えられる．一般座標とは，互いに独立で系の自由度と同じ数の座標変数である．ラグランジュ方程式の詳細は第 7 章に述べることとして，ここではその応用例を示す．

【例題】 図 3.7 のように，質量 m，重心の高さ h，重心周りの慣性モーメント J の棒材をこわさ k_t の回転ばねで鉛直に支持した振動系 (質量 M，ばね定数 K) の運動方程式を導き，これより固有振動数を求めよ．

【解】 水平可動部の変位 x と棒材の回転角 θ を一般座標に選ぶと，運動エネ

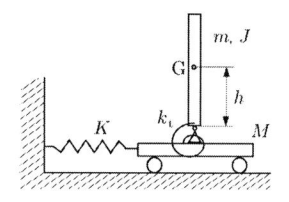

図 3.7 鉛直に支えられた棒材

ギーとポテンシャルエネルギーは

$$T = \frac{1}{2}M\dot{x}^2 + \frac{1}{2}m(\dot{x} + h\dot{\theta})^2 + \frac{1}{2}J\dot{\theta}^2$$
$$U = \frac{1}{2}Kx^2 + \frac{1}{2}k_t\theta^2 - mgh(1-\cos\theta)$$

で与えられる．これらを式 (3.26) に代入すると

$$\left.\begin{array}{l} M\ddot{x} + m(\ddot{x} + h\ddot{\theta}) + Kx = 0 \\ m(\ddot{x} + h\ddot{\theta})h + J\ddot{\theta} + k_t\theta - mgh\sin\theta = 0 \end{array}\right\} \quad (3.27)$$

θ が小さいときは

$$\left.\begin{array}{l} (m+M)\ddot{x} + Kx + mh\ddot{\theta} = 0 \\ mh\ddot{x} + (J+mh^2)\ddot{\theta} + (k_t - mgh)\theta = 0 \end{array}\right\} \quad (3.28)$$

で，これから上述と同様の計算によって振動数方程式

$$\{(M+m)J + Mmh^2\}\omega^4 - \{(J+mh^2)K + (M+m)(k_t - mgh)\}\omega^2$$
$$+ K(k_t - mgh) = 0 \quad (3.29)$$

が導かれる．

3.2　2自由度系の強制振動——動吸振器の理論

2自由度振動系の強制振動の例として**動吸振器** (dynamic damper) を考えてみよう．これは機械や構造物の振動を緩和したり防止するために，振動体に適当な振動系を取り付ける方法で，この付加される振動系を動吸振器とよんでいる．

図 3.8 のように機械の質量を M，ばね定数を K とし，動吸振器の質量を m，ばね定数を k，粘性減衰係数を c とする．機械に加振力 $F_0 \sin\omega t$ が作用すると

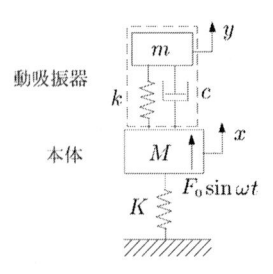

図 3.8 動吸振器を有する振動系

きの機械と動吸振器の変位をそれぞれ x, y とすれば，この系の運動方程式は

$$\left.\begin{array}{l} M\ddot{x} = -Kx + k(y-x) + c(\dot{y}-\dot{x}) + F_0 \sin\omega t \\ m\ddot{y} = -k(y-x) - c(\dot{y}-\dot{x}) \end{array}\right\} \quad (3.30)$$

と書ける．定常解を求めるために加振力を $F_0 e^{j\omega t}$，変位を $x = \tilde{A}e^{j\omega t}$, $y = \tilde{B}e^{j\omega t}$ と書いて複素数計算をするのが便利である．このとき式 (3.30) は

$$\left.\begin{array}{l} (K+k-M\omega^2 + jc\omega)\tilde{A} - (k+jc\omega)\tilde{B} = F_0 \\ -(k+jc\omega)\tilde{A} + (k-m\omega^2 + jc\omega)\tilde{B} = 0 \end{array}\right\} \quad (3.31)$$

$\tilde{A}$, $\tilde{B}$ は位相を含んだ複素振幅で，式 (3.31) を解いて得られる．すなわち

$$\left.\begin{array}{l} \tilde{A} = \dfrac{F_0}{\Delta(\omega)}\left(k - m\omega^2 + jc\omega\right) \\ \tilde{B} = \dfrac{F_0}{\Delta(\omega)}(k + jc\omega) \end{array}\right\} \quad (3.32)$$

ただし

$$\begin{aligned} \Delta(\omega) &= \begin{vmatrix} K+k-M\omega^2 + jc\omega & -(k+jc\omega) \\ -(k+jc\omega) & k-m\omega^2 + jc\omega \end{vmatrix} \\ &= \left\{\left(K-M\omega^2\right)\left(k-m\omega^2\right) - mk\omega^2\right\} + jc\omega\left\{K - (M+m)\omega^2\right\} \end{aligned}$$

で，$F_0 \sin\omega t$ は複素数 $F_0 e^{j\omega t}$ の虚部に相当するから，$\tilde{A}e^{j\omega t}$, $\tilde{B}e^{j\omega t}$ の虚部のみをとれば位相を含めて式 (3.30) の定常解が得られる．

3.2.1 粘性抵抗のない動吸振器

上記で $c=0$ とおけば，計算はすべて実数計算となる．そして，式 (3.32) は

3.2 2自由度系の強制振動——動吸振器の理論

質量比：$\mu = m/M$
動吸振器の固有振動数：$\omega_n = \sqrt{k/m}$
主振動系の固有振動数：$\Omega_n = \sqrt{K/M}$
主振動系の静たわみ：$A_{st} = F_0/K$

を用いて，

$$\left.\begin{aligned}\frac{A}{A_{st}} &= \frac{\Omega_n^2(\omega_n^2 - \omega^2)}{(\Omega_n^2 - \omega^2)(\omega_n^2 - \omega^2) - \mu\omega_n^2\omega^2} \\ \frac{B}{A_{st}} &= \frac{\Omega_n^2\omega_n^2}{(\Omega_n^2 - \omega^2)(\omega_n^2 - \omega^2) - \mu\omega_n^2\omega^2}\end{aligned}\right\} \quad (3.33)$$

と書ける．この式の第1式において$\omega = \omega_n$，すなわち加振振動数が動吸振器の固有振動数に等しくなると，$A = 0$で，機械の振幅は0になる．これが動吸振器の原理である．しかし系が2自由度になったために式(3.33)の分母を0とする

$$\omega^4 - \left\{\Omega_n^2 + (1+\mu)\omega_n^2\right\}\omega^2 + \Omega_n^2\omega_n^2 = 0 \quad (3.34)$$

の根によって決まる二つの共振振動数ω_1, ω_2が現れる．図3.9にこの系のA/A_{st}, B/A_{st}曲線を示す．

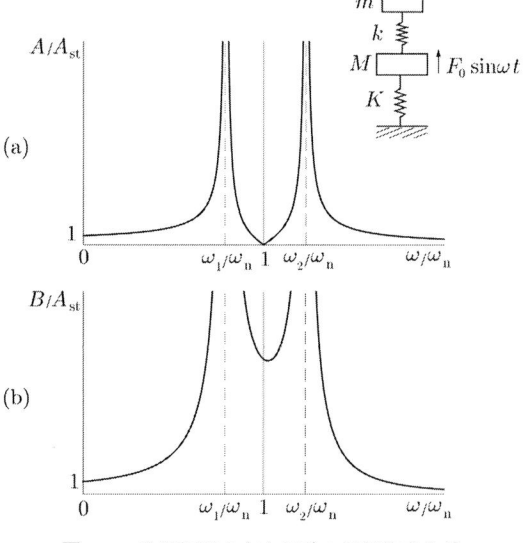

図 **3.9** 動吸振器を有する系の振幅倍率曲線

3.2.2 粘性抵抗のある動吸振器

式 (3.32) の $\tilde{A}$ を次のように書き直す．

$$\tilde{A} = A_{\mathrm{st}} \frac{\Omega_{\mathrm{n}}^2 \left\{(\omega_{\mathrm{n}}^2 - \omega^2) + j2\zeta\omega\,\Omega_{\mathrm{n}}\right\}}{\{(\Omega_{\mathrm{n}}^2 - \omega^2)(\omega_{\mathrm{n}}^2 - \omega^2) - \mu\omega_{\mathrm{n}}^2\omega^2\} + j2\zeta\omega\,\Omega_{\mathrm{n}}\{\Omega_{\mathrm{n}}^2 - (1+\mu)\omega^2\}} \tag{3.35}$$

ここで $\zeta = c/(2m\Omega_{\mathrm{n}})$ はこの系の減衰比を表す．$\tilde{A}$ は

$$\tilde{A} = \frac{a + jb}{c + jd}$$

の形の複素量であるから，これを変形すれば

$$\tilde{A} = \frac{(a+jb)(c-jd)}{c^2 + d^2} = \frac{ac + bd}{c^2 + d^2} + j\frac{bc - ad}{c^2 + d^2} = Ae^{-j\varphi}$$

$$A = \sqrt{\frac{a^2 + b^2}{c^2 + d^2}}, \quad \varphi = \tan^{-1}\frac{ad - bc}{ac + bd}$$

で，式 (3.35) より

$$\frac{A}{A_{\mathrm{st}}} = \Omega_{\mathrm{n}}^2 \sqrt{\frac{(\omega_{\mathrm{n}}^2 - \omega^2)^2 + (2\zeta\omega\,\Omega_{\mathrm{n}})^2}{\{(\Omega_{\mathrm{n}}^2 - \omega^2)(\omega_{\mathrm{n}}^2 - \omega^2) - \mu\omega_{\mathrm{n}}^2\omega^2\}^2 + (2\zeta\omega\,\Omega_{\mathrm{n}})^2\{\Omega_{\mathrm{n}}^2 - (1+\mu)\omega^2\}^2}} \tag{3.36}$$

が得られる．図 3.10 は $\omega_{\mathrm{n}} = \Omega_{\mathrm{n}}$，$\mu = 1/20$ の場合について ζ をパラメータ，$\omega/\omega_{\mathrm{n}}$ を横軸にとって描いた振幅倍率曲線である．とくに $\zeta = \infty$ のときは二つの質量がかたく結合されて，図の破線で示される一つの固有振動数 $\sqrt{k/(M+m)}$ をもつ 1 自由度系となる．粘性抵抗が働く動吸振器をもつ主振動系の振幅曲線は $\zeta = 0$ と $\zeta = \infty$ の間にある曲線で，ζ の大きさにかかわらず常に二つの定点 P と Q を通る．

主振動体の振幅 A は加振振動数の全域にわたって小さいことが望ましく，そのために P 点と Q 点の高さを等しくするように固有振動数比 $\omega_{\mathrm{n}}/\Omega_{\mathrm{n}}$ を選び，次に曲線がこの 2 点で極大となるように減衰比 ζ を定めるのがよい．まず P 点と Q 点の高さを等しくするためには

$$\frac{\omega_{\mathrm{n}}}{\Omega_{\mathrm{n}}} = \frac{1}{1+\mu} \tag{3.37}$$

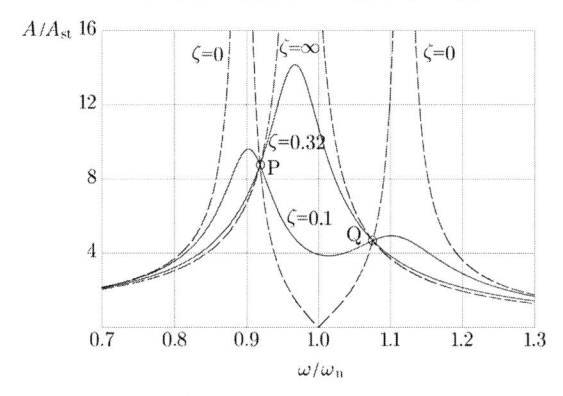

図 3.10 主振動系の振幅倍率曲線 ($\mu = 1/20$, $\omega_\mathrm{n} = \Omega_\mathrm{n}$)

で，このときの P 点と Q 点の高さは

$$\left(\frac{A}{A_\mathrm{st}}\right)_\mathrm{P} = \left(\frac{A}{A_\mathrm{st}}\right)_\mathrm{Q} = \sqrt{1 + \frac{2}{\mu}} \tag{3.38}$$

であることが計算の結果得られる．

振幅曲線を P 点と Q 点でともに極大とする ζ の値は存在せず，P 点で極大とする ζ の値に対しては他方の極大値が Q 点を外れた点で起こり，Q 点で極大となる ζ では P 点をやや外れた点で極大となる．しかし通常の μ の値に対してはいずれの値をとっても大きい差はなく，両者の平均値をとって

$$\zeta = \sqrt{\frac{3\mu}{8(1+\mu)^3}} \tag{3.39}$$

を動吸振器の最適な減衰比として採用するのがよい．

3.2.3　ねじり振動減衰器 (振子式動吸振器)

上述のように，動吸振器は一定の振動数に対して効果があるが，二つの共振振動数を誘発する．これが系の作動範囲をせばめ，広い範囲にわたって速度や振動数が変化する機械に用いるのにはやや難点がある．

速度が広い範囲で変化する回転機械に有効な吸振器は，機械の速度に応じて変化する固有振動数をもつもので，図 3.11 に示す回転軸のねじれ振動を除くための振子式動吸振器がその一つである．これは，回転軸に平行な支軸をもつ振子であって，軸の回転とともに回転面内で振子運動をする．いま

振子の質量：m，　　振子の長さ：l，　　振子の振れ角：θ

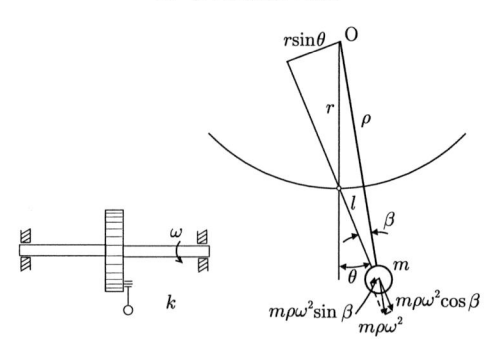

図 3.11 振子式動吸振器

回転軸の中心と振子の支軸間の距離：r
回転軸の中心と振子の重心間の距離：ρ
軸の回転角速度：ω

とすれば，振子に働く遠心力は $m\rho\omega^2$ で，このうち振子の復原力の成分として作用するのは $m\rho\omega^2 \sin\beta$ である．ただし β は振子が回転軸の中心と振子の重心を結ぶ直線となす微小角で，図 3.11 からわかるように，$r\sin\theta = \rho\sin\beta$，あるいはこれを近似的に $\beta \approx r\theta/\rho$ と書くことができる．回転軸のねじり変動の角変位 γ や振子の振れ角が大きくない限り，振子の接線加速度を $l\ddot{\theta} + (r+l)\ddot{\gamma}$ と書けるから，この系の運動方程式は

$$m\{l\ddot{\theta} + (r+l)\ddot{\gamma}\} = -mr\omega^2\theta \tag{3.40}$$

となる．軸のねじり変動が，軸の回転角速度 ω の整数 (n) 倍の振動数をもった正弦関数 $\gamma = \Gamma \sin n\omega t$ で与えられるとき，式 (3.40) は次のように書ける．

$$\ddot{\theta} + \frac{r}{l}\omega^2\theta = \left(1 + \frac{r}{l}\right)\Gamma n^2\omega^2 \sin n\omega t \tag{3.41}$$

振子の角を $\theta = \Theta \sin n\omega t$ とおくと

$$\frac{\Gamma}{\Theta} = \frac{r/l - n^2}{n^2(1 + r/l)} \tag{3.42}$$

Γ/Θ は軸のねじり角と振子の角の振幅比であるが，回転速度に無関係な定数で

$$n = \sqrt{\frac{r}{l}} \tag{3.43}$$

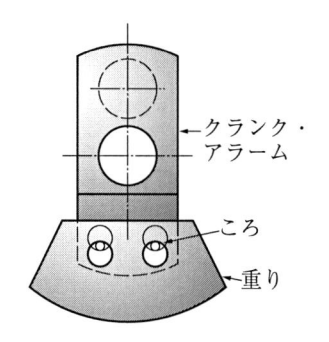

図 3.12 2本吊り型振子

のとき $\Gamma/\Theta = 0$ となる．したがって式 (3.43) のように調整を行うことによって，回転角速度 ω の n 倍の振動数をもった周期的なねじり変動を吸振しうることとなる．そして1サイクル当たりの変動の回数 n が一定である限り，振子はすべての回転速度に対して有効な可変速度型の動吸振器として動作する．

式 (3.43) を満足し，かつ十分な大きさの質量をもった振子を設計するためにはややむずかしい点がある．多気筒エンジンでは最小 $n = 3$ で，これより高いのが普通である．したがって r/l は 9 以上の数値となる．振子の支軸と回転軸中心との距離 r は，一般にクランク半径やはずみ車の直径によって制限を受け，それほど大きくとることはできない．こうして振子の長さ l は大きくとも r の 1/9 となり，n が大きいほど短くなる．普通の形式の振子ではこのような短いものを設計することはできないが，図 3.12 のように 2本吊り型振子を，ころを介してエンジンの釣り合い重りに取り付けることによって目的を達することができる．

3.3 多自由度系の振動と影響係数法

3.3.1 影 響 係 数

n 個の自由度をもつ振動系の運動は，同じ数の連立微分方程式によって表されるが，その際，次の**影響係数** (influence coefficients) を用いるのが便利である．影響係数 $a_{ij}(i, j = 1, 2, \cdots, n)$ は，系の j 点に作用する単位荷重による i 点のたわみ (図 3.13) であって，振動系の弾性的な性質を表す量である．図 3.14 のように細いはりに三つの荷重 P_1, P_2, P_3 が作用する場合を例にとって説明

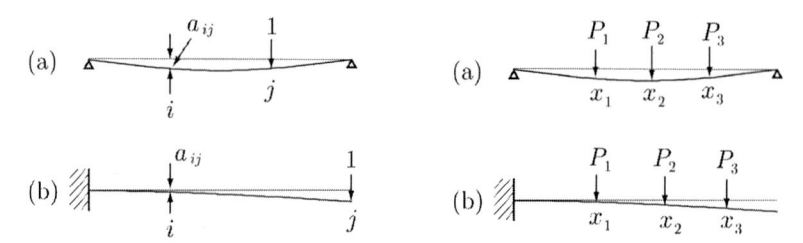

図 3.13 はりの曲げに関する影響係数

図 3.14 三つの集中荷重が作用するはりのたわみ

しよう．荷重が作用する点のたわみはそれぞれ

$$\left.\begin{array}{l} x_1 = a_{11}P_1 + a_{12}P_2 + a_{13}P_3 \\ x_2 = a_{21}P_1 + a_{22}P_2 + a_{23}P_3 \\ x_3 = a_{31}P_1 + a_{32}P_2 + a_{33}P_3 \end{array}\right\} \quad (3.44)$$

で与えられる．1番目の点のみに単位荷重が働くときは，$P_1 = 1$，$P_2 = P_3 = 0$，すなわち $x_1 = a_{11}$，$x_2 = a_{21}$，$x_3 = a_{31}$ で，各点のたわみはそれぞれ式 (3.44) の第1列の影響係数に等しい．同様に 2, 3 番目の点にのみ単位荷重が働くときは，各点のたわみはそれぞれ第 2, 3 列の影響係数に等しい．影響係数ははりの曲げこわさと荷重の作用する位置，はりの長さが与えられると静力学の計算によって求めることができるが，以上のように実測によっても求められる．

影響係数には $a_{ij} = a_{ji}$ の性質があるので，n 自由度系においては n^2 個の影響係数のすべてを計算する必要はない．これを**相反定理** (reciprocity theorem) というが，この定理を証明する代わりに次の例を考えてみよう．図 3.15 に示すはりの点 1 にまず荷重 P_1 が作用し，そののち点 2 に P_2 が働いてはりがたわんだものとしよう．P_1 のみが作用したとき，変形によってはりにたくわえられるポテンシャルエネルギーは $(1/2)P_1^2 a_{11}$ である．次に P_2 が働くと点 1 のたわみは $P_2 a_{12}$ となり，その結果 P_1 によって $P_1(P_2 a_{12})$ の仕事がなされる．これ

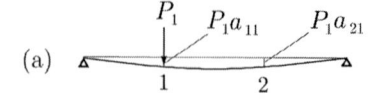

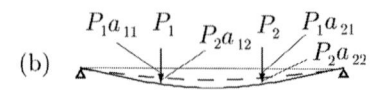

図 3.15 二つの集中荷重が作用するはりのたわみ

に点 2 でなされる仕事 $(1/2)P_2^2 a_{22}$ を加えて，系全体にたくわえられるポテンシャルエネルギーは

$$U = \frac{1}{2}P_1^2 a_{11} + P_1(P_2 a_{12}) + \frac{1}{2}P_2^2 a_{22}$$

となる．力を加える順序を逆にして，まず点 2 に P_2，次に点 1 に P_1 を加えると，全ポテンシャルエネルギーは

$$U = \frac{1}{2}P_2^2 a_{22} + P_2(P_1 a_{21}) + \frac{1}{2}P_1^2 a_{11}$$

で，これら二つの式を等しいとおくことによって $a_{12} = a_{21}$ となる．

式 (3.44) の静荷重 P_1, P_2, P_3 に代えて慣性力 $-m_1\ddot{x}_1$, $-m_2\ddot{x}_2$, $-m_3\ddot{x}_3$ を用いれば，三つの集中質量を有する弾性はりの横振動の方程式が得られる．すなわち

$$\left.\begin{aligned} x_1 &= -a_{11}m_1\ddot{x}_1 - a_{12}m_2\ddot{x}_2 - a_{13}m_3\ddot{x}_3 \\ x_2 &= -a_{21}m_1\ddot{x}_1 - a_{22}m_2\ddot{x}_2 - a_{23}m_3\ddot{x}_3 \\ x_3 &= -a_{31}m_1\ddot{x}_1 - a_{32}m_2\ddot{x}_2 - a_{33}m_3\ddot{x}_3 \end{aligned}\right\} \quad (3.45)$$

で，これらの式において $x_i = A_i \sin\omega t$ とおき，各式を $\sin\omega t$ で割れば

$$\left.\begin{aligned} (1 - a_{11}m_1\omega^2)A_1 - a_{12}m_2\omega^2 A_2 - a_{13}m_3\omega^2 A_3 &= 0 \\ -a_{21}m_1\omega^2 A_1 + (1 - a_{22}m_2\omega^2)A_2 - a_{23}m_3\omega^2 A_3 &= 0 \\ -a_{31}m_1\omega^2 A_1 - a_{32}m_2\omega^2 A_2 + (1 - a_{33}m_3\omega^2)A_3 &= 0 \end{aligned}\right\} \quad (3.46)$$

となり，A_1, A_2, A_3 の同次方程式を得る．はりの固有振動数は

$$\begin{vmatrix} 1 - a_{11}m_1\omega^2 & -a_{12}m_2\omega^2 & -a_{13}m_3\omega^2 \\ -a_{21}m_1\omega^2 & 1 - a_{22}m_2\omega^2 & -a_{23}m_3\omega^2 \\ -a_{31}m_1\omega^2 & -a_{32}m_2\omega^2 & 1 - a_{33}m_3\omega^2 \end{vmatrix} = 0 \quad (3.47)$$

を満足する根 ω を解くことによって得られる．式 (3.47) を展開したものは ω^2 の 3 次方程式で三つの正根を有するが，これらを小さい方から順に ω_1, ω_2, ω_3 とすれば，それぞれ基本振動数および 2 次，3 次の固有振動数を与える．これらの ω の値を式 (3.46) に代入して，A_1, A_2, A_3 の比を計算することによって固有振動モードを決定できる．

系に加振力が作用する場合も同じ考え方によって計算できる．たとえば質量

1 に力 $F_0 \sin\omega t$ が作用して定常振動が起こるときは

$$\left.\begin{array}{l} x_1 = a_{11}(F_0 \sin\omega t - m_1\ddot{x}_1) - a_{12}m_2\ddot{x}_2 - a_{13}m_3\ddot{x}_3 \\ x_2 = a_{21}(F_0 \sin\omega t - m_1\ddot{x}_1) - a_{22}m_2\ddot{x}_2 - a_{23}m_3\ddot{x}_3 \\ x_3 = a_{31}(F_0 \sin\omega t - m_1\ddot{x}_1) - a_{32}m_3\ddot{x}_3 - a_{33}m_3\ddot{x}_3 \end{array}\right\} \quad (3.48)$$

で，再び $x_i = A_i \sin\omega t$ とおけば

$$\left.\begin{array}{l} (1 - a_{11}m_1\omega^2)A_1 - a_{12}m_2\omega^2 A_2 - a_{13}m_3\omega^2 A_3 = a_{11}F_0 \\ -a_{21}m_1\omega^2 A_1 + (1 - a_{22}m_2\omega^2)A_2 - a_{23}m_3\omega^2 A_3 = a_{21}F_0 \\ -a_{31}m_1\omega^2 A_1 - a_{32}m_2\omega^2 A_2 + (1 - a_{33}m_3\omega^2)A_3 = a_{31}F_0 \end{array}\right\} \quad (3.49)$$

これを解いて，各質量の振幅 A_1, A_2, A_3 を求めることができる．

3.3.2 影響行列と剛性行列

n 個の集中質量がある場合は，式 (3.44) は次のような行列形式で書くのが便利である．

$$\begin{Bmatrix} x_1 \\ x_2 \\ \vdots \\ x_n \end{Bmatrix} = \begin{bmatrix} a_{11} & a_{12} & \cdots & a_{1n} \\ a_{21} & a_{22} & \cdots & a_{2n} \\ \vdots & \vdots & \ddots & \vdots \\ a_{n1} & a_{n2} & \cdots & a_{nn} \end{bmatrix} \begin{Bmatrix} P_1 \\ P_2 \\ \vdots \\ P_n \end{Bmatrix} \quad (3.50)$$

この場合，$[a_{ij}]$ を**影響行列** (influence matrix) とよんでいる．式 (3.50) の P_i を $-m_i\ddot{x}_i$ で書き換えることによって，運動方程式

$$\begin{Bmatrix} x_1 \\ x_2 \\ \vdots \\ x_n \end{Bmatrix} = \begin{bmatrix} a_{11} & a_{12} & \cdots & a_{1n} \\ a_{21} & a_{22} & \cdots & a_{2n} \\ \vdots & \vdots & \ddots & \vdots \\ a_{n1} & a_{n2} & \cdots & a_{nn} \end{bmatrix} \begin{Bmatrix} -m_1\ddot{x}_1 \\ -m_2\ddot{x}_2 \\ \vdots \\ -m_n\ddot{x}_n \end{Bmatrix} \quad (3.51)$$

が得られるが，この方程式ではどの式にも各質量の慣性力が関与している．このような運動方程式に支配される振動系を**動連成** (dynamic coupling) のある振動系という．

式 (3.51) の両辺に $[a_{ij}]$ の逆行列 $[k_{ij}] = [a_{ij}]^{-1}$ を乗じると，普通の形の自

由振動の方程式

$$\begin{Bmatrix} -m_1\ddot{x}_1 \\ -m_2\ddot{x}_2 \\ \vdots \\ -m_n\ddot{x}_n \end{Bmatrix} = \begin{bmatrix} k_{11} & k_{12} & \cdots & k_{1n} \\ k_{21} & k_{22} & \cdots & k_{2n} \\ \vdots & \vdots & \ddots & \vdots \\ k_{n1} & k_{n2} & \cdots & k_{nn} \end{bmatrix} \begin{Bmatrix} x_1 \\ x_2 \\ \vdots \\ x_n \end{Bmatrix} \quad (3.52)$$

$$(k_{ij} = k_{ji})$$

が得られる．この場合の $[k_{ij}]$ を**剛性行列** (stiffness matrix) といい，式 (3.52) のようにどの式にも各質量の変位は関与するが，慣性力が関与しない振動系を**静連成** (static coupling) のある系とよんでいる．

3.3.3 先端に円板を有する片持はり

影響係数は必ずしも力と変位の関係を表すだけではない．図 3.16 のように先端に薄い円板を固定した片持はりを例にとって説明しよう．この場合は円板の重心の横変位ばかりでなく，重心周りの回転運動も考慮しなくてはならない．片持はりの自由端に力 P とモーメント M が作用するとき，この点のたわみ x と傾斜角 θ は

$$x = a_{11}P + a_{12}M, \qquad \theta = a_{21}P + a_{22}M \quad (3.53)$$

で表される．この場合の影響係数は，図 3.17 のように自由端に単位荷重と単位モーメントが単独に働くときのたわみと角度に等しく，材料力学によれば

$$a_{11} = \frac{l^3}{3EI}, \quad a_{12} = a_{21} = \frac{l^2}{2EI}, \quad a_{22} = \frac{l}{EI}$$

である．ここで l ははりの長さ，EI は曲げこわさを表す．式 (3.53) の P を $-m\ddot{x}$ に，モーメント M を $-J\ddot{\theta}$ に書き換えると，円板の回転運動を考慮した

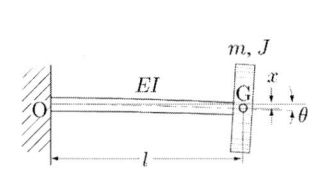

図 3.16 自由端に円板を有する片持ちはり

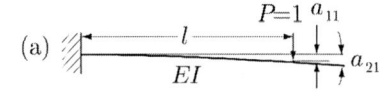

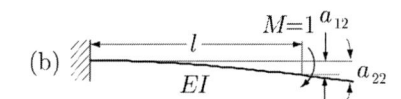

図 3.17 片持ちはりの影響係数

振動の方程式

$$x = -a_{11}m\ddot{x} - a_{12}J\ddot{\theta}, \quad \theta = -a_{21}m\ddot{x} - a_{22}J\ddot{\theta} \qquad (3.54)$$

が得られる．そして $x = A\sin\omega t$, $\theta = \Theta\sin\omega t$ とおくことによって振動数方程式

$$\begin{vmatrix} 1 - a_{11}m\omega^2 & -a_{12}J\omega^2 \\ -a_{21}m\omega^2 & 1 - a_{22}J\omega^2 \end{vmatrix} = 0 \qquad (3.55)$$

が導かれる．この式に影響係数 $a_{ij}(i,j=1,2)$ の値と，円板 (半径 r) の慣性モーメント $J = (1/4)mr^2$ を代入して展開すると

$$\left(\frac{ml^3}{EI}\omega^2\right)^2 - 4\left(3 + \frac{16}{\lambda^2}\right)\left(\frac{ml^3}{EI}\omega^2\right) + \frac{192}{\lambda^2} = 0 \qquad (3.56)$$

となる．ここで $\lambda = 2r/l$ ははりの長さに対する円板の直径の比を表す．とくに $\lambda = 1/2$ のときは，固有振動数は

$$\omega_1 = \sqrt{\frac{2.90EI}{ml^3}}, \quad \omega_2 = \sqrt{\frac{265EI}{ml^3}} \qquad (3.57)$$

で，円板の回転慣性を考えないときの振動数

$$\omega_1 = \sqrt{\frac{3EI}{ml^3}}$$

に比べて，基本振動数が 2% 程度低くなる．

3.4　固有振動モードの直交性

多自由度振動系がもっている基本的性質に固有振動の**直交性** (orthogonality relation) がある．式 (3.52) において $x_i = A_i \sin\omega t$ とおけば

$$\left.\begin{aligned} m_1\omega^2 A_1 &= k_{11}A_1 + k_{12}A_2 + \cdots + k_{1n}A_n \\ m_2\omega^2 A_2 &= k_{21}A_1 + k_{22}A_2 + \cdots + k_{2n}A_n \\ &\cdots\cdots\cdots\cdots\cdots\cdots\cdots\cdots\cdots\cdots\cdots\cdots \\ m_n\omega^2 A_n &= k_{n1}A_1 + k_{n2}A_2 + \cdots + k_{nn}A_n \end{aligned}\right\} \qquad (3.58)$$

となり，この系の固有振動数は各係数 $A_1, A_2, \cdots, A_n$ を消去して作った行列式を 0 とした式より ω^2 を解いて得られることはすでに述べたとおりである．

いま二つの異なった振動数 ω_r と $\omega_s (r \neq s)$ をもつ固有振動を考えてみよう．これらのおのおのの振動モードの係数 $A_1^{(r)}, A_2^{(r)}, \cdots, A_n^{(r)}$ および $A_1^{(s)}, A_2^{(s)}, \cdots, A_n^{(s)}$ は式 (3.58) によって次の関係を満足しなければならない．

$$\left.\begin{array}{l} k_{i1}A_1^{(r)} + k_{i2}A_2^{(r)} + \cdots + k_{in}A_n^{(r)} = m_i\omega_r^2 A_i^{(r)} \\ k_{i1}A_1^{(s)} + k_{i2}A_2^{(s)} + \cdots + k_{in}A_n^{(s)} = m_i\omega_s^2 A_i^{(s)} \end{array}\right\} \quad (3.59)$$
$$(i = 1, 2, \cdots, n)$$

この式の第 1 式に $A_i^{(s)}$ を掛け，第 2 式に $A_i^{(r)}$ を掛けたのち，$i=1$ から n まで加えると

$$\left.\begin{array}{l} \sum_{i=1}^{n}\sum_{j=1}^{n} k_{ij} A_j^{(r)} A_i^{(s)} = \omega_r^2 \sum_{i=1}^{n} m_i A_i^{(r)} A_i^{(s)} \\ \sum_{i=1}^{n}\sum_{j=1}^{n} k_{ij} A_j^{(s)} A_i^{(r)} = \omega_s^2 \sum_{i=1}^{n} m_i A_i^{(s)} A_i^{(r)} \end{array}\right\} \quad (3.60)$$

$k_{ij} = k_{ji}$ なので左辺は等しく，両式を互いに引き算すれば

$$(\omega_r^2 - \omega_s^2) \sum_{i=1}^{n} m_i A_i^{(r)} A_i^{(s)} = 0 \quad (3.61)$$

ここで $\omega_r \neq \omega_s$ なので

$$\sum_{i=1}^{n} m_i A_i^{(r)} A_i^{(s)} = 0 \quad (r \neq s) \quad (3.62)$$

となる．この関係を静連成系の固有振動の直交性とよんでいる．

直交性の関係は 2 自由度あるいは 3 自由度の系では実際に幾何学的意味をもっている．図 3.18 のような三つのばねで引っ張られる質点 m が空間内で振動する場合を考えてみよう．質点の静止位置を原点 O にとり，三つのばねの方向余

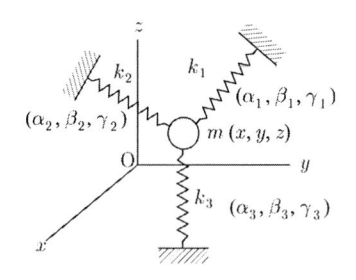

図 3.18 三つのばねで支えられる質量

弦をそれぞれ $(\alpha_1, \beta_1, \gamma_1)$, $(\alpha_2, \beta_2, \gamma_2)$, $(\alpha_3, \beta_3, \gamma_3)$, ばね定数を k_1, k_2, k_3 とすれば，質点の運動によるばねののびは $\alpha_i x + \beta_i y + \gamma_i z$ となるから，これによる復原力は

$$S_i = -k_i(\alpha_i x + \beta_i y + \gamma_i z) \tag{3.63}$$

で与えられる．したがって質点の運動方程式は

$$\left.\begin{array}{l} m\ddot{x} = S_1\alpha_1 + S_2\alpha_2 + S_3\alpha_3 \\ m\ddot{y} = S_1\beta_1 + S_2\beta_2 + S_3\beta_3 \\ m\ddot{z} = S_1\gamma_1 + S_2\gamma_2 + S_3\gamma_3 \end{array}\right\} \tag{3.64}$$

と書ける．式 (3.63) を用いて書き直すと

$$\left.\begin{array}{l} m\ddot{x} + c_{11}x + c_{12}y + c_{13}z = 0 \\ m\ddot{y} + c_{21}x + c_{22}y + c_{23}z = 0 \\ m\ddot{z} + c_{31}x + c_{32}y + c_{33}z = 0 \end{array}\right\} \tag{3.65}$$

ここで

$$\begin{array}{ll} c_{11} = k_1\alpha_1^2 + k_2\alpha_2^2 + k_3\alpha_3^2, & c_{22} = k_1\beta_1^2 + k_2\beta_2^2 + k_3\beta_3^2 \\ c_{33} = k_1\gamma_1^2 + k_2\gamma_2^2 + k_3\gamma_3^2, & c_{12} = c_{21} = k_1\alpha_1\beta_1 + k_2\alpha_2\beta_2 + k_3\alpha_3\beta_3 \\ c_{23} = c_{32} = k_1\beta_1\gamma_1 + k_2\beta_2\gamma_2 + k_3\beta_3\gamma_3 \\ c_{13} = c_{31} = k_1\gamma_1\alpha_1 + k_2\gamma_2\alpha_2 + k_3\gamma_3\alpha_3 \end{array}$$

で，式 (3.65) の一般解は

$$\left.\begin{array}{l} x = A^{(1)}l_1\sin(\omega_1 t + \varphi_1) + A^{(2)}m_1\sin(\omega_2 t + \varphi_2) + A^{(3)}n_1\sin(\omega_3 t + \varphi_3) \\ y = A^{(1)}l_2\sin(\omega_1 t + \varphi_1) + A^{(2)}m_2\sin(\omega_2 t + \varphi_2) + A^{(3)}n_2\sin(\omega_3 t + \varphi_3) \\ z = A^{(1)}l_3\sin(\omega_1 t + \varphi_3) + A^{(2)}m_3\sin(\omega_2 t + \varphi_3) + A^{(3)}n_3\sin(\omega_3 t + \varphi_3) \end{array}\right\} \tag{3.66}$$

の形に書くことができる．ただし $A^{(1)}$, $A^{(2)}$, $A^{(3)}$ は各固有振動の振幅，(l_1, l_2, l_3), (m_1, m_2, m_3), (n_1, n_2, n_3) は振幅の比率で

$$\left.\begin{array}{l} l_1^2 + l_2^2 + l_3^2 = 1 \\ m_1^2 + m_2^2 + m_3^2 = 1 \\ n_1^2 + n_2^2 + n_3^2 = 1 \end{array}\right\} \tag{3.67}$$

となるようにとっておく．x, y, z は直交座標なので，(l_1, l_2, l_3), (m_1, m_2, m_3), (n_1, n_2, n_3) は各固有振動の方向余弦となり，質量はそれぞれ異なった方向，振

動数,振幅および位相をもった単振動の和となる.式 (3.62) をこの場合にあてはめると,おのおのの振幅の比率の間に次の関係が成り立つ.

$$\left.\begin{array}{l} l_1 m_1 + l_2 m_2 + l_3 m_3 = 0 \\ m_1 n_1 + m_2 n_2 + m_3 n_3 = 0 \\ n_1 l_1 + n_2 l_2 + n_3 l_3 = 0 \end{array}\right\} \quad (3.68)$$

これは各固有振動の方向が互いに直交していることを示している.

3.5 モード解析

モード解析 (modal analysis) は,振動系の質量,剛性,減衰などがわかっているときに,外力に対する応答を固有振動モードを用いた級数展開によって求める解析手法である.一方で,外力に対する振動系の応答が実験的にわかっているときに,振動系の固有振動数,固有振動モード,減衰比などを求めるための解析手法を実験モード解析 (3.5.1 項参照) という.実験モード解析は,モード解析の理論に基づくモードパラメータの実験的同定であり,有限要素モデルの改良や構造変更シミュレーションなどに有用である.

n 自由度系において,系が釣り合いの位置にあるときに 0 となるような一般座標を $q_1, q_2, \cdots, q_n$ とする.振動系に一般力 $f_1, f_2, \cdots, f_n$ が作用するとし,さらに粘性減衰も考慮すると,n 自由度振動系の強制振動の運動方程式は

$$\left.\begin{array}{l} m_{11}\ddot{q}_1 + m_{12}\ddot{q}_2 + \cdots + c_{11}\dot{q}_1 + c_{12}\dot{q}_2 + \cdots \\ \quad + k_{11}q_1 + k_{12}q_2 + \cdots = f_1 \\ \qquad\qquad\qquad \vdots \\ m_{n1}\ddot{q}_1 + m_{n2}\ddot{q}_2 + \cdots + c_{n1}\dot{q}_1 + c_{n2}\dot{q}_2 + \cdots \\ \quad + k_{n1}q_1 + k_{n2}q_2 + \cdots = f_n \end{array}\right\} \quad (3.69)$$

と表せる.上式を行列を用いて表せば

$$[M]\{\ddot{q}\} + [C]\{\dot{q}\} + [K]\{q\} = \{f\} \quad (3.70)$$

ただし,$[M]$:**質量行列** (mass matrix),$[K]$:**剛性行列** (stiffness matrix),$\{q\}$:変位ベクトル,$\{q\}^T$:$\{q\}$ の転置行列であり

$$[M] = \begin{bmatrix} m_{11} & m_{12} & \cdots & m_{1n} \\ \vdots & \vdots & \ddots & \vdots \\ m_{n1} & m_{n2} & \cdots & m_{nn} \end{bmatrix}, \quad [K] = \begin{bmatrix} k_{11} & k_{12} & \cdots & k_{1n} \\ \vdots & \vdots & \ddots & \vdots \\ k_{n1} & k_{n2} & \cdots & k_{nn} \end{bmatrix} \quad (3.71)$$

$\{q\}^T = [\, q_1 \cdots q_n \,]$

$[C], \{f\}$ は

$$[C] = \begin{bmatrix} c_{11} & c_{12} & \cdots & c_{1n} \\ \vdots & \vdots & \ddots & \vdots \\ c_{n1} & c_{n2} & \cdots & c_{nn} \end{bmatrix}, \quad \{f\} = \begin{bmatrix} f_1 \\ \vdots \\ f_n \end{bmatrix} \quad (3.72)$$

である.不減衰系の自由振動 $[M]\{\ddot{q}\} + [K]\{q\} = 0$ において,r 次の固有角振動数を ω_r,対応する固有振動モードベクトル(固有ベクトル)を $\{a_r\} = \{a_{1r}, a_{2r}, \cdots, a_{nr}\}^T$ とする.固有ベクトル $\{a_r\}$ によってつくられる**モード行列** (modal matrix)

$$[a] = \begin{bmatrix} a_{11} & a_{12} & \cdots & a_{1n} \\ \vdots & \vdots & \ddots & \vdots \\ a_{n1} & a_{n2} & \cdots & a_{nn} \end{bmatrix} \quad (3.73)$$

を用いて,一般座標を変数変換すると

$$\{q\} = [a]\{\xi\} \quad (3.74)$$

と書ける.ここで,座標 $\xi_1, \xi_2, \cdots, \xi_n$ を**基準座標** (normal coordinate) という.

運動方程式 (3.70) に式 (3.74) を代入し,さらに前方から $[a]$ の転置行列 $[a]^T$ を掛けると

$$[a]^T[M][a]\{\ddot{\xi}\} + [a]^T[C][a]\{\dot{\xi}\} + [a]^T[K][a]\{\xi\} = [a]^T\{f\} \quad (3.75)$$

モードの直交性より $[a]^T[M][a]$ および $[a]^T[K][a]$ は次のように対角行列となる.

$$\left. \begin{array}{c} [a]^T[M][a] = \begin{bmatrix} m_1 & & 0 \\ & \ddots & \\ 0 & & m_n \end{bmatrix} \\ [a]^T[K][a] = \begin{bmatrix} k_1 & & 0 \\ & \ddots & \\ 0 & & k_n \end{bmatrix} \end{array} \right\} \quad (3.76)$$

ここで，m_r を r 次の**モード質量** (modal mass)，k_r を r 次の**モード剛性** (modal stiffness) という．減衰行列 $[C]$ については，$[C] = \alpha[M] + \beta[K]$, ($\alpha$, β は定数) と表せる場合には，次のように対角行列化ができる．

$$[a]^T[C][a] = \begin{bmatrix} c_1 & & 0 \\ & \ddots & \\ 0 & & c_n \end{bmatrix} \tag{3.77}$$

したがって，運動方程式は基準座標 $\xi_1, \xi_2, \cdots, \xi_n$ に関する連成項を含まない n 個の式となる．すなわち

$$m_r\ddot{\xi}_r + c_r\dot{\xi}_r + k_r\xi_r = 0 \qquad (r = 1, 2, \cdots, n) \tag{3.78}$$

ここで，

$$c_r = \alpha m_r + \beta k_r \tag{3.79}$$

であり，c_r を**モード減衰係数** (modal damping coefficient) とよぶ．ただし，実際の減衰特性に関する減衰行列のこのような対角行列化は多くの場合困難であり，上の運動方程式は減衰によるモード間の連成を無視して近似的に成立するものである．

さて，式 (3.70) において比例減衰を考え，外力を 0 として書き直すと

$$[M]\{\ddot{q}\} + (\alpha[M] + \beta[K])\{\dot{q}\} + [K]\{q\} = 0 \tag{3.80}$$

となる．この式の解を

$$\{q\} = \{A\}e^{st} \tag{3.81}$$

とすれば

$$\{(s^2 + \alpha s)[M] + (\beta s + 1)[K]\}\{A\} = 0 \tag{3.82}$$

ここで

$$\gamma^2 = -\frac{s^2 + \alpha s}{\beta s + 1} \tag{3.83}$$

とおけば，式 (3.82) は

$$(\gamma^2[M] - [K])\{A\} = 0 \tag{3.84}$$

となり，不減衰系の自由振動問題と同じになる．したがって，比例減衰の場合の固有振動モードは，不減衰固有振動モードに一致し，式 (3.74) を用いた変数変換が可能となる．

いま，式 (3.70) において比例減衰を考える．外力を $\{f\} = \{F\}e^{j\omega t}$，一般座標を $\{q\} = \{A\}e^{j\omega t}$ とし，基準座標を $\{\xi\} = \{X\}e^{j\omega t}$ として座標変換 $\{A\} = [a]\{X\}$ を適用すれば，式 (3.75) は

$$(-\omega^2 [a]^T [M][a] + j\omega [a]^T [C][a] + [a]^T [K][a])\{X\} = [a]^T \{F\} \quad (3.85)$$

となる．これを，式 (3.76), (3.77) を考慮して，基準座標の成分 X_r について書けば

$$(-\omega^2 m_r + j\omega c_r + k_r)X_r = \{a_r\}^T\{F\} \quad (r = 1, 2, \cdots, n) \quad (3.86)$$

であり，

$$X_r = \frac{\{a_r\}^T\{F\}}{k_r(1 - \omega^2/\omega_r^2 + j2\zeta_r\omega/\omega_r)} \quad (3.87)$$

となる．ただし，$\zeta_r = c_r/(2\sqrt{m_r k_r})$ は**モード減衰比** (modal damping ratio) である．

一般座標の成分 A_i は，

$$A_i = \sum_{r=1}^{n} \frac{\{a_r\}^T\{F\}a_{ir}}{k_r(1 - \omega^2/\omega_r^2 + j2\zeta_r\omega/\omega_r)} \quad (3.88)$$

であり，すべての一般座標の変位は次式のように表すことができる．

$$\{A\} = \sum_{r=1}^{n} \frac{\{a_r\}^T\{F\}\{a_r\}}{k_r(1 - \omega^2/\omega_r^2 + j2\zeta_r\omega/\omega_r)} \quad (3.89)$$

一般座標と基準座標の間の変換の関係式 (3.74) からわかるように，基準座標 ξ_r の値は，一般座標における応答のうちの r 次モードの大きさに反映されるから，基準座標に変換して解く方法は固有振動モードごとの応答を求めていることになる．そこで上述したような応答解析方法をモード解析とよんでいる．このモード解析を行うためには，モード行列 $[a]$ を求めることが必要であるが，実際にはすべての固有振動モードを考える必要は少なく，一般には低い次数の少数の固有振動モードを考えれば十分なことが多い．

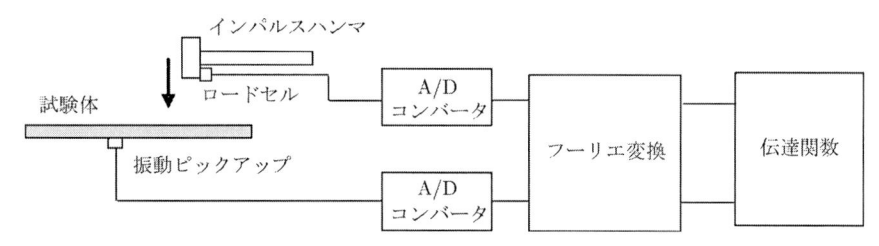

図 3.19 インパルス加振による伝達関数の計測

3.5.1 実験モード解析

構造物は本来は連続体であるが，たとえば構造物上に $n/3$ 個の点をとり，各点で直交 3 方向の変位を考えることにすれば，連続体を n 自由度振動系で置き換えたことになる．図 3.19 はインパルスハンマによる片持はりの打撃加振による伝達関数の計測方法を示している．振動ピックアップには加速度センサがよく用いられ，フーリエ変換には**高速フーリエ変換器** (FFT analyzer) が用いられる．**高速フーリエ変換** (FFT, Fast Fourier Transform) は，**離散フーリエ変換** (DFT, Discrete Fourier Transform) に基づく高速演算方法である．加振方法には，ほかに正弦波加振やランダム加振も用いられる．

いま，i 点に作用する外力と j 点の変位の間の伝達関数 G_{ij} が実験的に得られたとする．伝達関数は角振動数 ω の関数としてボード線図などの形で表すことができる．ところで n 自由度振動系において，振動系のパラメータが与えられていれば，外力と応答との関係は理論的には式 (3.89) によって与えられるので入力 f_i と出力 q_j の間の伝達関数は次のようになる．

$$G_{ij}(\omega) = \frac{q_j}{f_i} = \sum_{r=1}^{n} \frac{a_{ir}a_{jr}}{k_r} \frac{1}{(1 - \omega^2/\omega_r^2 + j2\zeta_r\omega/\omega_r)} \quad (3.90)$$

そこで，逆にこの理論的な伝達関数が実験的に得られている伝達関数に最もよく適合するように振動系の固有振動モードごとのパラメータ $a_{ir}a_{jr}/k_r$, ω_r, ζ_r を決定するという問題が考えられる．これは，理論モデルを実験的に得られた線図にあてはめることであるから，**曲線適合** (curve fit) とよばれる．

ところで実際上は，伝達関数の実験値が得られている角振動数の範囲に，n 自由度振動系のすべての固有振動モードが含まれているわけではない．いま実験値が $\omega_a < \omega < \omega_b$ なる範囲について求められており，その範囲に $r = n_a, \cdots, n_b$ 次の固有振動モードが含まれているとする．固有角振動数が ω_a より低い固有

振動モードでは $\omega > \omega_r$ であって

$$\frac{1}{1-\omega^2/\omega_r^2 + j2\zeta_r\omega/\omega_r} \approx -\frac{\omega_r^2}{\omega^2}$$

のように近似でき，ω_b より高い固有振動モードでは $\omega < \omega_r$ であって

$$\frac{1}{1-\omega^2/\omega_r^2 + j2\zeta_r\omega/\omega_r} \approx 1$$

のように近似できるとすると，伝達関数は次のように表せる．

$$G_{ij}(\omega) = -\frac{1}{\omega^2 Y} + \sum_{r=n_a}^{n_b} \frac{a_{ir}a_{jr}}{k_r}\frac{1}{(1-\omega^2/\omega_r^2 + j2\zeta_r\omega/\omega_r)} + \frac{1}{Z} \quad (3.91)$$

ここで，Y は ω_a より低い固有振動モードの質量の影響をまとめて表し，Z は ω_b より高い固有振動モードの剛性の影響をまとめて表したものとなる．

固有振動モードごとのパラメータの決定にはいくつかの方法があるが，一般には最小二乗法と繰り返し収束計算が用いられる．たとえば，まず実験結果のボード線図などを見て，$\omega_a \sim \omega_b$ の範囲に存在する共振の個数から固有振動の個数を決める．固有角振動数は近似値が比較的簡単に読み取れる．

次に1自由度粘性減衰振動系に対する減衰比 ζ の決定方法を考える．この系の周波数伝達関数 G は式 (2.146) であり，減衰比が小さいとき周波数応答曲線は図 3.20 に示すようにピーク値付近で対称とみなせる．図中の ω_d は減衰系の固有角振動数であり，不減衰系の固有角振動数 ω_n を用いて $\omega_d = \omega_n\sqrt{1-\zeta^2}$ と与えられる．まず共振点の前後で $|G|$ の値が最大値の $1/\sqrt{a}$ となる2点PQ間の角振動数の幅 $\Delta\omega$ を読む．この2点の角振動数の値は

$$\omega = \omega_n\sqrt{1-2\zeta^2} \pm \frac{\Delta\omega}{2} \quad (3.92)$$

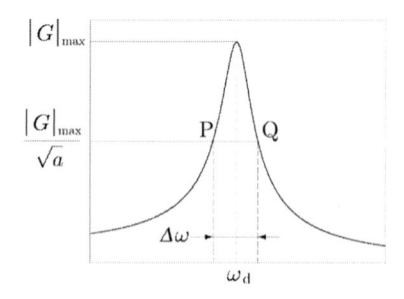

図 3.20　1自由度振動系の周波数応答曲線

であり，これを式 (2.148) に代入して逆数をとれば

$$\frac{\sqrt{a}}{|G|_{\max}} = k\sqrt{\left\{1 - \left(\sqrt{1-2\zeta^2} \pm \frac{\Delta\omega}{2\omega_\mathrm{n}}\right)^2\right\}^2 + 4\zeta^2\left(\sqrt{1-2\zeta^2} \pm \frac{\Delta\omega}{2\omega_\mathrm{n}}\right)^2}$$

$$\approx k\sqrt{(\Delta\omega/\omega_\mathrm{n})^2 + 4\zeta^2} \tag{3.93}$$

と近似できる．式 (2.150) より，減衰比 ζ が小さいとき $|G|_{\max} \approx 1/(2k\zeta)$ なので

$$\zeta \approx \frac{\Delta\omega}{2\omega_\mathrm{n}\sqrt{a-1}} \tag{3.94}$$

と減衰比が定まる．多自由度振動系でも各固有振動モード間の影響が小さいときには，各固有振動モードを個別の 1 自由度振動系とみなして減衰比を決定できる．

いま $\omega = \omega_1, \cdots, \omega_m$ なる m 個の円振動数において伝達関数の値が与えられたとすると，伝達関数の式 (3.91) より $1/Y$, $a_{ir}a_{jr}/k_r$ ($r = n_a, \cdots, n_b$), $1/Z$ なる未知数を含む m 個の式が得られるから，最小二乗法により $1/Y$, $a_{ir}a_{jr}/k_r$, $1/Z$ の値を決め，伝達関数の近似式を決めることができる．ただし m は $\omega_a < \omega < \omega_b$ に含まれる固有振動の個数よりも十分大きいものとする．この近似式による応答曲線から ω_r, ζ_r の修正値を求め，同じ手順を繰り返し，すべてのパラメータが収束するまで計算すれば，実験値に最もよく適合する伝達関数が得られたことになる．

固有振動モードについては，加振点における伝達関数 G_{ii} から a_{ir}^2/k_r が求まるので，これを用いれば加振点以外の点の振幅 a_{jr} を決めることができ，r 次の固有振動モード $\{a_r\}$ が得られる．

3.6 運動の安定性の判別

静止の状態にあるか，あるいは一定の運動をしている物体がごく小さいかく乱によって，x の状態からわずかにずれた $x + \delta x$ の状態になったとしよう．図 3.21(a) あるいは図 3.22(a) のように，このかく乱された量 δx が時間の経過とともに次第に小さくなって，やがてもとの状態 x に落ちつく場合，運動は**安定** (stable) であるという．これとは逆に，図 3.21(b) あるいは図 3.22(b) のように，

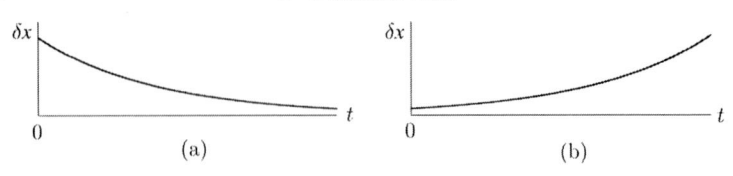

図 3.21　静的安定と不安定

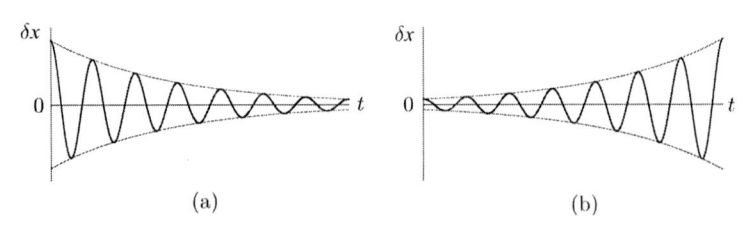

図 3.22　動的安定と不安定

このかく乱が時間の経過するにつれてますます大きくなり，再びもとの状態に復帰しないとき，運動は**不安定** (unstable) であるという．

　安定な運動と不安定な運動にはそれぞれ二つの形の運動があり，図 3.21(a) のようにかく乱によって生じた δx が振動しないで 0 に収束するときは静的に安定，逆に図 3.21(b) のように一方的に大きくなるときは静的に不安定という．図 3.22(a) のように δx が振動しながら 0 にちかづくときは動的に安定，逆に図 3.22(b) のように振動を繰り返しながら増加する場合は動的に不安定という．

　状態 x が静的に安定であるのは，この状態より δx のずれを生じたとき，ただちに元にもどそうとする正の復原力が作用する場合で，負の復原力が作用する系は不安定である．たとえば，普通の振子や，重心が低くメタセンターの下側にある船舶は静的に安定であるのに対し，重心が支点の真上にある倒立振子や，重心が高くメタセンターの上側にある船舶では，わずかの傾きによって生ずる負の復原力によって静的に不安定となる．

　状態量 x がかく乱されて $x \to x + \delta x$ になるとき，この運動そのものが原因となって系にエネルギーが流入し，自励的に大きくなる場合，運動は動的に不安定となる．物体の運動による負減衰力が作用する場合がこれに相当する．これに対して，正の減衰力が作用する系では，この運動はだんだん減衰して，もとの状態に復帰するから動的に安定となる．動的に不安定な自励振動は調速器のハンティング (例参照, p.115)，航空機の翼振れ (flutter)，自動車前輪のシミー

(shimmy) などにみられる.

いま，速度に比例する力によって加振される 1 自由度系を考えてみよう．この場合，運動方程式は

$$m\ddot{x} + c\dot{x} + kx = F_0\dot{x} \tag{3.95}$$

で，書き換えると

$$\ddot{x} + \frac{c - F_0}{m}\dot{x} + \frac{k}{m}x = 0 \tag{3.96}$$

$F_0 > c$ になると，減衰力が負となって動的に不安定な運動が起こる.

1 自由度の簡単な系では，運動が安定であるか，不安定であるかの判別はこのようにごく簡単であるが，多自由度系になるとこれを直ちに判別することはできない．いま n 階の微分方程式

$$A_n x^{(n)} + A_{n-1} x^{(n-1)} + \cdots + A_1 \dot{x} + A_0 x = 0 \tag{3.97}$$

に支配される運動を考えてみよう．この運動の安定性は x の状態がかく乱のため $x + \delta x$ になったとして，その後時間の経過とともに δx がどのような挙動をするかを調べることによって判別が可能である．いま，式 (3.97) の x の代わりに $x + \delta x$ を代入すると，δx に関して

$$A_n \delta x^{(n)} + A_{n-1} \delta x^{(n-1)} + \cdots + A_1 \delta \dot{x} + A_0 \delta x = 0 \tag{3.98}$$

が成り立つ．$\delta x = ae^{st}$ をこの式に代入して ae^{st} で割れば，系の安定性に関する特性方程式

$$A_n s^n + A_{n-1} s^{n-1} + \cdots + A_1 s + A_0 = 0 \tag{3.99}$$

が得られる．係数 A_i はすべて実数であるから，式 (3.99) の根 s は実数か，または共役複素数である．s が実数 α のときは

$$\delta x = ae^{\alpha t} \tag{3.100}$$

で，α の正負によって運動は静的に安定か不安定かのいずれかとなる．根 s が共役複素数

$$s_1 = \alpha + j\beta, \quad s_2 = \alpha - j\beta \tag{3.101}$$

のときは，この 1 組の根から

$$\delta x = e^{\alpha t}(ae^{j\beta t} + be^{-j\beta t}) = e^{\alpha t}(A\cos\beta t + B\sin\beta t) \tag{3.102}$$

が得られ，実数部が正の共役複素根は動的に不安定な解を，実数が負の根は動的に安定な解を与える．

以上のことから運動が安定になるためには，解が静的にも動的にも安定であることが必要で，特性方程式のすべての根の実数部が負でなければならない．そのための条件は，特性方程式が3次式

$$A_3 s^3 + A_2 s^2 + A_1 s + A_0 = 0 \tag{3.103}$$

のときは

$$\left. \begin{array}{l} A_3, A_2, A_1, A_0 > 0 \\ \Delta = \begin{vmatrix} A_1 & A_0 \\ A_3 & A_2 \end{vmatrix} = A_1 A_2 - A_0 A_3 > 0 \end{array} \right\} \tag{3.104}$$

で，4次式

$$A_4 s^4 + A_3 s^3 + A_2 s^2 + A_1 s + A_0 = 0 \tag{3.105}$$

の場合は

$$\left. \begin{array}{l} A_4, A_3, A_2, A_1, A_0 > 0 \\ \Delta = \begin{vmatrix} A_1 & A_0 & 0 \\ A_3 & A_2 & A_1 \\ 0 & A_4 & A_3 \end{vmatrix} = A_1 A_2 A_3 - A_0 A_3^2 - A_1^2 A_4 \end{array} \right\} \tag{3.106}$$

で与えられる．式 (3.104) および式 (3.106) はラウス (Routh) によって導かれた条件式で，**ラウスの判別式** (Routh criterion) という．一般に系の特性方程式が n 次方程式のときは，これを拡張した**フルビッツの判別式** (Hurwitz criterion) がある．すなわち

$$\left. \begin{array}{l} A_n, A_{n-1}, \cdots, A_1, A_0 > 0 \\ \Delta = \begin{vmatrix} A_1 & A_0 & 0 & 0 & 0 & \cdot & \cdot & 0 & 0 \\ A_3 & A_2 & A_1 & A_0 & 0 & & & 0 & 0 \\ A_5 & A_4 & A_3 & A_2 & A_1 & \cdot & \cdot & 0 & 0 \\ 0 & 0 & A_5 & A_4 & A_3 & & \cdot & A_0 & 0 \\ 0 & 0 & A_7 & A_6 & A_5 & \cdot & \cdot & A_2 & A_1 \\ 0 & 0 & 0 & 0 & A_7 & \cdot & & \cdot & \cdot \\ \cdot & & & & A_9 & \cdot & & \cdot & \cdot \\ \cdot & & & \cdot & A_n & A_{n-1} & A_{n-2} & A_{n-3} \\ 0 & 0 & \cdot & \cdot & 0 & 0 & A_n & A_{n-1} \end{vmatrix} > 0 \end{array} \right\} \tag{3.107}$$

および上の行列式のすべての首座行列式が正でなければならない．すなわち

$$A_1 > 0, \quad \begin{vmatrix} A_1 & A_0 \\ A_3 & A_2 \end{vmatrix} > 0, \quad \begin{vmatrix} A_1 & A_0 & 0 \\ A_3 & A_2 & A_1 \\ A_5 & A_4 & A_3 \end{vmatrix} > 0, \quad \cdots$$

をすべて満足する必要がある．

【例：調速器のハンティング】 発電機を駆動する蒸気機関などの回転を一定に保つために，図 3.23 のような遠心錘を用いた**調速器** (governor) が利用される．調速器の軸 AB は機関の回転数と一定の比で回転しているが，負荷の減少によって機関の回転数が増加すると，遠心錘 G は遠心力の増加によって外側へ張り出し，その結果スリーブ S が上方へ移動する．このスリーブの運動はリンク機構 L によって絞り弁 C に伝えられ，弁を閉じる方向に回転させて機関へ送る蒸気の量を減らし，機関回転数の上昇を防ぐ．負荷が増加して機関の回転数が減少するときは，これと逆の働きをして機関回転数を一定に保つように作用するのであるが，この調節作用が不安定になると絞り弁の開閉の度合いが過大となり，そのために回転数の変動が増加し，動的に不安定な時間経過をたどり正常な運転を続けることが不可能となる．これを調速器の**ハンティング** (hunting) とよんでいる．

調速器を次のような簡単な振動系に置き換えて，安定な動作をするための条件を求めてみよう．ある回転数 ω で定速回転している調速器の速度が $\delta\omega$ だけ増加すると，スリーブを引き上げている力もこれに比例して $A\delta\omega$ だけ増加する．その結果，スリーブが定常回転時の位置 x より δx だけ上方に変位したものとすれば，スリーブの運動方程式は次のように書かれる．

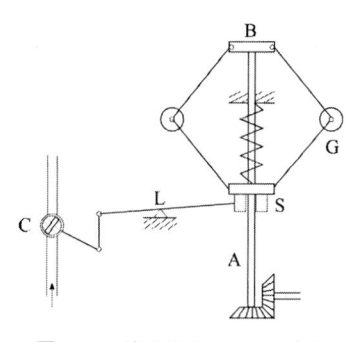

図 **3.23** 遠心錘を用いた調速器

$$m\delta\ddot{x} + c\delta\dot{x} + k\delta x = A\delta\omega \tag{3.108}$$

ただし m は遠心錘，リンク機構，スリーブなど可動部の質量をスリーブ運動に換算した質量，c はスリーブ運動の減衰係数，k はスリーブに作用するばねのこわさである．

スリーブが移動すると蒸気の供給量が減り，その結果，機関を回転させるトルクはほぼスリーブの移動量 δx に比例して減少する．したがって機関の回転運動の方程式は

$$I\delta\dot{\omega} = -C\delta x \tag{3.109}$$

と書ける．ここで I は機関可動部の等価慣性モーメント，C は比例定数を表す．

式 (3.108) と式 (3.109) より $\delta\omega$ を消去すれば

$$m\delta\dddot{x} + c\delta\ddot{x} + k\delta\dot{x} + \frac{AC}{I}\delta x = 0 \tag{3.110}$$

となり，$\delta x = ae^{st}$ とおくことによって特性方程式

$$ms^3 + cs^2 + ks + \frac{AC}{I} = 0 \tag{3.111}$$

が得られる．調速器のハンティングを起こさないで安定な動作をするためには，ラウスの判別式 (3.104) により

$$kc > \frac{mAC}{I} \tag{3.112}$$

が満足されなければならない．

問 題 3

3.1 図 3.24 に示すねじれ振動系の固有振動数を求めよ．

3.2 図 3.25 に示すなめらかな軸受に支えられた軸系の固有振動数を求めよ．

3.3 図 3.26 に示す歯車伝導系の固有振動数はいくらか．両端の円板に比べて歯車の慣性モーメントは小さいとして省略してかまわない．

3.4 図 3.27 に示す円板と質量，二つのばねより構成される振動系の運動方程式を書き，これより固有振動数を求めよ．ただしばねと円板とは互いにすべらないものとする．

図 3.24

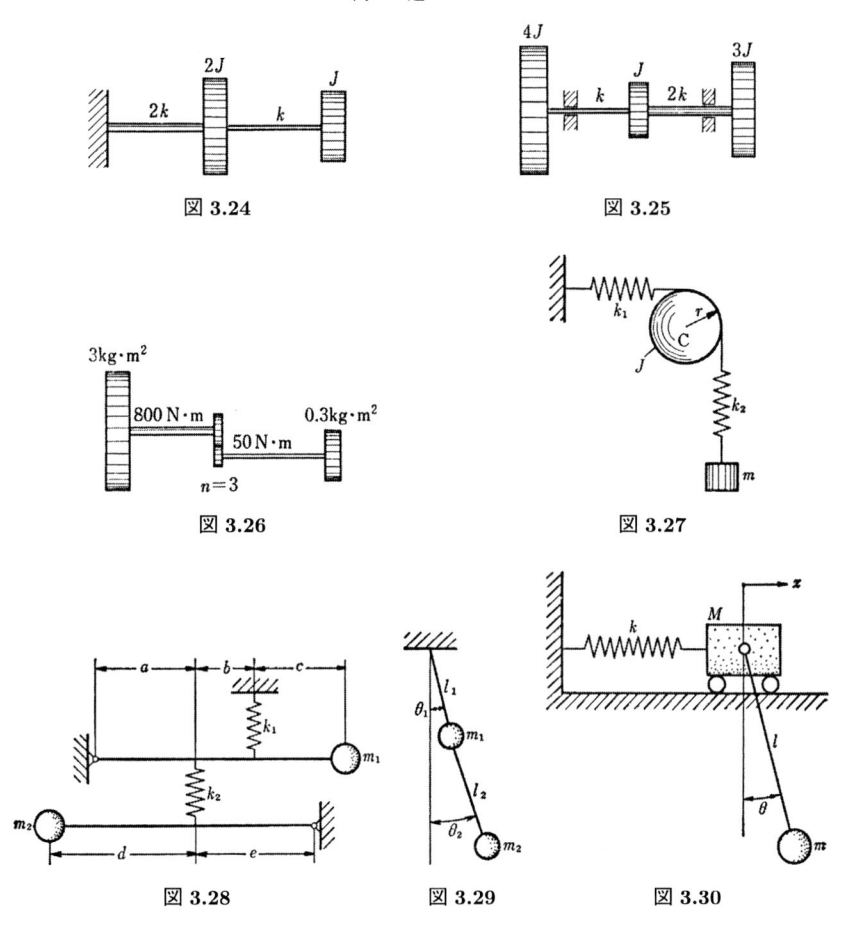

図 3.25

図 3.26

図 3.27

図 3.28

図 3.29

図 3.30

3.5 軽い 2 本の剛体棒のそれぞれ一端がピボットされ，他端に質量が付けられている．この棒を図 3.28 のように二つのばねで支えた系の固有振動数はいくらか．

3.6 図 3.29 に示す 2 重振子の微小振動の方程式を導き，これより振動数方程式を求めよ．おのおのの振子の長さと質量が等しいときはどうなるか．

3.7 図 3.30 は天井走行クレーンをモデル化したものである．運動方程式を導いて固有振動数を計算せよ．

3.8 図 3.31 のようにすべることなくころがる円板の回転軸に単振子が取り付けられている．この振動系の自由度はいくらか．運動方程式を導き，これより固有振動数を計算せよ．

3.9 図 3.32 のように質量と，床面をすべることなくころがる円板とが軽いばねで連結された振動系の固有振動数はいくらか．

図 3.31

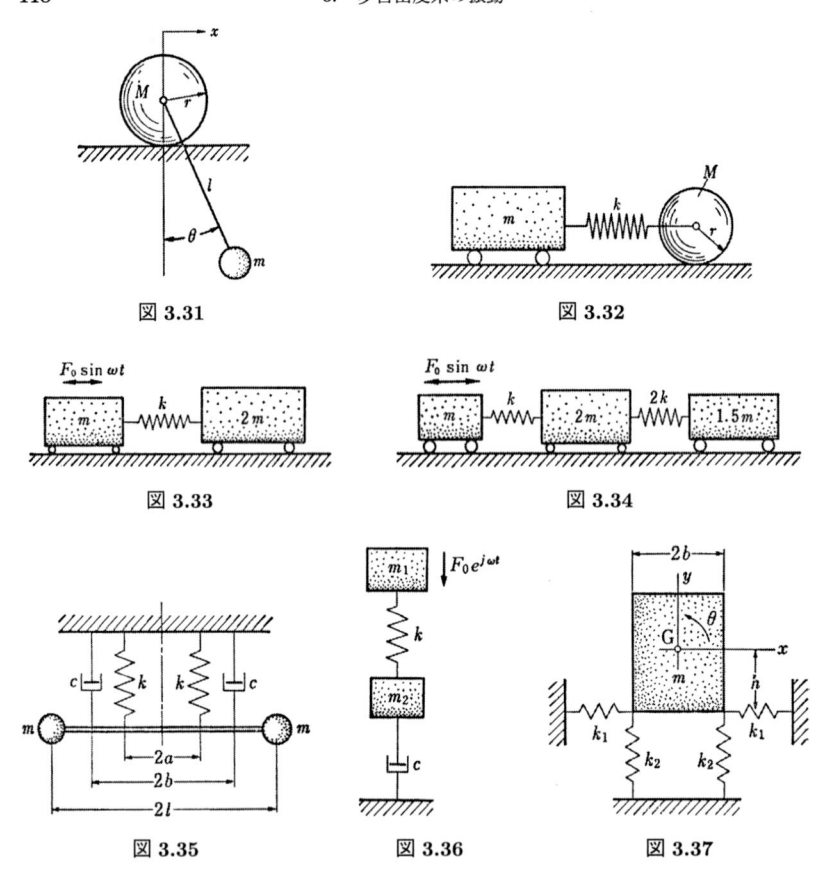

図 3.32

図 3.33

図 3.34

図 3.35

図 3.36

図 3.37

3.10 図 3.33 のようにばねで連結された二つの質量の一方に正弦加振力が働くと，各質量の振幅はいくらになるか．ばねと並列にダンパ c が入るとどうなるか．

3.11 図 3.34 のように，前問の系にさらに一つのばね-質量系を追加すると，各質量の振幅はどうなるか．

3.12 図 3.35 に示す振動系の一方の質量に加振力 $F_0 e^{j\omega t}$ が働くと，どんな並進と回転の定常運動が起こるか．

3.13 図 3.36 に示す振動系の質量 m_1 に加振力 $F_0 e^{j\omega t}$ が作用するとき，ダンパの振動の振幅はいくらか．基礎にはどれだけの力が伝達されるか．ばねとダンパの配列を入れ換えるとどうなるか．

3.14 図 3.37 に示す水平ばねと鉛直ばねで支持された質量 m，重心周り回転半径 i の機械のロッキング振動の方程式を書き，これより固有振動数を計算せよ．

3.15 図 3.38 に示す系の影響行列を求め，これから固有振動数を計算せよ．右端の

図 3.38

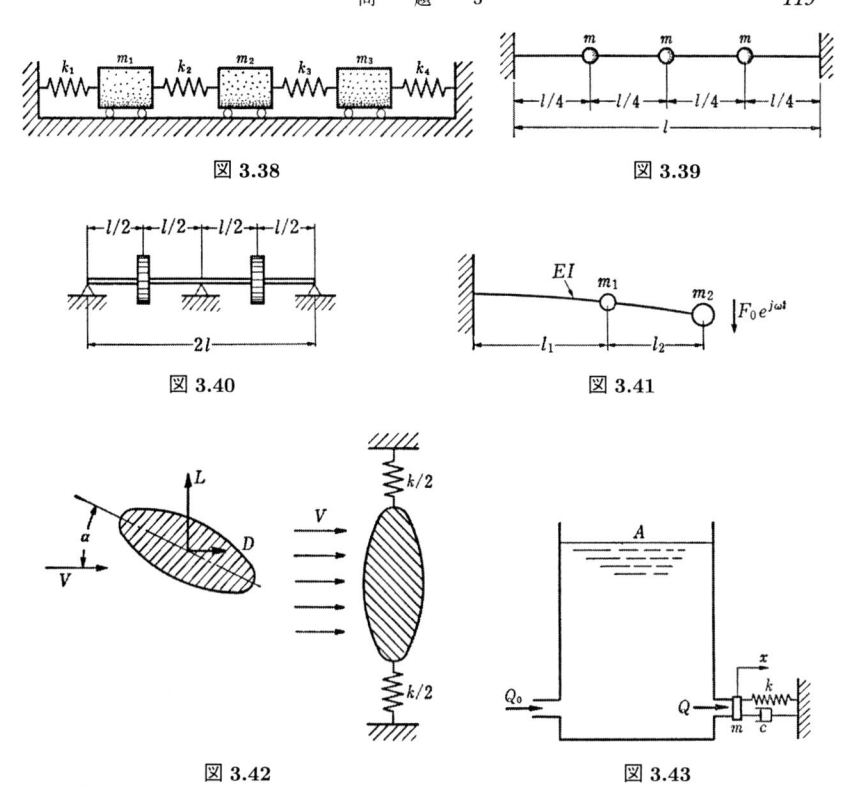

図 3.39

図 3.40

図 3.41

図 3.42

図 3.43

ばね k_4 を取り除くとどうなるか.

3.16 図 3.39 のように等間隔に三つの等しい質量が取り付けられた弦の影響行列を求め，これによって固有振動数を求めよ．ただし弦の横変位は小さくて張力 T の大きさは振動中かわらないものとする．

3.17 図 3.40 に示す二つの等しい質量 m の円板を有する弾性軸の危険速度はいくらか．軸の曲げこわさは EI，質量は円板に比べて小さくて無視できるものとする．

3.18 図 3.41 に示す片持はりの自由端と他の 1 点に二つの質量をもつ振動系の影響係数はいくらか．これによって自由端に加振力 $F_0 e^{j\omega t}$ が作用するときの定常振幅を求め，中央の質量が自由端の質量の動吸振器として働きうるかどうかを調べよ．

3.19 次の特性方程式の安定性を調べよ．
(1) $s^3 + 9s^2 + 3s + 12 = 0$
(2) $s^5 - 2s^4 + 3s^3 - 4s^2 + 5s - 6 = 0$

3.20 特性方程式が
$$s^4 + 2s^3 + (k+1)s^2 + (k-1)s + 1 = 0$$

で与えられる運動が安定であるためには，k はどんな値をとればよいか．

3.21 図 3.42 のように，ある断面が一様な速さの空気の流れの中に迎角 α で置かれているとき，断面には流れと直角に $L_0 \sin 2\alpha$ の大きさの揚力が働き，流れの方向に $D_0\{1 - (1/2)\cos 2\alpha\}$ の抗力が働く．この断面が流れに対して，$\alpha = 90°$ で上下方向に振動しうるようにばねで支持された場合，L_0/D_0 がどんな値になると不安定運動が起こるか．

3.22 図 3.43 のようにタンクの一方の口から一定流量 Q_0 の水が絶えず供給され，他方の口からは弁を通して流量 Q の水が流出している．タンクの断面積を A とし，弁に加わる流体の力がタンクの水位に比例するものとすれば，弁の運動はいかなる条件のもとで安定となりうるか．ただし弁は図で見るように質量 m，ばね定数 k，減衰係数 c の振動系を構成しているものとする．

3.23 次の運動方程式で表される不減衰多自由度系の自由振動を考える．

$$[M]\{\ddot{q}\} + [K]\{q\} = 0$$

ただし，$[M]$ は質量行列，$[K]$ は剛性行列，$\{q\}$ は変位ベクトルである．r 次の固有振動数に対する固有ベクトルを $\{q_r\}$ とし，固有ベクトルが質量行列あるいは剛性行列に関して直交性を有することを示せ．

第4章

連続体の振動

　第3章では多自由度系の振動を論じたが，実在の物体はすべて無数に多くの連続した質点よりなる質点系であって，無限自由度の振動系を構成している．機械や構造物を大まかに見て，これを比較的自由度の少ない代表的な質量と，これらを結合するばね，ダンパ系に置き換えることによってその動力学的な性質を知るのに十分な場合もあるが，機械各部の変形やこれによって生じる応力を知るためには，連続体としての取り扱いを必要とする．たとえば，1個の重りをばねで吊った振動系において，重りに比べてばねが軽く，かつ系の(基本)固有振動数を知りたいときには，重りを質点とみなした1自由度系として十分であるが，重りが比較的軽いときや，ばねの変形や応力，あるいは高次振動数を知るためには連続体としての取り扱いを理解していなければならない．

4.1 弦の振動と波動方程式

　連続体の振動に関して興味ある問題の一つに弦の振動がある．一般に長い線材や棒材が横振動するときの復原力は，これに働く張力や断面の曲げこわさによる．張力による復原力が大きく，これに比べて曲げこわさによる復原力が小さいときは弦としての取り扱いが可能となる．
　単位長さ当たりの質量 ρ の弦が一定の張力 T で張られており，弦の長さに比べて横変位は小さくて，振動中，弦の張力は変わらないものとする．図4.1に示

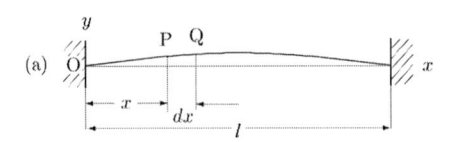

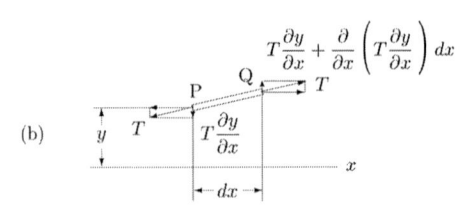

図 4.1 弦の横振動

す長さ dx の弦の微小要素を考えると，その両側に働く張力の横方向の成分は

$$-T\frac{\partial y}{\partial x}, \quad T\frac{\partial y}{\partial x} + \frac{\partial}{\partial x}\left(T\frac{\partial y}{\partial x}\right)dx$$

となるから，次の運動方程式が得られる．

$$\rho\frac{\partial^2 y}{\partial t^2} = \frac{\partial}{\partial x}\left(T\frac{\partial y}{\partial x}\right) \tag{4.1}$$

張力 T が一定のときはこれを微分記号の外へ出すことができて，$c^2 = T/\rho$ とおくと

$$\frac{\partial^2 y}{\partial t^2} = c^2\frac{\partial^2 y}{\partial x^2} \tag{4.2}$$

と書ける．ρ と T はともに正の量であるから，c も実数で一定の値をもっている．

式 (4.2) で表される偏微分方程式は $f(x)$, $g(x)$ を任意の関数とするとき

$$y(x,t) = f(x-ct) + g(x+ct) \tag{4.3}$$

という一般解をもつ．式 (4.3) を t で 2 回微分すれば

$$\frac{\partial^2 y}{\partial t^2} = c^2\left\{f''(x-ct) + g''(x+ct)\right\}$$

x で 2 回微分すれば

$$\frac{\partial^2 y}{\partial x^2} = f''(x-ct) + g''(x+ct)$$

で，式 (4.3) は式 (4.2) を満足する解となる．式 (4.3) の第 1 項 $f(x-ct)$ の時刻 $t + \Delta t$ における点の弦の横変位は

$$y = f\left\{(x + \Delta x) - c(t + \Delta t)\right\}$$

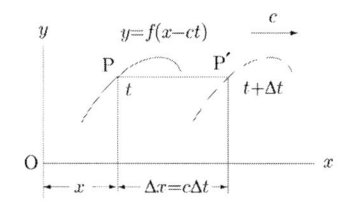

図 4.2 弦 (媒質中) を伝播する波動

であるが，$\Delta x = c\Delta t$ とするとこの値は時刻 t における x 点の変位 $f(x-ct)$ とまったく等しくなる．これは時刻 t に図 4.2 の実線で示す変位をしていたものが，速度 c で右方 (x の正の方向) へ移動したことを示している．同様に $g(x+ct)$ は，速度 c で左方 (x の負の方向) へ伝播する波動を表している．このように解が波動としての性質をもつ偏微分方程式 (4.2) を**波動方程式** (wave equation) という．

いま互いに反対方向に進行する同じ振幅と振動数の正弦波を合成すると

$$y = A\sin\frac{2\pi f}{c}(x-ct) + A\sin\frac{2\pi f}{c}(x+ct)$$
$$= 2A\sin\frac{2\pi x}{\lambda}\cos 2\pi ft \tag{4.4}$$

のようにいずれの方向にも進行しない**定常波** (standing wave) となる．ここで $\lambda = c/f$ は波の波長を表す．

4.2 棒の縦振動

次に断面が一様な細い棒の縦振動を考えてみよう．図 4.3 に示す棒の微小要

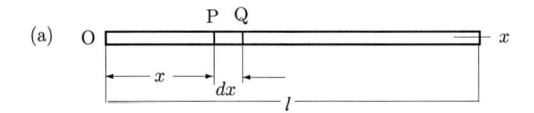

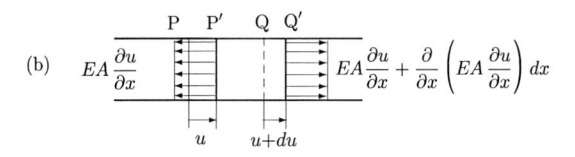

図 4.3 棒の縦振動

素を考え，x 断面の変位を u とすれば，$x+dx$ 断面の変位は $u+(\partial u/\partial x)dx$ となる．こうして長さ dx の要素は振動中その差に等しい長さの変化を受け，ひずみは $\partial u/\partial x$ となる．そして E を棒の弾性係数，A を断面積とすると，フック (Hooke) の法則により x 断面には $-EA\partial u/\partial x$ の力を生じる．一方，$x+dx$ 断面には $EA\partial u/\partial x+\{\partial/\partial x(EA\partial u/\partial x)\}dx$ の力が働くので，dx 要素の運動方程式は

$$\rho A \frac{\partial^2 u}{\partial t^2} = \frac{\partial}{\partial x}\left(EA\frac{\partial u}{\partial x}\right) \tag{4.5}$$

となる．ただし ρ は単位体積当たりの質量である．断面が一様な場合は，この式の両辺を一定の面積 A で割り，$E/\rho=c^2$ とおくことによって，弦の振動と同じ波動方程式

$$\frac{\partial^2 u}{\partial t^2} = c^2 \frac{\partial^2 u}{\partial x^2} \tag{4.6}$$

が得られる．

式 (4.6) を解いて棒の固有振動数を求めるために

$$u(x,t) = U(x)(A\sin\omega t + B\cos\omega t) \tag{4.7}$$

の単振動を考える．$U(x)$ は振動の形状を決める関数である．式 (4.7) を式 (4.6) に代入すれば

$$\frac{d^2 U}{dx^2} + \frac{\omega^2}{c^2} U = 0 \tag{4.8}$$

で，その一般解は，C, D を任意定数として

$$U(x) = C\sin\frac{\omega}{c}x + D\cos\frac{\omega}{c}x \tag{4.9}$$

で与えられる．

両端自由な棒について考えてみよう．この棒の両端では応力が 0 であるから，棒の一端に x の原点をとり，棒の長さを l とするとき

$$x=0 \quad \text{および} \quad x=l \quad \text{で} \quad \frac{\partial u}{\partial x}=0 \tag{4.10}$$

という**境界条件** (boundary condition) を満足しなければならない．

式 (4.9) を微分して得られた

$$\frac{dU}{dx} = \frac{\omega}{c}\left(C\cos\frac{\omega}{c}x - D\sin\frac{\omega}{c}x\right)$$

4.2 棒の縦振動

を式 (4.10) に入れると

$$C = 0, \qquad D \sin \frac{\omega}{c} l = 0$$

となるが，棒が振動するためには C, D ともに 0 となることはない．したがって

$$\sin \frac{\omega}{c} l = 0 \tag{4.11}$$

となり，これを満足する

$$\omega_i = \frac{i\pi c}{l} = \frac{i\pi}{l}\sqrt{\frac{E}{\rho}} \qquad (i = 1, 2, \ldots) \tag{4.12}$$

は，この振動系の固有振動数で，連続体ではその数は無限である．これは連続体が無数の質点からなる無限の自由度をもつ振動系であることに対応している．i は振動の次数で，この場合，高次振動数は基本振動数の整数倍になっている．したがって第 i 次振動モードは

$$U_i(x) = \cos \frac{i\pi x}{l} \tag{4.13}$$

で表され，i 個の節をもつ．また，関数 $U_i(x)$ を**固有関数** (eigenfunction) ともよぶ．一般の自由振動はこれら無数の固有振動モードが重ね合わされたもので

$$u(x,t) = \sum_{i=1}^{\infty} \cos \frac{i\pi x}{l}(A_i \sin \omega_i t + B_i \cos \omega_i t) \tag{4.14}$$

で与えられる．A_i, B_i は初期条件，すなわち時刻 $t = 0$ において与えられた変位と速度を満足するように決定されなければならない．いま $t = 0$ で

$$u(x,0) = f(x), \qquad \frac{\partial u}{\partial t}(x,0) = 0 \tag{4.15}$$

とすれば，$A_i = 0$ および

$$f(x) = \sum_{i=1}^{\infty} B_i \cos \frac{i\pi x}{l}$$

となる．この式は棒の初期変位を表す関数 $f(x)$ を棒全体にわたって展開したフーリエ余弦係数で，B_i がその係数に当たることから，式 (2.134) により

$$B_i = \frac{2}{l} \int_0^l f(x') \cos \frac{i\pi x'}{l} dx'$$

したがって，与えられた条件に適する解は

$$u(x,t) = \frac{2}{l}\sum_{i=1}^{\infty} \cos\frac{i\pi x}{l}\int_0^l f(x')\cos\frac{i\pi x'}{l}dx' \cos\omega_i t \tag{4.16}$$

となる．また $t=0$ で

$$u(x,0) = 0, \qquad \frac{\partial u}{\partial t}(x,0) = g(x) \tag{4.17}$$

を満足する解は，同様の計算により

$$u(x,t) = \frac{2}{l}\sum_{i=1}^{\infty} \cos\frac{i\pi x}{l}\int_0^l g(x')\cos\frac{i\pi x'}{l}dx' \frac{1}{\omega_i}\sin\omega_i t \tag{4.18}$$

で与えられる．初期条件 $t=0$ で

$$u(x,0) = f(x), \qquad \frac{\partial u}{\partial t}(x,0) = g(x) \tag{4.19}$$

を満足する解は式 (4.16) と式 (4.18) の解を重ね合わせたものである．

【例：一端に集中質量をもつ棒の縦振動】 図 4.4 に示す，棒の一端 ($x=0$) が固定され，他端 ($x=l$) に集中質量がある場合の棒の縦振動を考えよう．棒の固定端の変位が常に 0 であることと，自由端では棒の断面に働く応力が集中質量の慣性力と釣り合うことから

$$u(0,t) = 0, \qquad -M\frac{\partial^2 u}{\partial t^2}(l,t) = EA\frac{\partial u}{\partial x}(l,t) \tag{4.20}$$

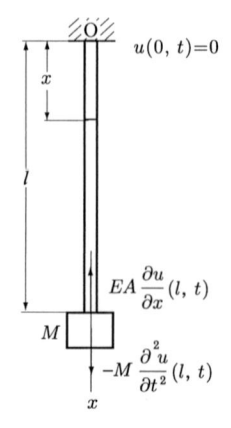

図 **4.4** 自由端に集中質量を有する弾性棒

4.2 棒の縦振動

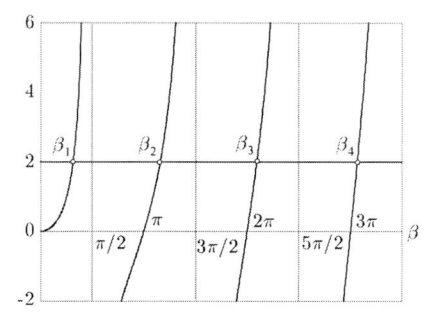

図 4.5 $\mu = \beta \tan \beta$ における β-μ 曲線

この境界条件に式 (4.7) と式 (4.9) とを代入すると

$$\left. \begin{array}{l} C\left(-M\omega^2 \sin \dfrac{\omega l}{c} + EA\dfrac{\omega}{c} \cos \dfrac{\omega l}{c}\right) = 0 \\ D = 0 \end{array} \right\}$$

C が 0 でないためには

$$M\omega^2 \sin \frac{\omega l}{c} = EA\frac{\omega}{c} \cos \frac{\omega l}{c} \tag{4.21}$$

でなければならない．この式を無次元数 $\beta = \omega l/c$ と集中質量に対する棒の質量比 $\mu = \rho A l/M$ を用いて書き直せば

$$\mu = \beta \tan \beta \tag{4.22}$$

となる．式 (4.22) はこの系の振動数方程式で，この式を満足する β の正根を求めることによって固有振動数の値が決定する．式 (4.22) は β に関する超越方程式で β を陽に解くことはできないが，図 4.5 のように β-μ 曲線が描かれていれば，与えられた μ に対してただちに β の値を見出すことができる．

関数 $\tan \beta$ は

$$\tan \beta = \beta + \frac{1}{3}\beta^3 + \cdots$$

と展開できるので，式 (4.22) は

$$\beta^2 \left(1 + \frac{1}{3}\beta^2 + \cdots \right) = \mu$$

と書くことができる．棒の質量が自由端の質量に比べて小さいときは $\mu \ll 1$ で，β も小さいので，この式の級数の初項のみをとった $\beta^2 = \mu$ から

$$\omega = \frac{c}{l}\sqrt{\frac{\rho A l}{M}} = \sqrt{\frac{EA/l}{M}} \tag{4.23}$$

が得られる．EA/l は長さ l の棒のこわさに等しく，これを k とおけば $\omega = \sqrt{k/M}$ で，棒の質量を無視した 1 自由度系の固有振動数と等しくなる．次にこの値を上の式の級数の第 2 項に入れて，もう少し精度が高い近似値を求めると

$$\beta = \sqrt{\frac{\mu}{1+\beta^2/3}} = \sqrt{\frac{\mu}{1+\mu/3}}$$

これより

$$\omega = \sqrt{\frac{EA/l}{M + \rho Al/3}} \tag{4.24}$$

で，棒の質量を無視しえないときはその 1/3 を自由端の質量に加えるべきこと (p.24 の例) が理論的に証明されたことになる．この近似は振動数が低い棒の基本振動に正しく適用されるが，高次振動については式 (4.22) より直接 β を解いて求めなければならない．

4.2.1 強制縦振動

図 4.6 に示す一端 $(x = 0)$ が固定され，他端 $(x = l)$ が自由な棒に，縦方向の加振力 $F(x, t)$ が作用するときの強制振動を考えてみよう．この場合の固有振動数は，式 (4.21) において自由端の集中質量 M を 0 とした振動数方程式

$$\cos \frac{\omega l}{c} = 0 \tag{4.25}$$

より，

$$\omega_i = \frac{i\pi c}{2l} \qquad (i = 1, 3, 5, \cdots) \tag{4.26}$$

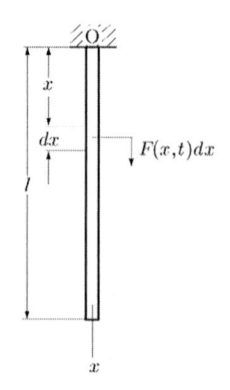

図 4.6 一端固定，他端自由な棒の強制振動

で，固有振動モードは

$$U_i(x) = \sin\frac{i\pi x}{2l} \qquad (i = 1, 3, 5, \cdots) \tag{4.27}$$

となる．任意の縦振動は，この式の変位を重ね合わせることによって求められる．

棒の単位長さに縦方向の力 $F(x, t)$ が作用するときの運動方程式は

$$\rho A\frac{\partial^2 u}{\partial t^2} = EA\frac{\partial^2 u}{\partial x^2} + F(x, t) \tag{4.28}$$

であるが，このときの変位は上の理由によって

$$u(x, t) = q_1(t)\sin\frac{\pi x}{2l} + q_3(t)\sin\frac{3\pi x}{2l} + q_5(t)\sin\frac{5\pi x}{2l} + \cdots \tag{4.29}$$

と書くことができる．これを式 (4.28) に入れて整理すると

$$\sum_{k=1,3,\cdots}^{\infty} \ddot{q}_k(t)\sin\frac{k\pi x}{2l} + \sum_{k=1,3,\cdots}^{\infty} \left(\frac{k\pi c}{2l}\right)^2 q_k(t)\sin\frac{k\pi x}{2l} = \frac{1}{\rho A}F(x,t) \tag{4.30}$$

となるが，この両辺に $\sin(i\pi x/2l)$ を乗じて棒の全体にわたって積分すると，i と k が奇数の場合

$$\int_0^l \sin\frac{k\pi x}{2l}\sin\frac{i\pi x}{2l}dx = \begin{cases} l/2 & (k = i) \\ 0 & (k \neq i) \end{cases} \tag{4.31}$$

の関係があるので，

$$\ddot{q}_i(t) + \left(\frac{i\pi c}{2l}\right)^2 q_i(t) = \frac{2}{\rho Al}\int_0^l F(x,t)\sin\frac{i\pi x}{2l}dx \tag{4.32}$$

となる．とくに自由端に集中加振力 $P(t)$ が働く場合は，関数 $F(x, t)$ をデルタ関数を用いて

$$F(x, t) = P(t)\delta(x - l)$$

と書けば，デルタ関数 $\delta(x - \xi)$ の積分の性質

$$\int_a^b f(x)\delta(x - \xi)dx = f(\xi) \qquad (a < \xi < b)$$

によって，式 (4.32) 右辺の積分は

$$\int_0^l F(x,t)\sin\frac{i\pi x}{2l}dx = \int_0^l P(t)\sin\frac{i\pi x}{2l}\delta(x - l)dx$$
$$= P(t)\sin\frac{i\pi}{2} = P(t)(-1)^{(i-1)/2} \qquad (i = 1, 3, \cdots)$$

となる．その結果，式 (4.32) は

$$\ddot{q}_i(t) + \left(\frac{i\pi c}{2l}\right)^2 q_i(t) = (-1)^{(i-1)/2} \frac{2}{\rho Al} P(t) \tag{4.33}$$

となり，$P(t)$ が与えられると，この式を解いて $q_i(t)$ が求められる．棒の初期変位と速度が 0 のときは，式 (2.179) において $\zeta = 0$ として得られたこの場合の応答

$$h(t) = \frac{2l}{i\pi c} \sin \frac{i\pi ct}{2l} \tag{4.34}$$

を用いれば，$q_i(t)$ は

$$q_i(t) = \frac{4(-1)^{(i-1)/2}}{i\pi c \rho A} \int_0^l P(\tau) \sin\left(\frac{i\pi c}{2l}(t-\tau)\right) d\tau$$

となり，これを式 (4.29) に代入して

$$u(x,t) = \frac{4}{\pi c \rho A} \sum_{i=1,3,\cdots}^{\infty} \frac{1}{i} (-1)^{(i-1)/2} \sin \frac{i\pi x}{2l} \int_0^t P(t) \sin\left(\frac{i\pi c}{2l}(t-\tau)\right) d\tau \tag{4.35}$$

が得られる．とくに $P(t)$ がステップ力

$$P(t) = P_0 u(t) \tag{4.36}$$

のときは，式 (4.35) の積分は

$$\int_0^t P(\tau) \sin\left(\frac{i\pi c}{2l}(t-\tau)\right) d\tau = \frac{2P_0 l}{i\pi c} \left(1 - \cos \frac{i\pi ct}{2l}\right)$$

となる．自由端における棒の変位は式 (4.35) で $x = l$ とし，$c^2 = E/\rho$ の関係を用いて

$$u(l,t) = \frac{8P_0 l}{\pi^2 EA} \sum_{i=1,3,\cdots}^{\infty} \frac{1}{i^2} \left(1 - \cos \frac{i\pi ct}{2l}\right) \tag{4.37}$$

この変位の最大値は $\cos(i\pi ct/2l) = -1$ のとき起こり，その大きさは

$$[u(l)]_{\max} = 2 \frac{P_0 l}{EA} \frac{8}{\pi^2} \sum_{i=1,3,\cdots}^{\infty} \frac{1}{i^2}$$

である．右辺の級数の値が $\sum_{i=1,3,\cdots}^{\infty} 1/i^2 = \pi^2/8$ であることに注意すれば

$$[u(l)]_{\max} = 2 \frac{P_0 l}{EA} \tag{4.38}$$

で，これより棒の先端に急に力を加えると，その最大変位は静的な力が働くときの変位 $P_0 l/EA$ の2倍に達することがわかる．

4.3 棒のねじり振動

円形断面をもつ棒や軸のねじり振動も弦の横振動や棒の縦振動と同じ波動方程式に支配される．材料の横弾性係数を G，断面の極慣性モーメントを J_p，x 断面のねじり角を φ とすると，棒の微小要素の両側の断面に作用するトルクは

$$-GJ_p \frac{\partial \varphi}{\partial x}, \quad GJ_p \frac{\partial \varphi}{\partial x} + \frac{\partial}{\partial x}\left(GJ_p \frac{\partial \varphi}{\partial x}\right)dx$$

で (図 4.7)，次の運動方程式が成り立つ．

$$\rho J_p \frac{\partial^2 \varphi}{\partial x^2} = \frac{\partial}{\partial x}\left(GJ_p \frac{\partial \varphi}{\partial x}\right) \tag{4.39}$$

ここで ρ は単位体積当たりの棒の質量である．一定断面の棒では $GJ_p =$ 一定で，再び波動方程式

$$\frac{\partial^2 \varphi}{\partial t^2} = c^2 \frac{\partial^2 \varphi}{\partial x^2} \quad \left(c = \sqrt{\frac{G}{\rho}}\right) \tag{4.40}$$

が導かれる．縦振動の縦弾性係数 E が横弾性係数 G に，縦変位 u が角変位 φ に代わったにすぎない．

4.3.1 両端に円板のある軸の振動

両端に慣性モーメント J_1, J_2 の二つの円板を有する軸の境界条件は

$$\left.\begin{array}{l} x = 0 \text{ で，} J_1 \dfrac{\partial^2 \varphi}{\partial t^2} = GJ_\mathrm{p} \dfrac{\partial \varphi}{\partial x} \\[2mm] x = l \text{ で，} J_2 \dfrac{\partial^2 \varphi}{\partial t^2} = -GJ_\mathrm{p} \dfrac{\partial \varphi}{\partial x} \end{array}\right\} \tag{4.41}$$

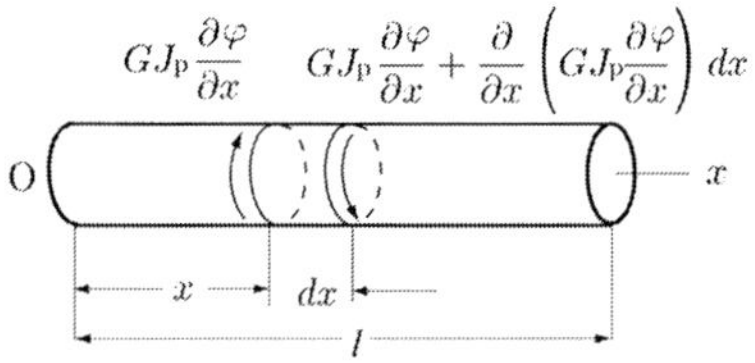

図 4.7 弾性棒のねじり振動

で与えられる．ねじれ角の固有関数

$$\Phi(x) = C\cos\frac{\omega}{c}x + D\sin\frac{\omega}{c}x \tag{4.42}$$

を境界条件式 (4.41) に入れると

$$-CJ_1\omega^2 = D\frac{\omega}{c}GJ_{\mathrm{p}}$$
$$-J_2\omega^2\left(C\cos\frac{\omega l}{c} + D\sin\frac{\omega l}{c}\right) = -\frac{\omega}{c}GJ_{\mathrm{p}}\left(-C\sin\frac{\omega l}{c} + D\cos\frac{\omega l}{c}\right)$$

で，C と D がともに 0 にならないためには

$$\begin{vmatrix} J_1\omega^2 & \dfrac{\omega}{c}GJ_{\mathrm{p}} \\ J_2\omega^2\cos\dfrac{\omega l}{c} + \dfrac{\omega}{c}GJ_{\mathrm{p}}\sin\dfrac{\omega l}{c} & J_2\omega^2\sin\dfrac{\omega l}{c} - \dfrac{\omega}{c}GJ_{\mathrm{p}}\cos\dfrac{\omega l}{c} \end{vmatrix} = 0$$

でなければならない．この式を無次元数

$$\frac{\omega l}{c} = \beta, \qquad \frac{J_1}{\rho J_{\mathrm{p}} l} = j_1, \qquad \frac{J_2}{\rho J_{\mathrm{p}} l} = j_2$$

を用いて整理することによって，振動数方程式

$$\tan\beta = \frac{(j_1 + j_2)\beta}{j_1 j_2 \beta^2 - 1} \tag{4.43}$$

が導かれる．$J_1 \to \infty$, $J_2 \to \infty$ とおいたものは両端固定軸に相当するが，この場合，式 (4.43) の分子が J のオーダーであるのに対して，分母は J^2 のオーダーで

$$\tan\beta = 0 \tag{4.44}$$

となる．この式の根は $\beta = i\pi$ $(i = 1, 2, \cdots)$ で，固有振動数は

$$\omega_i = \frac{i\pi}{l}\sqrt{\frac{G}{\rho}} \tag{4.45}$$

で与えられる．

軸の極慣性モーメントが円板に比べて小さいときは j_1 と j_2 は大きいが，逆に基本振動では β が大きいから，式 (4.43) から

$$\beta\tan\beta = \frac{1}{j_1} + \frac{1}{j_2} \tag{4.46}$$

$\tan\beta \approx \beta$ とみなせば

$$\beta = \sqrt{\frac{1}{j_1} + \frac{1}{j_2}} \tag{4.47}$$

で,これから式 (3.14) で与えられた固有振動数

$$\omega_{\mathrm{n}} = \sqrt{\left(\frac{1}{J_1} + \frac{1}{J_2}\right)\frac{GJ_{\mathrm{p}}}{l}} = \sqrt{\left(\frac{1}{J_1} + \frac{1}{J_2}\right) k_{\mathrm{t}}} \tag{4.48}$$

が導かれる.

4.4 はりの曲げ振動

はりに左右対称な面を考え,その面内で曲げ振動するものとしよう.いま図 4.8 のようにはりの中心線に沿って x 軸をとり,横方向のたわみを $y(x, t)$,材料の縦弾性係数を E,単位体積当たりの質量を ρ,はりの断面積を A,断面二次モーメントを I とする.はりのたわみがその長さに比べて小さいときは,任意の断面におけるたわみと曲げモーメントの間には

$$M = -EI\frac{\partial^2 y}{\partial x^2} \tag{4.49}$$

なる関係が成立し,せん断力は

$$Q = \frac{\partial M}{\partial x} = -\frac{\partial}{\partial x}\left(EI\frac{\partial^2 y}{\partial x^2}\right) \tag{4.50}$$

で表される.ここでは,はりのたわみ,曲げモーメント,せん断力の正の向きは図 4.8 のようにとってある.はりの微小要素には断面を通して両側から

$$-Q \quad \text{および} \quad Q + \frac{\partial Q}{\partial x}dx$$

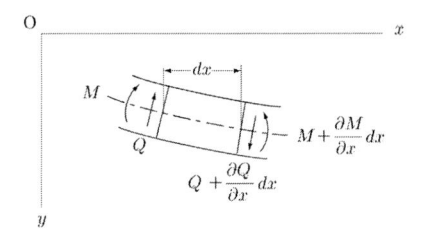

図 **4.8** はりの微小要素に働く力とモーメント

のせん断力が作用するから，運動方程式は

$$\rho A dx \frac{\partial^2 y}{\partial t^2} = -Q + Q + \frac{\partial Q}{\partial x} dx = -\frac{\partial^2}{\partial x^2}\left(EI\frac{\partial^2 y}{\partial x^2}\right) dx$$

と書ける．断面が一様なはりでは

$$\rho A \frac{\partial^2 y}{\partial t^2} = -EI \frac{\partial^4 y}{\partial x^4} \tag{4.51}$$

で，$EI/\rho A = a^2$ とおけばいっそう簡単に

$$\frac{\partial^2 y}{\partial t^2} + a^2 \frac{\partial^4 y}{\partial x^4} = 0 \tag{4.52}$$

となる．

いま，はりに起こる自由振動を考えて

$$y(x, t) = Y(x)(A\sin\omega t + B\cos\omega t) \tag{4.53}$$

とおき，関数 $Y(x)$ を決めるために式 (4.52) に代入すると

$$\frac{d^4 Y}{dx^4} - \frac{\omega^2}{a^2} Y = 0 \tag{4.54}$$

となる．この式の解を $Y = e^{px}$ とし，$\omega^2 l^4/a^2 = \lambda^4$ で定義される無次元数 λ を用いれば

$$p = \pm\frac{\lambda}{l},\ \pm\frac{\lambda}{l}i$$

と求まり，オイラーの公式を用いると式 (4.54) の一般解は

$$Y(x) = C_1 \sin\frac{\lambda x}{l} + C_2 \cos\frac{\lambda x}{l} + C_3 \sinh\frac{\lambda x}{l} + C_4 \cosh\frac{\lambda x}{l} \tag{4.55}$$

で与えられる．$C_1 \sim C_4$ はいずれもはりの境界条件によって決まる積分定数である．

境界条件の代表的なものとして

(1) 単純支持端：たわみと曲げモーメントが 0 となるから

$$Y = 0, \qquad \frac{d^2 Y}{dx^2} = 0 \tag{4.56}$$

(2) 固定端：たわみと傾きが固定されているから

$$Y = 0, \qquad \frac{dY}{dx} = 0 \tag{4.57}$$

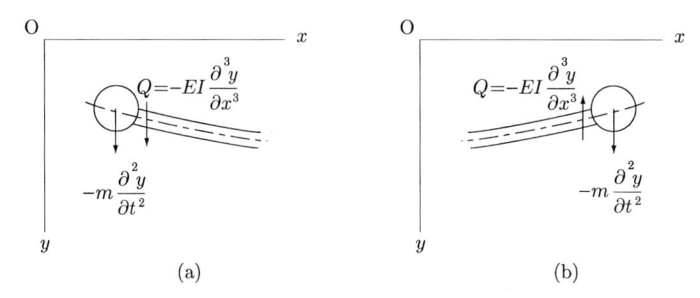

図 4.9 集中質量を有するはりの自由端に働く力とモーメント

(3) 自由端：曲げモーメントとせん断力が作用しないので

$$\frac{d^2Y}{dx^2} = 0, \qquad \frac{d^3Y}{dx^3} = 0 \tag{4.58}$$

(4) 集中質量のある自由端：曲げモーメントは0であるが，せん断力は集中質量の慣性力と釣り合いを保つ．

$$-m\frac{d^2y}{dt^2} + Q = -m\frac{d^2y}{dt^2} \mp EI\frac{\partial^3 y}{\partial x^3} = 0$$

したがって

$$\frac{d^2Y}{dx^2} = 0, \qquad \frac{d^3Y}{dx^3} \mp \frac{m\omega^2}{EI}Y = 0 \tag{4.59}$$

複号 $\mp$ は図4.9のように，それぞれの集中質量が x 軸の負の側と正の側にある場合に対応する．

端の条件のいかんにかかわらず，はりの両端に二つずつ，計四つの境界条件が存在する．この条件を満足する関数 $Y(x)$ を求めることによって，はりの曲げ振動と固有振動モードを決定することができる．

4.4.1 両端単純支持はり

この場合，境界条件は

$$Y(0) = Y''(0) = 0, \qquad Y(l) = Y''(l) = 0 \tag{4.60}$$

となるから，式(4.55)がこの条件を満足するためには

$$\left.\begin{array}{l} C_2 + C_4 = 0, \quad \dfrac{\lambda^2}{l^2}(-C_2 + C_4) = 0 \\ C_1 \sin\lambda + C_2 \cos\lambda + C_3 \sinh\lambda + C_4 \cosh\lambda = 0 \\ \dfrac{\lambda^2}{l^2}(-C_1 \sin\lambda - C_2 \cos\lambda + C_3 \sinh\lambda + C_4 \cosh\lambda) = 0 \end{array}\right\}$$

で，これから直ちに

$$C_2 = C_4 = 0$$

となる．そして C_1 と C_3 がともに 0 でないためには

$$\sin \lambda = 0 \tag{4.61}$$

したがって

$$\lambda = i\pi \quad (i = 1, 2, \cdots) \tag{4.62}$$

となり，固有振動数は

$$\omega_i = \frac{i^2 \pi^2}{l^2} \sqrt{\frac{EI}{\rho A}} = i^2 \omega_1 \tag{4.63}$$

固有振動モードは

$$Y_i(x) = \sin \frac{i\pi x}{l} \tag{4.64}$$

となる．

4.4.2 片持はり

式 (4.55) が，境界条件

$$Y(0) = Y'(0) = 0, \quad Y''(l) = Y'''(l) = 0 \tag{4.65}$$

を満足するためには

$$\left.\begin{array}{l} C_2 + C_4 = 0, \quad C_1 + C_3 = 0 \\ \dfrac{\lambda^2}{l^2}(-C_1 \sin \lambda - C_2 \cos \lambda + C_3 \sinh \lambda + C_4 \cosh \lambda) = 0 \\ \dfrac{\lambda^3}{l^3}(-C_1 \cos \lambda + C_2 \sin \lambda + C_3 \cosh \lambda + C_4 \sinh \lambda) = 0 \end{array}\right\}$$

で，$C_1 \sim C_4$ を消去して

$$1 + \cos \lambda \cosh \lambda = 0 \tag{4.66}$$

が得られる．この超越方程式の正根は図 4.10 に示す $\cos \lambda$ と曲線 $-\operatorname{sech} \lambda$ の交点の λ に当たる．これを小さい方から並べると

$$\lambda_1 = 1.875, \quad \lambda_2 = 4.694, \quad \lambda_3 = 7.855, \cdots$$

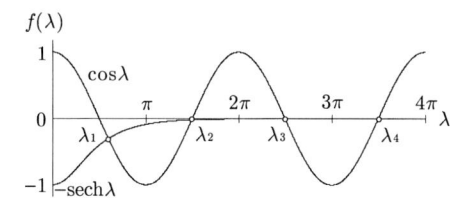

図 4.10 片持はりの固有振動数

固有振動数はこの λ_i の値を用いて

$$\omega_i = \frac{\lambda_i^2}{l^2}\sqrt{\frac{EI}{\rho A}} \qquad (4.67)$$

で与えられる．固有振動モードは λ_i の値を式 (4.55) に入れて係数 $C_1 \sim C_4$ の比を求めることによって

$$Y_i(x) = (\sin\lambda_i + \sinh\lambda_i)\left(\cos\frac{\lambda_i x}{l} - \cosh\frac{\lambda_i x}{l}\right)$$
$$- (\cos\lambda_i + \cosh\lambda_i)\left(\sin\frac{\lambda_i x}{l} - \sinh\frac{\lambda_i x}{l}\right) \qquad (4.68)$$

となる．

表 4.1 は種々の境界条件をもつはりの曲げ振動の固有振動数パラメータ λ と固有振動モードを示す．

4.4.3 過渡振動

はりの横変位は各次数の振動を重ね合わせることによって

$$y(x, t) = \sum_{i=1}^{\infty} Y_i(x)(A_i \sin\omega_i t + B_i \cos\omega_i t) \qquad (4.69)$$

で表される．定数 A_i, B_i は初期条件

$$y(x, 0) = f(x), \qquad \frac{\partial y}{\partial t}(x, 0) = g(x) \qquad (4.70)$$

より決まる．すなわち，この条件から式 (4.69) は

$$\sum_{i=1}^{\infty} A_i \omega_i Y_i(x) = g(x), \qquad \sum_{i=1}^{\infty} B_i Y_i(x) = f(x) \qquad (4.71)$$

表 4.1 はりの曲げに関する固有振動

境界条件	振動数方程式	λ_i	固有振動モード (節点数)
両端支持	$\sin \lambda = 0$	π	
		2π	(1)
		3π	(2)
		4π	(3)
両端固定	$\cos \lambda \cosh \lambda = 1$	4.730	
		7.853	(1)
		10.99	(2)
		14.137	(3)
両端自由	$\cos \lambda \cosh \lambda = 1$	(0)	
		4.730	(2)
		7.853	(3)
		10.996	(4)
固定-自由	$\cos \lambda \cosh \lambda = -1$	1.875	
		4.694	(1)
		7.855	(2)
		10.996	(3)
固定-支持	$\tan \lambda = \tanh \lambda$	3.927	
		7.069	(1)
		10.210	(2)
		13.352	(3)

となるが，これらは初期値 $f(x)$, $g(x)$ を関数 $Y_i(x)$ で展開した式に相当し，A_i, B_i はその係数である．二つの異なった次数の固有関数 $Y_i(x)$ と $Y_j(x)$ の間に

$$\int_0^l Y_i(x)Y_j(x)dx = 0 \qquad (i \neq j) \tag{4.72}$$

の直交条件があることを用い，式 (4.71) のおのおのの式の両辺に $Y_i(x)$ を乗じ，はりの全長にわたって積分すれば

$$A_i = \frac{\int_0^l g(x)Y_i(x)dx}{\omega_i \int_0^l Y_i^2(x)dx}, \qquad B_i = \frac{\int_0^l f(x)Y_i(x)dx}{\int_0^l Y_i^2(x)dx} \tag{4.73}$$

が求められる．

関数 $Y_i(x)$ の直交性は次のようにして証明される．二つの異なる振動数 ω_i と ω_j に対して成り立つ式 (4.54) の関係式

$$\frac{d^4 Y_i}{dx^4} - \frac{\omega_i^2}{a^2} Y_i = 0, \qquad \frac{d^4 Y_j}{dx^4} - \frac{\omega_j^2}{a^2} Y_j = 0 \quad (i \neq j)$$

の第 1 式の両辺に $Y_j(x)$ を，第 2 式の両辺に $Y_i(x)$ を乗じ，それぞれはりの全長にわたって積分したのち，第 1 式から第 2 式を引くと

$$\int_0^l \left(Y_i^{(4)} Y_j - Y_j^{(4)} Y_i \right) dx = \frac{1}{a^2}(\omega_i^2 - \omega_j^2) \int_0^l Y_i Y_j dx$$

この式の左辺の積分に部分積分を 2 回行うと

$$\left| Y_i^{(3)} Y_j - Y_j^{(3)} Y_i - Y_i^{(2)} Y_j' + Y_j^{(2)} Y_i' \right|_0^l$$

となる．境界条件からこの値はいずれも 0 で，$i \neq j$ に対しては $\omega_i \neq \omega_j$ であるから，式 (4.72) の直交条件が得られる．

4.4.4 強制振動

はりの単位長さに加振力 $F(x, t)$ が働くとき，はりの運動方程式は

$$\rho A \frac{\partial^2 y}{\partial t^2} + EI \frac{\partial^4 y}{\partial x^4} = F(x, t) \tag{4.74}$$

となる．はりの横変位を関数 $Y_j(x)$ で展開し

$$y(x, t) = \sum_{j=1}^{\infty} Y_j(x) q_j(t) \tag{4.75}$$

これを式 (4.74) に入れ，両辺に $Y_i(x)$ を乗じて積分すると

$$\sum_{j=1}^{\infty} \ddot{q}_j(t) \int_0^l Y_j(x) Y_i(x) dx + \sum_{j=1}^{\infty} q_j(t) \int_0^l a^2 Y_j^{(4)}(x) Y_i(x) dx$$
$$= \frac{1}{\rho A} \int_0^l F(x, t) Y_i(x) dx$$

となる．式 (4.54) により $a^2 Y_j^{(4)} = \omega_j^2 Y_j(x)$ で，関数の直交性により $j = i$ 以外の項はすべて消えるから

$$\ddot{q}_i(t) + \omega_i^2 q_i(t) = \frac{\int_0^l F(x, t) Y_i(x) dx}{\rho A \int_0^l Y_i^2(x) dx} \tag{4.76}$$

この方程式を解いて時間関数 $q_i(t)$ が求められる．例について計算してみよう．
【例：中央に正弦加振力が働く両端支持はりの強制振動】 この場合の固有関数は

$$Y_i(x) = \sin \frac{i\pi x}{l} \tag{4.77}$$

であるから，式 (4.76) 右辺の分母に含まれる積分は容易に

$$\int_0^l Y_i^2(x) dx = \frac{l}{2} \tag{4.78}$$

となる．はりの中点に働く集中加振力を

$$F(x, t) = F_0 \sin \omega t \, \delta\left(x - \frac{l}{2}\right) \tag{4.79}$$

と書くと，式 (4.76) の右辺分子の積分は

$$\int_0^l F(x, t) Y_i(x) dx = \int_0^l F_0 \sin \omega t \sin \frac{i\pi x}{l} \delta\left(x - \frac{l}{2}\right) dx$$
$$= F_0 \sin \frac{i\pi}{2} \sin \omega t$$

したがって

$$\ddot{q}_i(t) + \omega_i^2 q_i(t) = \frac{2F_0}{\rho A l} \sin \frac{i\pi}{2} \sin \omega t$$

で，その定常解は

$$q_i(t) = \frac{1}{\omega_i^2 - \omega^2} \frac{2F_0}{\rho A l} \sin \frac{i\pi}{2} \sin \omega t \tag{4.80}$$

となる.ここで ρAl ははりの質量であり,ω_i は式 (4.63) で与えられるはりの固有振動数である.$\sin(i\pi/2)$ は i が偶数のとき 0,i が奇数のとき $(-1)^{(i-1)/2}$ であるから,結局式 (4.75) によってはりの横たわみは

$$y(x,t) = \frac{2F_0}{\rho Al}\left(\frac{1}{\omega_1^2-\omega^2}\sin\frac{\pi x}{l} - \frac{1}{\omega_3^2-\omega^2}\sin\frac{3\pi x}{l} \right.$$
$$\left. + \frac{1}{\omega_5^2-\omega^2}\sin\frac{5\pi x}{l} - \cdots\right)\sin\omega t \qquad (4.81)$$

で与えられる.中点を加振するときは,この点を節とする偶数次の振動は現れず,中点に関して対称な奇数次の振動だけが発生する.加振振動数がその固有振動数のいずれかに接近すると共振現象が生じる.

4.5 膜および平面板のたわみ振動

4.5.1 膜の振動

平面内のすべての方向に一様な張力で張られた膜の振動について考えてみよう.膜の面内に x, y 軸をとり,面に垂直な膜のたわみを $w(x, y, t)$,膜の単位面積当たりの質量を ρ,単位長さ当たりに働く張力を T とすれば,膜の長方形要素 $dxdy$ に対して隣接部分の復原力

$$-Tdx\frac{\partial w}{\partial y}, \qquad Tdx\frac{\partial w}{\partial y} + \frac{\partial}{\partial y}\left(Tdx\frac{\partial w}{\partial y}\right)dy$$
$$-Tdy\frac{\partial w}{\partial x}, \qquad Tdy\frac{\partial w}{\partial x} + \frac{\partial}{\partial x}\left(Tdy\frac{\partial w}{\partial x}\right)dx$$

が作用するから (図 4.11),要素の運動方程式は

$$\rho dxdy\frac{\partial^2 w}{\partial t^2} = T\left(\frac{\partial^2 w}{\partial x^2} + \frac{\partial^2 w}{\partial y^2}\right)dxdy$$

$dxdy$ で割って

$$\rho\frac{\partial^2 w}{\partial t^2} = T\left(\frac{\partial^2 w}{\partial x^2} + \frac{\partial^2 w}{\partial y^2}\right) \qquad (4.82)$$

となる.

境界が簡単な形の場合,式 (4.82) は容易に解くことができる.例えば $x = 0, a$ と $y = 0, b$ で囲まれる長方形膜の変位は

$$w = A\sin\frac{i\pi x}{a}\sin\frac{j\pi y}{b}\sin\omega t \qquad (4.83)$$

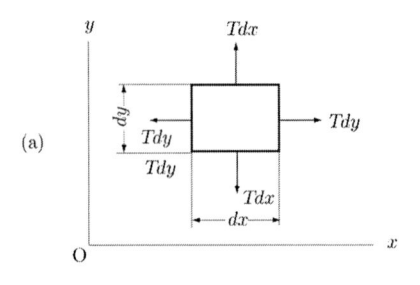

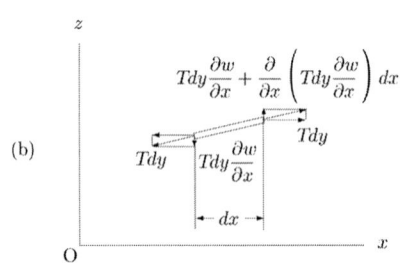

図 4.11 膜の長方形要素に働く復原力の成分

とおくことによって境界における固定条件を満足しており，また式 (4.83) が式 (4.82) を満足するためには

$$\rho\omega^2 = T\left\{\left(\frac{i\pi}{a}\right)^2 + \left(\frac{j\pi}{b}\right)^2\right\}$$

で，これより固有振動数

$$\omega_{ij} = \pi\sqrt{\frac{i^2}{a^2} + \frac{j^2}{b^2}}\sqrt{\frac{T}{\rho}} \quad (i, j = 1, 2, \cdots) \tag{4.84}$$

が求められる．このときの振動モードの一例を図 4.12 に示す．

外周が固定された円形膜の場合も簡単に解ける．そのためには式 (4.82) を

$$x = r\cos\theta, \quad y = r\sin\theta$$

とおいて極座標に変換するのが便利である．すなわち

$$\rho\frac{\partial^2 w}{\partial t^2} = T\left(\frac{\partial^2 w}{\partial r^2} + \frac{1}{r}\frac{\partial w}{\partial r} + \frac{1}{r^2}\frac{\partial^2 w}{\partial \theta^2}\right) \tag{4.85}$$

で，これを満足する解は n 次のベッセル (Bessel) 関数を用いて

$$w = \left\{AJ_n\left(\sqrt{\frac{\rho}{T}}\omega r\right) + BY_n\left(\sqrt{\frac{\rho}{T}}\omega r\right)\right\}\cos n\theta \sin\omega t \tag{4.86}$$
$$(n = 1, 2, \cdots)$$

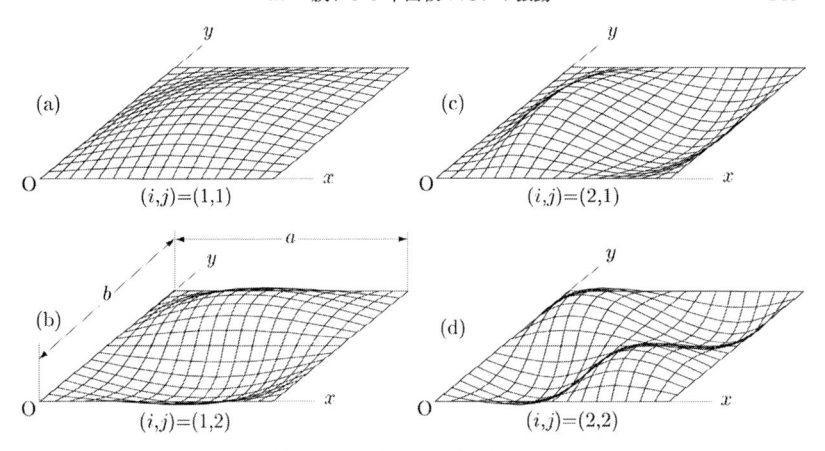

図 4.12 長方形膜の振動モード

と書ける．膜の振幅は有限であるのに，第 2 種ベッセル関数 $Y_n\left(\sqrt{\rho/T}\omega r\right)$ は中心 $(r=0)$ で無限大となるので，係数 B は 0 でなければならない．そしてこの場合の固有振動数は円周における境界条件 $(r=a$ で $w=0)$ を満足する

$$J_n\left(\sqrt{\frac{\rho}{T}}\omega_{ns}a\right)=0 \tag{4.87}$$

の根を計算して求められる．

4.5.2 平面板の振動

厚さ h が一様な薄い平面板の曲げ振動を考えよう．板の中央面に x, y 軸をとり，これと垂直に z 軸をとる．弾性理論によれば，xz 面と yz 面に平行な平面で切り取られた板の微小要素に働く力の釣り合いは

$$\left.\begin{array}{l}D\left(\dfrac{\partial^4 w}{\partial x^4}+2\dfrac{\partial^4 w}{\partial x^2\partial y^2}+\dfrac{\partial^4 w}{\partial y^4}\right)=p(x,y,t)\\[2mm]D=\dfrac{Eh^3}{12(1-\nu^2)}\end{array}\right\} \tag{4.88}$$

で与えられる．ここで，E は縦弾性係数，ν はポアソン比で，D は板の曲げこわさを表す．$p(x,y,t)$ は板の単位面積に働く力で，これを慣性力 $-\rho\partial^2 w/\partial t^2$ で置き換えれば，板の運動方程式

$$\rho\frac{\partial^2 w}{\partial t^2}+D\left(\frac{\partial^4 w}{\partial x^4}+2\frac{\partial^4 w}{\partial x^2\partial y^2}+\frac{\partial^4 w}{\partial y^4}\right)=0 \tag{4.89}$$

が得られる．ここで，ρ は板の単位面積当たりの質量を表す．

　板の周辺における境界条件にはいくつかあるが，ここでは，$x=0, a$ と $y=0, b$ で囲まれる長方形板が周辺で単純支持されたときの振動について述べておこう．この場合の境界条件は

$$\left.\begin{array}{l} x=0, a \quad \text{で} \quad w = \dfrac{\partial^2 w}{\partial x^2} = 0 \\ y=0, b \quad \text{で} \quad w = \dfrac{\partial^2 w}{\partial y^2} = 0 \end{array}\right\} \quad (4.90)$$

で，長方形膜と同じ形の関数

$$w = A \sin\frac{i\pi x}{a} \sin\frac{j\pi y}{b} \sin\omega t \quad (4.91)$$

は境界条件 (4.90) を満足している．式 (4.91) を式 (4.89) に入れることによって，この場合の固有振動数は

$$\omega_{ij} = \pi^2 \left(\frac{i^2}{a^2} + \frac{j^2}{b^2}\right)\sqrt{\frac{D}{\rho}} \quad (i, j = 1, 2, \cdots) \quad (4.92)$$

となる．図 4.13 は振動数 $\omega_{11} \sim \omega_{44}$ における板の節線を描いたもので，斜線をほどこした部分とそれ以外の部分とは互いに反対方向 (逆位相) に運動する．とくに正方形板では $a=b$ で，このとき二つの異なった振動モード

$$w_{ij}(x, y) = \sin\frac{i\pi x}{a}\sin\frac{j\pi y}{b}, \quad w_{ji}(x, y) = \sin\frac{j\pi x}{a}\sin\frac{i\pi y}{a} \quad (4.93)$$

は等しい固有振動数

$$\omega_{ij} = \omega_{ji} = \frac{\pi^2}{a^2}(i^2 + j^2)\sqrt{\frac{D}{\rho}} \quad (4.94)$$

をもち，長方形板に比べてその分だけ固有振動数の数が減っている．これを振動数の**退化** (de-generation) という．この退化した振動数においては，二つの振動モード $w_{ij}(x, y)$ と $w_{ji}(x, y)$ が共存するわけであるから，これを重ね合わせて

$$w(x, y) = w_{ij}(x, y)\cos\gamma + w_{ji}(x, y)\sin\gamma \quad (4.95)$$

としよう．この場合の合成振動の振幅は常に 1 で，γ を変化することによって両者の振幅の比を任意の値にすることができる．図 4.14 にこれによる振動モードの変化の模様を示す．

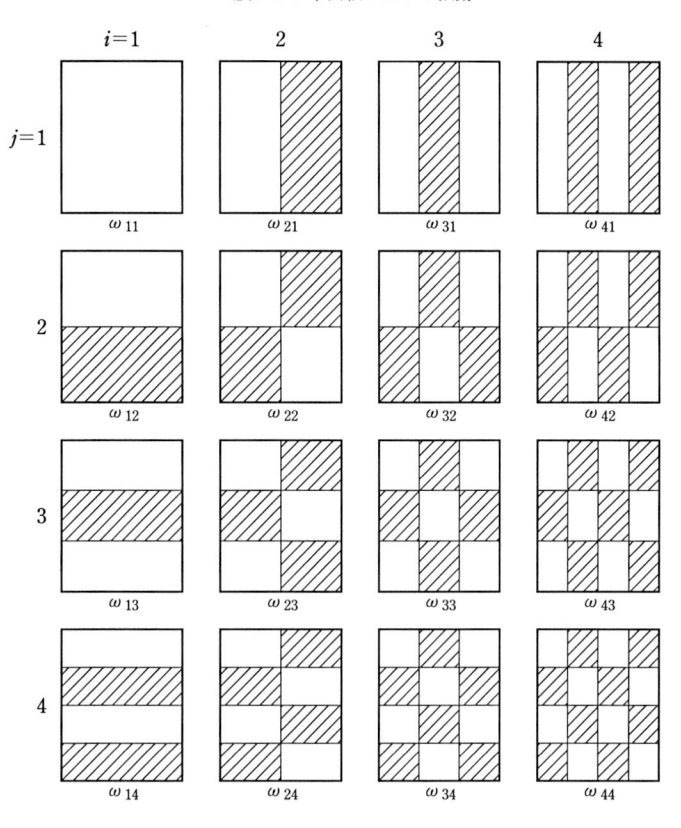

図 4.13　周辺で単純支持された長方形板の振動モード

他の境界条件を満足する解を求め，これより固有振動数と振動モードを知るのは普通簡単ではない．そのために平面板を周期的に加振し，共振状態における固有振動数を計測するとともに，平面板の上に細かい粉末を散布して，これを節線上に集めてクラドニ (Chladni) 図形を描かせる方法がよく用いられる．

次に周辺が固定された円板について調べてみよう．式 (4.89) を極座標で表すと

$$\rho\frac{\partial^2 w}{\partial t^2} + D\left(\frac{\partial^2}{\partial r^2} + \frac{1}{r}\frac{\partial}{\partial r} + \frac{1}{r^2}\frac{\partial^2}{\partial \theta^2}\right)^2 w = 0 \qquad (4.96)$$

となる．これを満足する解は次のベッセル関数を用いて

$$w = \left\{AJ_n\left(\lambda\frac{r}{a}\right) + BY_n\left(\lambda\frac{r}{a}\right) + CI_n\left(\lambda\frac{r}{a}\right) + DK_n\left(\lambda\frac{r}{a}\right)\right\}$$
$$\times \cos n\theta \sin \omega t \qquad (n = 0,\ 1,\ 2,\ \cdots) \qquad (4.97)$$

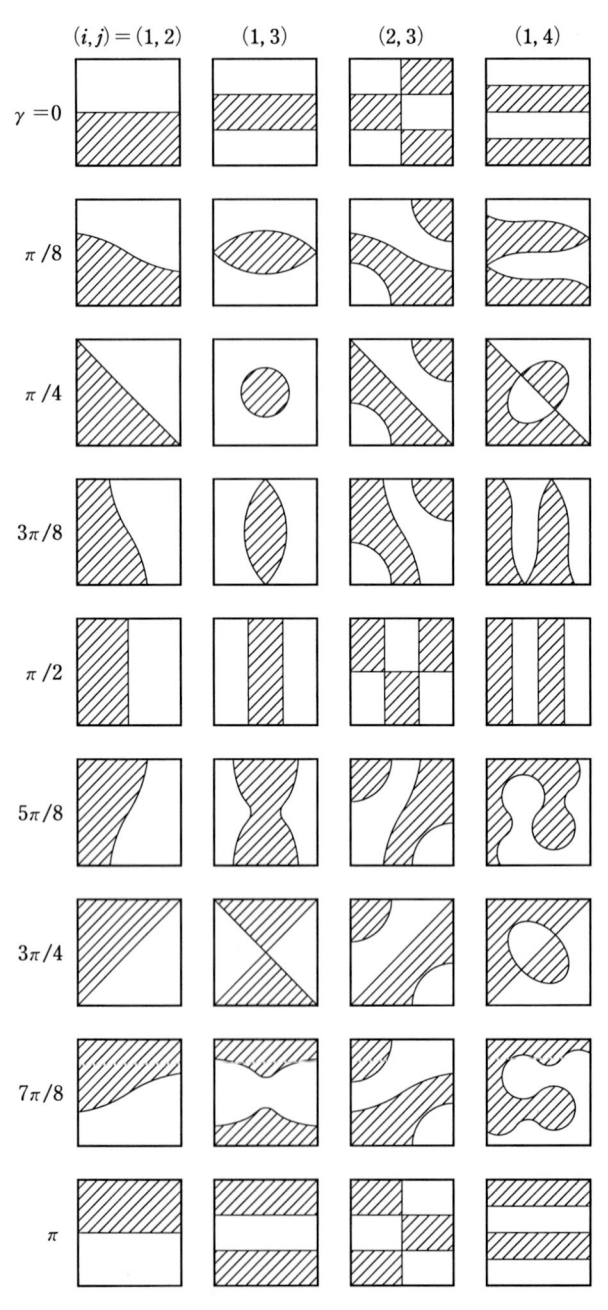

図 4.14 周辺で単純支持された正方形板の振動モード

4.5 膜および平面板のたわみ振動

で表される．ここでは，$\lambda^4 = \rho a^4 \omega^2 / D$ とおいてある．$r = 0$ (円の中心) で第 2 種のベッセル関数 $Y_n(\lambda r/a)$ および $K_n(\lambda r/a)$ が無限大となることから，$B = D = 0$ でなければならない．次にこの式を円周上 $(r = a)$ の固定条件 $w = \partial w/\partial r = 0$ に入れて，係数 A と C とを消去すれば

$$\begin{vmatrix} J_n(\lambda) & I_n(\lambda) \\ J_n'(\lambda) & I_n'(\lambda) \end{vmatrix} = 0$$

となるが，ベッセル関数の微分の性質

$$J_n'(x) = \frac{n}{x} J_n(x) - J_{n+1}(x), \qquad I_n'(x) = \frac{n}{x} I_n(x) + I_{n+1}(x) \qquad (4.98)$$

を用いて

$$J_n(\lambda) I_{n+1}(\lambda) + J_{n+1}(\lambda) I_n(\lambda) = 0 \qquad (4.99)$$

が得られる．この式を満足する λ_{ns} を求めることによって，固有振動数

$$\omega_{ns} = \frac{\lambda_{ns}^2}{a^2} \sqrt{\frac{D}{\rho}} \qquad (n, s = 0, 1, 2, \cdots) \qquad (4.100)$$

を計算することができる．図 4.15 は λ_{ns} の値とこれに対応する振動モードを示したものである．

【例題 4.1】 厚さ 1 mm の鋼鈑 (縦弾性係数 200 GPa，ポアソン比 0.3) の曲げこわさはいくらか．また周辺が固定された直径 50 cm，厚さ 1 mm の鋼製円板の基本振動数はいくらか．

【解】 式 (4.88) によって板の曲げこわさは

$$D = \frac{200 \times 10^9 \times 0.001^3}{12(1 - 0.3^2)} = 18 \quad [\mathrm{N \cdot m}]$$

式 (4.100) に図 4.15 で与えられた最低次の固有値 $\lambda_{00} = 3.196$ を用いて，基本振動数は

$$f_{00} = \frac{1}{2\pi} \times \frac{3.196^2}{0.25^2} \sqrt{\frac{18}{7.8 \times 10^3 \times 0.001}} = 40 \quad [\mathrm{Hz}]$$

となる．

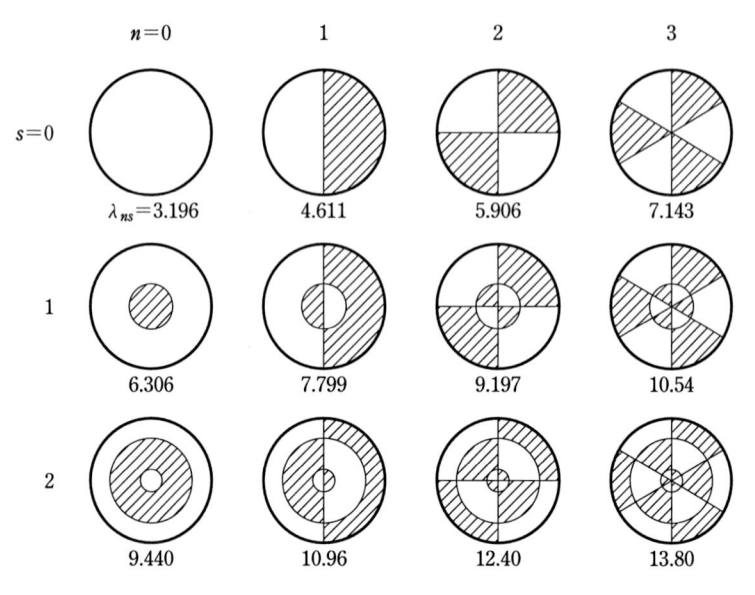

	$n=0$	1	2	3
$s=0$	$\lambda_{ns}=3.196$	4.611	5.906	7.143
1	6.306	7.799	9.197	10.54
2	9.440	10.96	12.40	13.80

図 4.15　周辺で固定された円板の振動モード

問　題　4

4.1 張力 T で張られた長さ l, 単位長さ当たりの質量 ρ の弦の固有振動数を求めよ.

4.2 長さ 50 cm, 直径 1 mm のピアノ線を強く張って 80 Hz で振動させたい. いくらの張力を与えればよいか.

4.3 問 4.1 の弦の中央に一つの質量 m を取り付けると, 弦の固有振動数はいくらになるか. 振動数方程式を導け.

4.4 細い鋼棒を伝播する縦波の速度はいくらか.

4.5 一端が固定され, 他端が自由な長さ l, 断面積 A の均一棒の縦振動の固有振動数を計算せよ.

4.6 両端が自由な長さ l のパイプの一端に周期的な軸方向の変位 $u = a\sin\omega t$ を与えると, パイプにはどんな定常振動が起こるか.

4.7 両端が完全に固定された長さ l, 断面積 A の棒の中央に一定の軸方向の力 P が働いている. この力が急に取り去られたとき棒はどんな運動をするか.

4.8 軸方向に一定の速度 V で動いている棒が一端で急に止められると, 棒の各点にどんな運動と応力が生じるか.

4.9 図 4.16(a) のように, はりの先端の変位がばねによって弾性支持されていると

(a) (b)

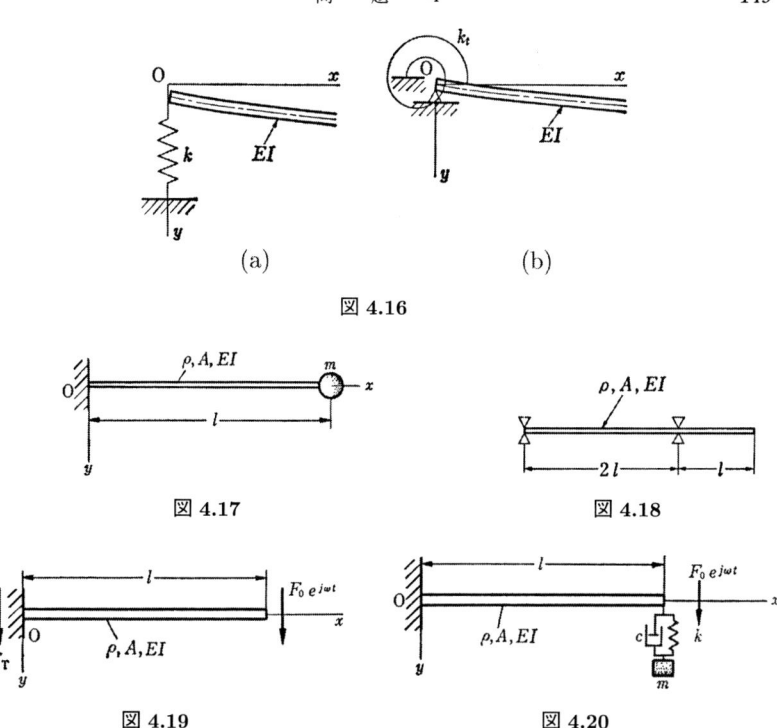

図 4.16

図 4.17

図 4.18

図 4.19

図 4.20

き，境界条件はどのように書けるか．また同図 (b) のようにはりの横変位が完全に拘束され，回転角に比例する復原モーメントが作用するときはどうか．

4.10 図 4.17 に示す自由端に集中質量を取り付けた片持はりの振動数方程式を導け．

4.11 図 4.18 のように 2 点で支持され，その一方が支持点より張り出したはりの振動数方程式を導け．

4.12 図 4.19 のように片持はりの自由端に横方向の加振力 $F_0 e^{j\omega t}$ が作用するとき，固定端に伝達される力の大きさはいくらか．

4.13 前問の伝達力を小さくするために，図 4.20 のように質量 m，ばね k，ダンパ c より構成される動吸振器を自由端に取り付けた．その効果はどうか．

4.14 周辺が単純支持された辺長 40×60 cm，厚さ 1 mm の長方形鋼鈑の固有振動数を求めよ．

第5章

非線形振動

　振動問題において，とくに精度を要求しなければ，線形系の振動を扱えば十分多くの問題が解決されることは第4章までに見たとおりである．しかし厳密に考えると実際に起こる現象のほとんどが非線形振動であって，線形系の理論はある安定な平衡状態の付近の微小運動にのみあてはまるものである．

　非線形振動の理論による結果は線形理論による結果と定量的に異なるだけでなく，定性的にもかなり異なった面があり，線形理論では予測できない新しい現象の解明も可能である．一般に非線形振動は取り扱いが面倒で，現在まだ完全に解かれていない問題もあるが，これを研究するおもな方法の一つは，起こっている現象を鳥かん図的に読みとろうとする定性的なものであり，他の一つは近似計算による解析的，定量的なものである．ここではなるべく数学的な理論や系統的な議論をさけ，やさしい代表的な問題を論じて，その基本的な性質を明らかにする．

5.1 非線形復原力をもつ不減衰系の自由振動

5.1.1 非線形復原力をもつ振動系の例

日常経験する二，三の例を挙げてみよう．

A. 振子

振子が水平な軸の周りを回転するとき，その運動方程式は

$$J\ddot{\theta} + Mgl\sin\theta = 0 \tag{5.1}$$

と書ける．振れ角 θ が小さいときは $\sin\theta \approx \theta$ として式 (5.1) は線形方程式となり，振子の周期が振幅とは無関係な等時性をもつことは 2.1 節でみたとおりである．振れ角 θ が 1rad 程度の大きさになるとして，$\sin\theta = \theta - \theta^3/6 + \theta^5/120 - \cdots$ の第 2 項までとれば，式 (5.1) は

$$J\ddot{\theta} + Mgl\left(\theta - \frac{1}{6}\theta^3\right) = 0 \tag{5.2}$$

となり，線形理論と比べて復原力は小さく，後に述べるように等時性は成立しない．

B. 一般の機械材料

金属，非金属のいずれを問わず，復原力が正しく変形量に比例する材料は理想化されたもの以外には存在せず，程度の差はあれ，ある非線形性をもっている．したがって，一般に変形量 x に対して復原力は $f(x)$ の関数形で表されるが，あるいはこれを $x=0$ の付近で展開したべき級数の形で表すことができる．平衡点 $x=0$ に対して復原力が正 (伸び) と負 (圧縮) の側で対称なときは，$f(x)$ の展開は奇数べきのみからなり

$$f(x) = kx + \beta x^3 \qquad (k > 0) \tag{5.3}$$

と書くことによって非線形系の復原力特性をかなり正しく表すことができる．材料や構造によって，β は正または負の値をとるが，$\beta > 0$ のばねを**漸硬ばね** (hardening spring) といい，振子のように $\beta < 0$ の特性をもつばねを**漸軟ばね** (softening spring) という (図 5.1)．

また，図 5.2 のように遊びのあるばねや，いくつかのばねを組み合わせたばねの復原力特性は折れ線で表されるが，これも非線形ばねの例である．

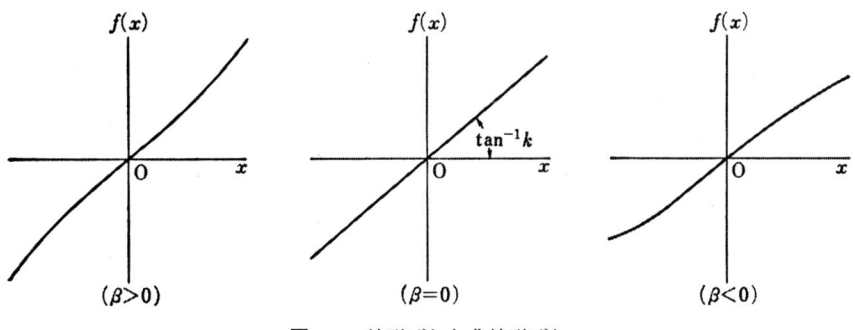

図 5.1 線形ばねと非線形ばね

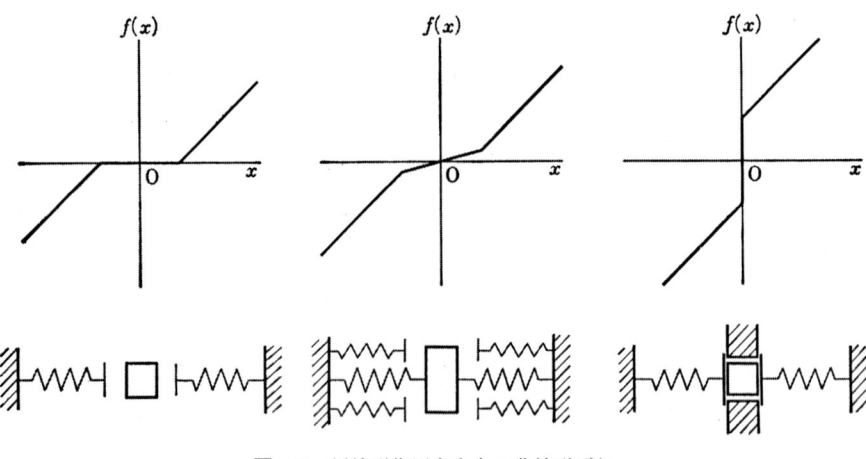

図 5.2 折線形復原力をもつ非線形ばね

C. 弦に付けられた質点の横振動

図 5.3 のように 2 点間に張られた弦の中央に質点が取り付けられ，横振動するときの復原力を求めてみよう．質点の変位を x とし，弦の初めの長さを $2l$，張力 T，縦弾性係数 E，断面積を A とすれば，質点の変位によって張力は

$$T + EA\frac{\Delta l}{l} = T + EA\frac{\sqrt{l^2 + x^2} - l}{l}$$

に増加する．復原力の大きさは横方向の成分に等しく

$$2\left\{T + EA\left(\sqrt{1 + \frac{x^2}{l^2}} - 1\right)\right\}\frac{x/l}{\sqrt{1 + x^2/l^2}}$$

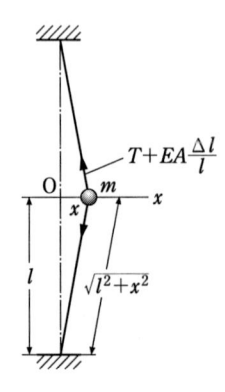

図 5.3 弦に付けられた質点の横振動

となるが，これを x/l で展開し，その高次 (5 次以上) の微小量を省略すれば，

$$\frac{2T}{l}x + \frac{EA}{l^3}\left(1 - \frac{T}{EA}\right)x^3 = kx + \beta x^3 \tag{5.4}$$

となる．T/EA は弦の初期ひずみで，小さい量であるから $\beta > 0$，したがって漸硬ばね特性をもっている．

5.1.2 力学エネルギー

変位による復原力を $f(x)$ とおけば，不減衰系の運動方程式は

$$m\ddot{x} + f(x) = 0 \tag{5.5}$$

と書ける．$\dot{x} = v$ とおくと $\ddot{x} = vdv/dx$ となり，式 (5.5) から時間 t を消去した 1 階の微分方程式

$$mv\frac{dv}{dx} + f(x) = 0 \tag{5.6}$$

が導かれる．これを x について積分すると

$$\frac{1}{2}mv^2 + U(x) = E \tag{5.7}$$

ここで

$$U(x) = \int_0^x f(z)dz \tag{5.8}$$

はばねにたくわえられたポテンシャルエネルギー，積分定数 E は力学エネルギーの総和であって，摩擦のない不減衰系では常に一定の値をもつ．初期変位と速度を (x_0, v_0) とすれば，式 (5.7) は

$$\frac{1}{2}mv^2 - \frac{1}{2}mv_0^2 = -\{U(x) - U(x_0)\} = -\int_{x_0}^x f(x)dx \tag{5.9}$$

と書けるが，これは $-f(x)$ のなす仕事が，運動エネルギーの変化に等しいことを示す．この式を v について解くと

$$v = \dot{x} = \pm\sqrt{v_0^2 + \frac{2\{U(x_0) - U(x)\}}{m}} \tag{5.10}$$

逆数をとって

$$\frac{dt}{dx} = \frac{1}{\pm\sqrt{v_0^2 + 2\{U(x_0) - U(x)\}/m}}$$

両辺を x について積分し,初期条件を考慮すると

$$t = t_0 + \int_{x_0}^{x} \frac{dx}{v} = t_0 + \int_{x_0}^{x} \frac{dx}{\pm\sqrt{v_0^2 + 2\{U(x_0) - U(x)\}/m}} \quad (5.11)$$

となる.ただし速度 v の符号は $dx/v > 0$ になるように選ぶ.

5.1.3 位相平面とトラジェクトリ

運動の性質を調べるのに物体の変位 x と速度 v を座標とする平面上に,物体の運動を描くと便利なことがある.この平面を**位相平面** (phase plane),位相平面上に描かれた曲線を**トラジェクトリ** (trajectory) という.これを簡単な系について説明しておこう.

$$m\ddot{x} + kx = 0 \quad (5.12)$$

において $\dot{x} = v$ とおけば,式 (5.12) は

$$mv\frac{dv}{dx} + kx = 0 \quad (5.13)$$

と書ける.この式を x について積分すれば

$$\frac{1}{2}mv^2 + \frac{1}{2}kx^2 = E \quad (5.14)$$

となって,不減衰系におけるエネルギー保存則が導かれる.そして式 (5.14) が表す曲線を位相平面上に描くと,図 5.4 のような $\sqrt{2E/k}$, $\sqrt{2E/m}$ を長,短軸の 1/2 とするだ円となる.こうして,物体の振動はだ円の周上に**状況点** (representative point) で表され,長軸と短軸の長さはそれぞれ変位と速度の振幅を表す.x と v は時間 t の関数なので,位相平面上のトラジェクトリ上の点は時間の変化とともに平面上を移動する.すなわち,$v = dx/dt$ より $v > 0$ の

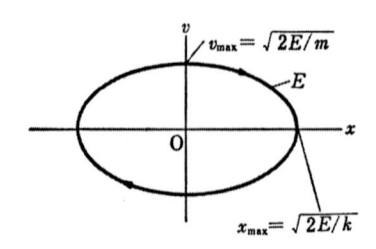

図 **5.4** 不減衰系の位相平面トラジェクトリ

とき $dx > 0$ $(dt > 0)$，したがって位相平面の上半分では状況点は x の正の方向へ，$v < 0$ のときは $dx < 0$ で，下半分の点は x の負の方向へ移動する．こうして位相平面トラジェクトリ上を時計方向に回転することになる．

位相平面トラジェクトリが閉曲線となる振動は周期運動で，閉曲線に沿った次の積分を計算することによってその周期が求められる．

$$T = \oint dt = \oint \frac{dx}{v} \tag{5.15}$$

記号 $\oint$ は閉曲線に沿って1周積分することを意味している．不減衰振動の場合は，だ円の対称性から

$$T = 4\int_0^{\sqrt{2E/k}} \frac{dx}{\sqrt{2E/m - \omega_\mathrm{n}^2 x^2}}$$

$$= \frac{4}{\omega_\mathrm{n}} \left|\sin^{-1}\frac{x}{\sqrt{2E/k}}\right|_0^{\sqrt{2E/k}} = \frac{2\pi}{\omega_\mathrm{n}} = 2\pi\sqrt{\frac{m}{k}} \tag{5.16}$$

となって，式 (2.5) と同一の結果が得られる．

位相平面の原点 $x = v = 0$ は一種の (退化した) 位相平面トラジェクトリであって，式 (5.12) の意味のない解に相当する．これはまた式 (5.13) を書き直した

$$\frac{dv}{dx} = -\omega_\mathrm{n}^2 \frac{x}{v} \tag{5.17}$$

の右辺を $0/0$ とするもので，このような点を**特異点** (singular point) という．そしてこの場合の特異点を**中心点** (center)，または**渦心点** (vortex point) とよんでいる．

次に減衰系の振動の位相平面トラジェクトリを考えてみよう．1自由度粘性減衰系の自由振動の方程式は，式 (2.41) と同じく

$$m\ddot{x} + c\dot{x} + kx = 0$$

で与えられる．これを減衰比 $\zeta = c/(2\sqrt{mk})$ を用いて書き直すと，

$$\frac{dv}{dx} = -\frac{\omega_\mathrm{n}^2 x + 2\zeta\omega_\mathrm{n} v}{v} \tag{5.18}$$

となるが，この式は同次形といわれる微分方程式で，v/x を新しい変数として積分曲線を求めることは困難ではない．減衰系では $\zeta > 0$ なので

$$\frac{dv}{dx} = -\frac{\omega_\mathrm{n}^2 x}{v} - 2\zeta\omega_\mathrm{n} < -\frac{\omega_\mathrm{n}^2 x}{v}$$

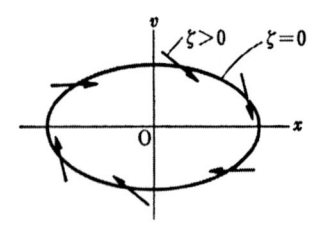

図 5.5　だ円と減衰系のトラジェクトリの方向

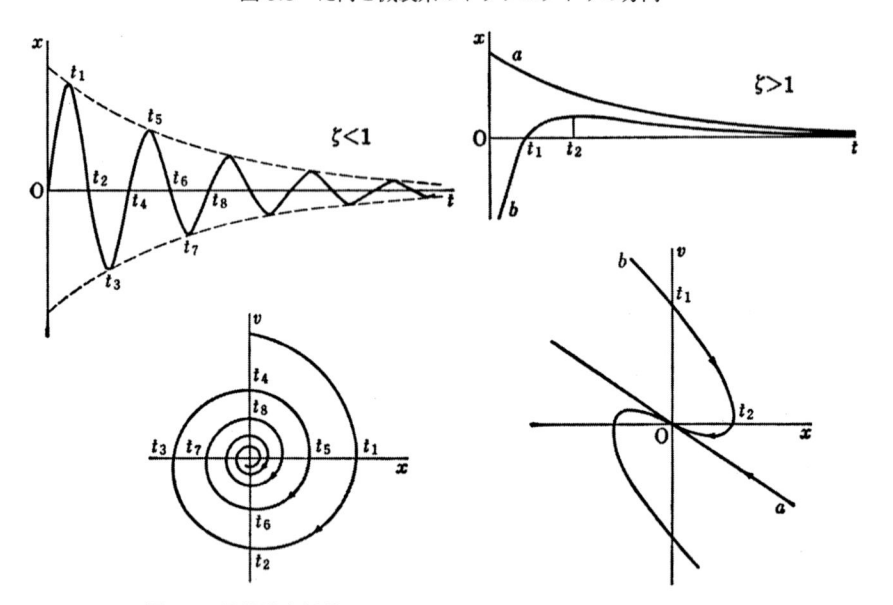

図 5.6　粘性減衰振動　　　　　図 5.7　超過減衰運動

となり，トラジェクトリの傾きは不減衰系の傾きより小さく，図 5.5 のようにだ円の外部より内側に向かっている．そして，$\zeta<1$ の減衰振動系では，図 5.6 のように状況点は原点の周りを回りつつ原点に限りなくちかづいてくる．この場合の特異点である原点を**焦点** (focal point)，あるいは**渦状点** (spiral point) とよんでいる．これに対して，$\zeta>1$ の超過減衰系では，位相平面トラジェクトリは図 5.7 のように x 軸を 1 回横切るか，または全く交わることなく原点にちかづいてくる．このような特異点をとくに**結節点** (nodal point) という．

$f(x) = kx + \beta x^3 \ (k>0)$ の場合を考えてみよう．実際の問題では β は大きい数値ではない．式 (5.6) に相当する式は

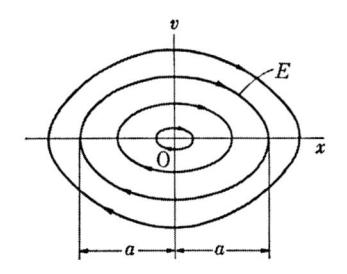

5.1 非線形復原力をもつ不減衰系の自由振動

図 5.8 漸硬ばね系の位相平面トラジェクトリ

$$mv\frac{dv}{dx} + kx + \beta x^3 = 0 \tag{5.19}$$

で，積分して

$$\frac{1}{2}mv^2 + \frac{1}{2}kx^2 + \frac{1}{4}\beta x^4 = E \tag{5.20}$$

が得られる．平衡点 $x = 0$, $v = 0$ の付近では $(1/4)\beta x^4$ は $(1/2)kx^2$ に比べて小さいから，位相平面トラジェクトリは図 5.8 のようなだ円形にちかい閉曲線を描く．最大振幅は $v = 0$ のときに起こり，式 (5.20) を解いて

$$x_{\max}^2 = a^2 = \frac{k}{\beta}\left(-1 + \sqrt{1 + \frac{4\beta E}{k^2}}\right) \tag{5.21}$$

が得られる．ただし β の正負いかんにかかわらず，常に $E > 0$, $a^2 > 0$ であるから，根号の符号は正にとってある．あるいは根号を 2 項展開することによって

$$\begin{aligned}a &= \sqrt{\frac{k}{\beta}}\sqrt{-1 + \left\{1 + \frac{1}{2}\left(\frac{4\beta E}{k^2}\right) - \frac{1}{8}\left(\frac{4\beta E}{k^2}\right)^2 + \cdots\right\}} \\ &= \sqrt{\frac{2E}{k}}\sqrt{1 - \frac{\beta E}{k^2}} = \sqrt{\frac{2E}{k}}\left(1 - \frac{1}{2}\frac{\beta E}{k^2} + \cdots\right)\end{aligned} \tag{5.22}$$

と書くことができる．すなわち線形系の振幅が $\sqrt{2E/k}$ であるのに対し，非線形の影響を考慮すると，同一エネルギーレベルにおいて漸硬ばね系では振幅は小さく，漸軟ばね系では大きくなる．

閉曲線が x, v の両軸に関して対称であることを考慮すれば，振動の周期は

$$T = 4\int_0^a \frac{dx}{\sqrt{2\{E - (k/2)x^2 - (\beta/4)x^4\}/m}} \tag{5.23}$$

で与えられる．a^2 は根号の中の量を 0 としたときの根であるから

のように因数分解することができる．ただし

$$b^2 = a^2 + \frac{2k}{\beta}$$

である．さらに $x = a\sin\theta$ とおいて，周期の式を書き直せば

$$T = 4\sqrt{2m}\int_0^{\pi/2} \frac{d\theta}{\sqrt{2k + \beta a^2 + \beta a^2 \sin^2\theta}}$$
$$= \frac{4}{\omega_\mathrm{n}}\int_0^{\pi/2} \frac{d\theta}{\sqrt{1 + (\beta a^2/2k)(1 + \sin^2\theta)}} \quad (5.24)$$

あるいは根号を展開したのち，積分すれば

$$T = \frac{2\pi}{\omega_\mathrm{n}}\left(1 - \frac{3}{8}\frac{\beta}{k}a^2 + \cdots\right) \quad (5.25)$$

で，非線形振動の周期は振幅 a に関係し，漸硬ばね系では周期は短く，漸軟ばね系では長くなる．

$\beta > 0$ のときは，式 (5.19) を書き直した

$$\frac{dv}{dx} = -\frac{kx + \beta x^3}{mv} \quad (5.26)$$

の特異点は $x = 0, v = 0$ で原点以外には存在せず，また式 (5.21) より振幅 a が必ず定まるから位相平面トラジェクトリは図 5.8 のように常に閉曲線となる．

振子の場合には，$\omega = \dot\theta$ とおいて式 (5.1) を書き直すと

$$J\omega\frac{d\omega}{d\theta} + Mgl\sin\theta = 0 \quad (5.27)$$

積分して

$$\frac{1}{2}J\omega^2 - Mgl\cos\theta = E_0$$

となる．あるいはこれを

$$\frac{1}{2}J\omega^2 + Mgl(1 - \cos\theta) = E \quad (5.28)$$

と書けば，E は力学エネルギーの和であって，負となることはない．エネルギーが大きくて $E > 2Mgl$ になると，常に $\omega^2 > 0$ でトラジェクトリは θ 軸を横切らな

い．このときは振子が安定な平衡点 (最下点) の付近で振動しないで，支点の周りに回転運動する．$0 < E < 2Mgl$ のとき式 (5.28) は $(2n\pi, 0)$ $(n = 0, \pm 1, \cdots)$ を囲む閉曲線となり，振子は周期的に運動する．このときの振幅 α は

$$\cos\alpha = 1 - \frac{E}{Mgl} \tag{5.29}$$

から求められ，振子の周期は

$$T = 4\int_0^\alpha \frac{d\theta}{\sqrt{2\{E - Mgl(1 - \cos\theta)\}/J}}$$
$$= \frac{4}{\sqrt{2}}\sqrt{\frac{J}{Mgl}}\int_0^\alpha \frac{d\theta}{\sqrt{\cos\theta - \cos\alpha}}$$

となる．θ の代わりに $\sin(\theta/2) = \sin(\alpha/2)\sin\varphi$ で定義される新しい変数 φ を用いると

$$T = \frac{4}{\sqrt{Mgl/J}}\int_0^{\pi/2} \frac{d\varphi}{\sqrt{1 - \sin^2(\alpha/2)\sin^2\varphi}} \tag{5.30}$$

として，だ円積分 (第 1 種完全だ円積分) を用いて表される．振子の周期は振幅が増すにしたがって大きくなり，もはや等時性は成立しない．これは振子の復原力が軟性ばねとしての性格をもつことに起因する．

振子の振動の位相平面上の**セパラトリックス** (separatrix：位相平面をそれぞれ性質の異なる領域に分かつ曲線) は $E = 2Mgl$ のときに起こり，このときエネルギー式 (5.28) は

$$\frac{1}{2}J\omega^2 = 2Mgl\cos^2\left(\frac{\theta}{2}\right) \tag{5.31}$$

となる．この式は**鞍形点** (saddle point：$\{(2n + 1)\pi, 0\}$ $(n = 0, 1, \cdots)$) を通る曲線を表し，図 5.9 のようにこの曲線によって振子の運動は回転運動と振動とに分けられる．

5.2 非線形減衰力が働く系の自由振動

空気や水をはじめ物体に接する流体の速度が大きくなると，物体に働く力は速度の 2 乗に比例するようになる．また固体面の間に働く摩擦力は一般には相対すべり速度の関数になるなど，減衰力は必ずしも速度に比例するとは限らず，

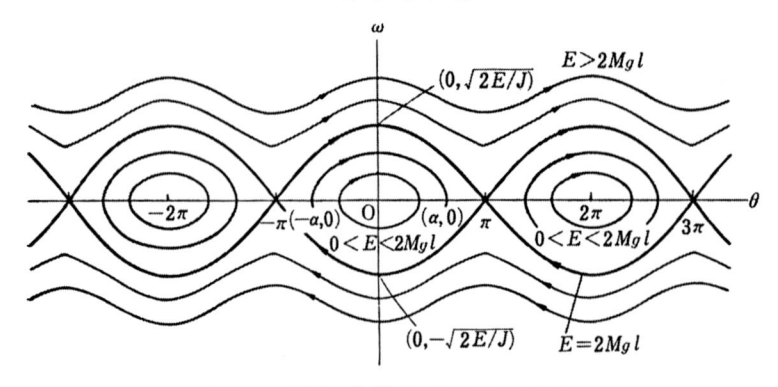

図 5.9 振子の位相平面トラジェクトリ

むしろ非線形のものが多い．したがって，これを $-\varphi(\dot{x})$ と書けば，運動方程式は

$$m\ddot{x} + \varphi(\dot{x}) + kx = 0 \tag{5.32}$$

で，トラジェクトリは

$$\frac{dv}{dx} = -\frac{kx + \varphi(v)}{mv} \tag{5.33}$$

を解いて得られる．$\varphi(v)$ が常に速度 v と同符号か，常に逆符号のときは周期運動は起こらない．その理由は次のように考えれば明らかである．周期解が存在するものとして，式 (5.3) を閉じたトラジェクトリについて積分すれば

$$\oint mvdv + \oint \varphi(v)dx + \oint kxdx = 0 \tag{5.34}$$

となる．記号 $\oint$ は閉曲線に沿って矢印の方向に 1 回積分することを意味している．左辺の第 1 項と第 3 項の積分は周期運動では 0 となる．しかし第 2 項の積分は T を周期として

$$\oint \varphi(v)dx = \int_t^{t+T} v\varphi(v)dt$$

となるが，$v\varphi(v)$ の符号が常に正か負であるから，その値は 0 となることはない．したがってトラジェクトリは閉曲線とはならない．式 (5.33) を書き直せば

$$\frac{dv}{dx} = -\omega_\mathrm{n}^2 \frac{x}{v} - \frac{1}{m}\frac{\varphi(v)}{v}$$

で，減衰のない系のトラジェクトリとは異なった傾きをもっている．$v\varphi(v) > 0$ のときは，図 5.10(a) のように平衡点である原点にちかづくトラジェクトリをも

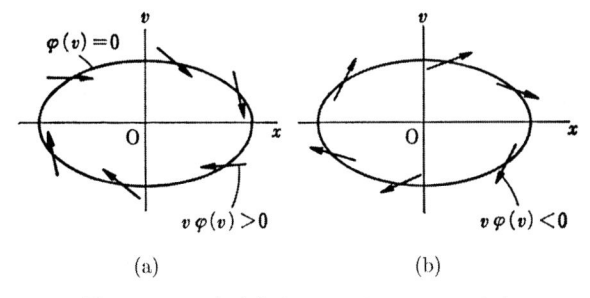

図 5.10 正，負減衰系のトラジェクトリの方向

つ減衰振動で，$v\varphi(v) < 0$ のときは，これとは逆に同図 (b) のように平衡点から外部に発散する負減衰振動となる．

5.3 自 励 振 動

運動方程式
$$m\ddot{x} + \varphi(\dot{x}) + kx = 0 \tag{5.35}$$

において，$\varphi(\dot{x})$ が常に $\dot{x}$ と同符号のときは，速度と逆向きの抵抗が働くので減衰振動が起こり，$\varphi(\dot{x})$ が $\dot{x}$ と逆符号になると，速度と同じ向きに力 (負抵抗) が働いて振動が発散する．運動が減衰も発散もしないで，一定の周期運動が起こるとすれば，$\varphi(\dot{x})$ が $\dot{x}$ と一定の符号をもたないときでしかありえない．

いま一つの例として
$$\varphi(\dot{x}) = -c\dot{x} + \gamma \dot{x}^3 \quad (c > 0, \gamma > 0) \tag{5.36}$$

で表される対称形の減衰力特性をもつ振動系の運動を考えてみよう．ここで
$$x_1 = \omega_n \sqrt{\frac{3\gamma}{c}} x, \quad t_1 = \omega_n t, \quad \frac{k}{m} = \omega_n^2, \quad \varepsilon = \frac{c}{m\omega_n} > 0$$

とおいて式 (5.35) を書き直せば
$$\frac{d^2 x_1}{dt_1^2} - \varepsilon \left\{ \frac{dx_1}{dt_1} - \frac{1}{3}\left(\frac{dx_1}{dt_1}\right)^3 \right\} + x_1 = 0$$

簡単のため x_1 と t_1 の添字を省略すればレーリーの式
$$\ddot{x} - \varepsilon \left(\dot{x} - \frac{1}{3}\dot{x}^3 \right) + x = 0$$

表 5.1 特異点分類表

$(b-c)^2 + 4ad > 0$ $\begin{cases} ad-bc < 0 \\ ad-bc > 0 \end{cases}$	結節点 鞍形点	$\begin{cases} b+c < 0 \\ b+c > 0 \end{cases}$	安 定 不安定
$(b-c)^2 + 4ad < 0$ $\begin{cases} b+c = 0 \\ b+c \neq 0 \end{cases}$	渦心点 焦 点	$\begin{cases} b+c < 0 \\ b+c > 0 \end{cases}$	安 定 不安定
$(b-c)^2 + 4ad = 0$	結節点	$\begin{cases} b+c < 0 \\ b+c > 0 \end{cases}$	安 定 不安定

が得られる．$\dot{x} = v$ としてこの式を

$$\frac{dv}{dx} = \frac{\varepsilon\left(v - v^3/3\right) - x}{v} \tag{5.37}$$

と書けば，その特異点は

$$\frac{dv}{dx} = \frac{\varepsilon v - x}{v} \tag{5.38}$$

のそれと同じであることがポアンカレ (Poincare) によって証明されており，原点だけである．式 (5.38) の一般形は

$$\frac{dv}{dx} = \frac{ax + bv}{cx + dv} \tag{5.39}$$

で与えられるが，この式の特異点は係数の大きさ ($ad \neq bc$ として) によって表5.1 のように分類される．この結果を式 (5.38) にあてはめると，ε が小さいときは不安定な焦点であるが，ε が大きくなると不安定な結節点となり，いずれにしても原点付近の点は時間の経過とともに原点から遠ざかる．これは原点付近において $|\dot{x}| \gg |\dot{x}^3|$ で，式 (5.37) が負減衰系となるからである．原点から遠ざかると逆に $|\dot{x}| \ll |\dot{x}^3|$ となり，正減衰系となって状況点が無限の遠方に去ることはない．減衰力に速度を乗じた

$$\dot{E} = \varepsilon \dot{x}\left(\dot{x} - \frac{\dot{x}^3}{3}\right) \tag{5.40}$$

は系に入るパワーであるが，$|\dot{x}|$ が小さいときは $\dot{E} > 0$ でエネルギーが流入し，$|\dot{x}|$ が大きくなると $|\dot{x}| < 0$ となってエネルギーが流出することからも上記のことが予想され，もし点が無限の遠方に去らないとすれば，トラジェクトリは一定の閉曲線に限りなくちかづくはずである．

式 (5.37) のトラジェクトリを描いてみると，$x = \varepsilon(v - v^3/3)$ は図 5.11 の破線で示す 3 次の放物線で，**特性曲線** (characteristics curve) とよばれる．トラ

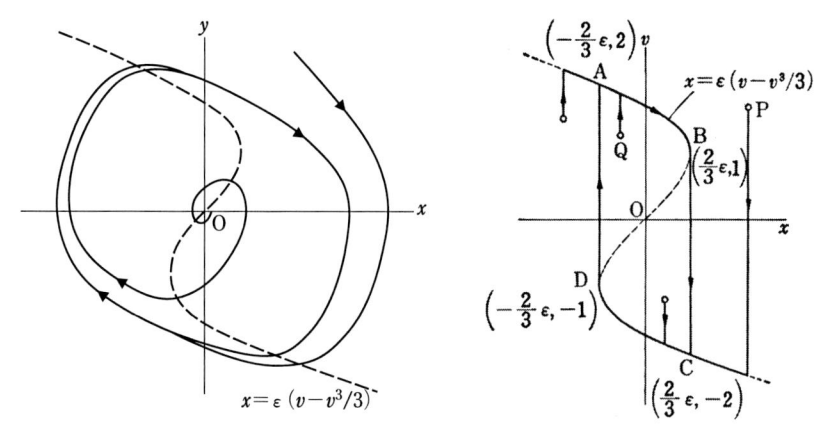

図 5.11 自励系の位相平面トラジェクトリとリミットサイクル

図 5.12 弛緩振動の位相平面トラジェクトリ

ジェクトリの傾きは特性曲線上では 0 で，x 軸上では垂直になる．この系のトラジェクトリは内側からも外側からも一つの閉曲線にちかづき，系は周期運動をすることになる．この閉曲線をポアンカレは**リミットサイクル** (limit cycle) と名づけている．

ε が小さいときはこの特性曲線は v 軸にちかくなり，リミットサイクルは円状になる．その結果，系の振動は減衰のない線形振動と似たものとなって，トラジェクトリはきわめて徐々にしかリミットサイクルにちかづかない．

逆に ε が大きいと，特性曲線 $x = \varepsilon(v - v^3/3)$ 上では $dv/dx = 0$ となるが，この曲線外の点では，傾き $|dv/dx|$ が大きくなる．ε が極端に大きくなると，トラジェクトリはこの曲線上でのみ有限な傾きをもち，他の点では v 軸に平行な直線となる．したがって，位相平面上のどの点から出発しても，図 5.12 のように v 軸に平行に直ちに特性曲線に到達し，ついで閉曲線 ABCDA に沿った経路で，位相平面上を運動する．閉曲線 ABCDA はこの場合のリミットサイクルで，この曲線に沿った周期運動では，BC，DA 線上の経過時間はごく短くて，速度と変位の時間的な変化は図 5.13 のような波形となる．そしてそのときの周期は

$$T = \oint \frac{dx}{v} = 2\int_{-(2/3)\varepsilon}^{(2/3)\varepsilon} \frac{dx}{v} = 2\varepsilon \int_2^1 \left(\frac{1}{v} - v\right) dv = 2\varepsilon \left|\ln v - \frac{1}{2}v^2\right|_2^1 = 1.614\varepsilon \tag{5.41}$$

である．このような定常振動を**弛緩振動**(relaxation vibration) とよんでいる．

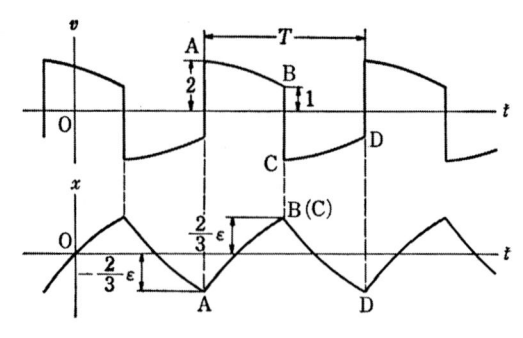

図 5.13 弛緩振動

弛緩振動は空気ハンマーなど工場でもみられるが，風にゆれる旗や蛇口における水の音など日常生活でもしばしば経験する．

5.4 非線形復原力をもつ系の強制振動

対称形復原力特性をもつ粘性減衰系に正弦加振力が作用する場合の振動を考えてみよう．運動方程式は

$$m\ddot{x} + c\dot{x} + kx + \beta x^3 = F_0 \sin\omega t \tag{5.42}$$

と書けるが，この式はダフィング (Duffing) の方程式として知られている．式中に時間 t が陽に含まれているため，自由振動の場合のような位相平面を用いた取り扱いができない．

減衰のある線形系では時間の経過とともにやがて振動は定常状態に達し，加振力と等しい振動数の強制振動が起こるが，非線形振動系においてもこれと同じ形の定常振動が起こりうる可能性は十分予想され，事実，実験によってもこのような振動が観測されている．したがって式 (5.42) は

$$x = A\sin(\omega t - \varphi)$$

の形の近似解をもつと考えてもさしつかえない．取り扱いを簡単にするために，式 (5.42) とその解の位相を φ だけ速めてやれば

$$m\ddot{x} + c\dot{x} + kx + \beta x^3 = F\sin(\omega t + \varphi) \tag{5.43}$$

$$x = A\sin\omega t \tag{5.44}$$

この場合，振幅 A と位相 φ は未知量で，次の関係から求められる．まず，式 (5.44) を式 (5.43) に代入し，$\sin^3 \omega t = (3/4)\sin \omega t - (1/4)\sin 3\omega t$ の関係を用いてすべての項を sin と cos で表したのち，それらの係数を比較することによって

$$\left. \begin{array}{l} (\omega_{\mathrm{n}}^2 - \omega^2)A + \dfrac{3}{4}\varepsilon A^3 = f_0 \cos\varphi \\ 2\zeta\omega_{\mathrm{n}}\omega A = f_0 \sin\varphi \end{array} \right\} \quad (5.45)$$

が得られる．ここで

$$\omega_{\mathrm{n}} = \sqrt{\frac{k}{m}}, \quad \zeta = \frac{c}{2\sqrt{mk}}, \quad \varepsilon = \frac{\beta}{m}, \quad f_0 = \frac{F_0}{m} \quad (5.46)$$

としてある．式 (5.45) のおのおのの式の両辺を平方したのち加えると

$$\left\{ (\omega_{\mathrm{n}}^2 - \omega^2)A + \frac{3}{4}\varepsilon A^3 \right\}^2 + (2\zeta\omega_{\mathrm{n}}\omega A)^2 = f_0^2 \quad (5.47)$$

とくに $\varepsilon = \beta/m = 0$ のときは，この式から直ちに線形振動の式 (2.66)

$$A = \frac{f_0}{\sqrt{(\omega_{\mathrm{n}}^2 - \omega^2)^2 + (2\zeta\omega_{\mathrm{n}}\omega)^2}}$$

が得られる．$\varepsilon \neq 0$ のときは式 (5.47) は A^2 に関する 3 次方程式で，これを満足する根 A は与えられた ω と f_0 に対してただ一つの正根をもつか，あるいは三つの正根 (このうち二つが等根である場合を含む) をもつ．すなわち，線形系では一つの実根をもち，ω と A とは 1:1 対応関係にあったのが，非線形振動系では共振点付近で三つの実根をもち，そのため図 5.14 のように右か ($\beta > 0$) 左か ($\beta < 0$) へ傾いた振幅曲線が得られる．このことは不減衰系の自由振動を調べてみるとよく理解することができる．すなわち漸硬ばね系では

$$A = \sqrt{\frac{4}{3\varepsilon}(\omega^2 - \omega_{\mathrm{n}}^2)} \qquad (\beta > 0,\ \omega > \omega_{\mathrm{n}}) \quad (5.48)$$

で，漸軟ばね系では

$$A = \sqrt{-\frac{4}{3\varepsilon}(\omega_{\mathrm{n}}^2 - \omega^2)} \qquad (\beta < 0,\ \omega < \omega_{\mathrm{n}}) \quad (5.49)$$

となる．これら図 5.14 に示す各振幅の背骨に当たる曲線自体，β が正か負かによって右か左にわん曲している．

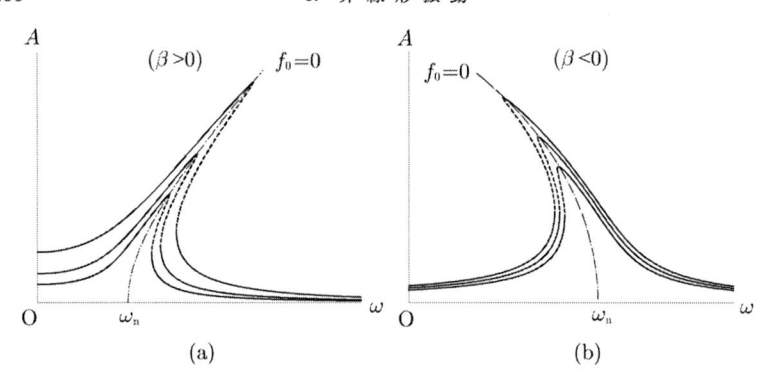

図 5.14 非線形振動系の振幅曲線

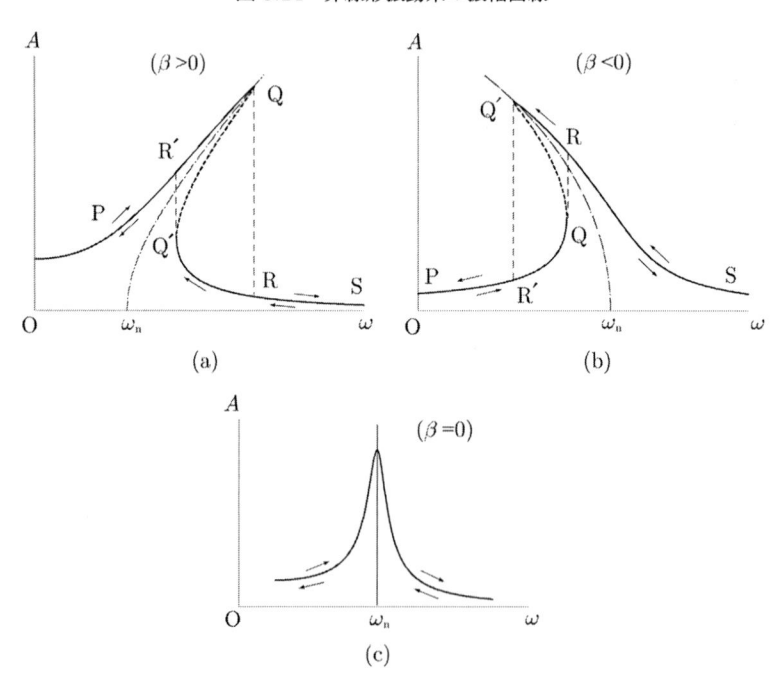

図 5.15 非線形振動系の振幅曲線 (ジャンプ現象)

いま漸硬ばね系 ($\beta > 0$) において，加振振動数を低い振動数から徐々に上げてゆくと振動の振幅は次第に大きくなるが，図 5.15(a) の P 点から R′ 点を経て Q 点に達すると，振幅は急に減少して R 点に飛び移る．さらに振動数を増すと，振幅はゆるやかに減少してゆく．逆に振動数を下げてゆくときは，曲線 SR に沿って Q′ 点に達したとき急激に R′ 点に飛び上がる．漸軟ばね系 ($\beta < 0$)

においてもこれと同様な現象が起こるが，図 5.15(b) にみられるように，振動数を徐々に上げて Q 点にいたると，振幅は逆に R 点まで急激に上がり，振動数を下げて Q′ 点に達すると急に R′ 点へ下がるのが，漸硬ばね系と異なっている．このような線形振動系にはみられない非線形系に特有な現象を**ジャンプ現象** (jump phenomenon) とよんでいる．

曲線 QQ′ に対応する振幅の振動は不安定で，実際には起こりにくい．その理由は曲線 QQ′ 以外では，一定の振動数において加振力 f_0 が増すと振幅 A が増加して $\partial A/\partial f_0 > 0$ となるのに対し，曲線 QQ′ 上では，逆に A が減少して $\partial A/\partial f_0 < 0$ となるからである．

式 (5.47) で与えられる振幅曲線の接線が A 軸と平行になる点の軌跡は $d\omega/dA = 0$ を満たすから

$$\left\{(\omega_n^2 - \omega^2) + \frac{3}{4}\varepsilon A^2\right\}\left\{(\omega_n^2 - \omega^2) + \frac{9}{4}\varepsilon A^2\right\} + (2\zeta\omega_n\omega)^2 = 0 \quad (5.50)$$

で，とくに $\zeta = 0$ のときは，$\beta > 0$ に対してこの式を解いて

$$A_1 = \sqrt{\frac{4}{3\varepsilon}(\omega^2 - \omega_n^2)}, \quad A_2 = \sqrt{\frac{4}{9\varepsilon}(\omega^2 - \omega_n^2)} \quad (5.51)$$

が得られる．図 5.16(a) の 2 本の鎖線がこれを示している．$\zeta \neq 0$ のときは，この軌跡は図の破線のようになり，その内側の領域にある振幅の振動が不安定となる．$\beta < 0$ のときは図 5.16(b) のようになる．

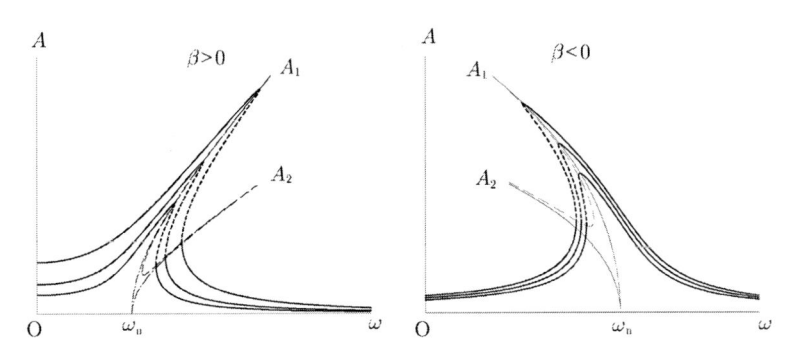

図 5.16 非線形振動系の振幅曲線 (不安定領域)

5.4.1 分数調波振動

線形系の強制振動では加振力の振動数に等しい振動のみが起こったが,非線形の系では加振力の振動数の 2, 3, ⋯ 倍といった整数倍の振動数をもった**高調波振動** (higher harmonic vibration) と,さらに加振振動数の 1/2, 1/3, ⋯ 倍の振動数をもつ**分数調波振動** (subharmonic vibration) といわれる振動が起こる.
一例として

$$m\ddot{x} + kx + \beta x^3 = F_0 \sin\omega t \tag{5.52}$$

の振動系に 1/3 次分数調波振動が起こることを示そう.ここで, m, k, β, F_0 はすべて正の量としておく.式 (5.52) を式 (5.46) の記号を用いて書き直すと

$$\ddot{x} + \omega_n^2 x + \varepsilon x^3 = f_0 \sin\omega t \tag{5.53}$$

いま x の近似値として

$$x = A_{1/3} \sin\frac{1}{3}\omega t + A_1 \sin\omega t \tag{5.54}$$

を仮定し,式 (5.53) に代入しよう.式 (5.45) を導いたのと同様の計算によって $\sin(\omega t/3)$ と $\sin\omega t$ の係数を比較すると

$$\left.\begin{aligned}
A_{1/3}\left\{\left(\omega_n^2 - \frac{1}{9}\omega^2\right) + \frac{3}{4}\varepsilon\left(A_{1/3}^2 - A_{1/3}A_1 + 2A_1^2\right)\right\} &= 0 \\
(\omega_n^2 - \omega^2)A_1 + \frac{1}{4}\varepsilon\left(3A_1^3 - A_{1/3}^3 + 6A_{1/3}^2 A_1\right) &= f_0
\end{aligned}\right\} \tag{5.55}$$

$A_{1/3} = 0$ のときは式 (5.55) の第 1 式は常に満足され,第 2 式は

$$(\omega_n^2 - \omega^2)A_1 + \frac{3}{4}\varepsilon A_1^3 = f_0 \tag{5.56}$$

となって不減衰系の強制振動を与える. $A_{1/3} \neq 0$ として式 (5.55) の二つの式より ω^2 を消去すれば

$$51A_1^3 - 27A_{1/3}A_1^2 + \left(21A_{1/3}^2 + 32\frac{\omega_n^2}{\varepsilon}\right)A_1 + \left(A_{1/3}^3 + 4\frac{f_0}{\varepsilon}\right) = 0 \tag{5.57}$$

また,式 (5.55) の第 1 式より

$$\left(\omega_n^2 - \frac{1}{9}\omega^2\right) + \frac{3}{4}\varepsilon(A_{1/3}^2 - A_{1/3}A_1 + 2A_1^2) = 0 \tag{5.58}$$

が得られるが，これを $A_{1/3}$ について解くと

$$A_{1/3} = \frac{1}{2}\left\{A_1 \pm \sqrt{\frac{16}{27\varepsilon}(\omega^2 - 9\omega_\mathrm{n}^2) - 7A_1^2}\right\} \tag{5.59}$$

$A_{1/3}$ は実数でなくてはならないから，根号内の量は正で

$$\omega^2 \geq 9\left(\omega_\mathrm{n}^2 + \frac{21\varepsilon}{16}A_1^2\right) \tag{5.60}$$

となる．こうして少なくとも式 (5.60) を満足する高い振動数で加振するとき，1/3 分数調波振動が発生することがわかる．式 (5.60) で等号をとる振動数は分数調波振動の発生の限界値で，このとき分数調波振動の振幅は

$$A_{1/3} = \frac{1}{2}A_1 \tag{5.61}$$

となる．これを式 (5.57) に代入すれば

$$\frac{343}{32}\varepsilon A_1^3 + 8\omega_\mathrm{n}^2 A_1 + f_0 = 0$$

ω_n^2, ε, f_0 はいずれも正としたから，この式はただ一つの正根をもつ．A_1 の第 1 近似値として第 1 項を無視した式より

$$A_1 = -\frac{f_0}{8\omega_\mathrm{n}^2} \tag{5.62}$$

この値を同じ式の左辺の第 1 項に代入すると，A_1 の第 2 近似値

$$A_1 = -\frac{f_0}{8\omega_\mathrm{n}^2}\left(1 - \frac{343}{16384}\varepsilon\frac{f_0^2}{\omega_\mathrm{n}^2}\right) \tag{5.63}$$

が得られ，式 (5.60) より分数調波振動が発生する振動数は

$$\omega = 3\sqrt{\omega_\mathrm{n}^2 + \frac{21}{1024}\varepsilon\frac{f_0^2}{\omega_\mathrm{n}^4}} \approx 3\omega_\mathrm{n} \tag{5.64}$$

となる．

5.5 可変ばね系の振動——係数励振型自励振動

5.5.1 解の性質

自励振動の一つの例に係数が時間とともに変化する運動,すなわち

$$\ddot{x} + K(t)x = 0 \tag{5.65}$$

がある.とくに $K(t)$ が時間 t の周期的な偶関数の場合は**ヒルの方程式** (Hill's equation) とよばれ,振動以外の物理学や工学の問題にもよく出てくる.これは線形の微分方程式であるが,厳密な解を求めにくいのでこの章で取り扱う.

いま $K(t)$ を T を周期とする周期関数であるとして,式 (5.65) の二つの独立な解を $x_1(t)$ および $x_2(t)$ とすれば,$x_1(t+T)$ および $x_2(t+T)$ も式 (5.65) の解であるから

$$\left. \begin{array}{l} x_1(t+T) = a_{11}x_1(t) + a_{12}x_2(t) \\ x_2(t+T) = a_{21}x_1(t) + a_{22}x_2(t) \end{array} \right\} \tag{5.66}$$

のように書くことができる.ここで a_{11}, a_{12}, a_{21}, a_{22} は定数である.いま $x = x(t)$ が式 (5.65) の一つの解であるとすれば

$$x(t) = Ax_1(t) + Bx_2(t)$$

で,1 周期のちには式 (5.66) により

$$\begin{aligned} x(t+T) &= Ax_1(t+T) + Bx_2(t+T) \\ &= (Aa_{11} + Ba_{21})x_1(t) + (Aa_{12} + Ba_{22})x_2(t) \end{aligned} \tag{5.67}$$

となる.もし

$$\frac{Aa_{11} + Ba_{21}}{A} = \frac{Aa_{12} + Ba_{22}}{B} = s$$

が一定の比 s をもつものとすれば

$$x(t+T) = sAx_1(t) + sBx_2(t) = sx(t)$$

で,$x(t)$ は 1 周期ののちに s 倍,2 周期のちに s^2 倍,$\cdots$ となり,$|s|$ が 1 より大きいか小さいかにしたがって,振幅は時間とともに増加するか,逆に減少す

る．こうして式 (5.65) の一つの解として

$$x(t) = e^{\lambda t}\varphi(t) \qquad (s = e^{\lambda T}) \tag{5.68}$$

が存在することがわかる．ただし $\varphi(t)$ は t の周期関数である．式 (5.65) の $K(t)$ が偶関数のときは，式 (5.65) は t の代わりに $-t$ とおいても変わらないから

$$x(t) = e^{-\lambda t}\varphi(-t) \tag{5.69}$$

という解も存在しなければならない．結局，A, B を任意定数として式 (5.65) の一般解は

$$x(t) = Ae^{\lambda t}\varphi(t) + Be^{-\lambda t}\varphi(-t) \tag{5.70}$$

で表される．これを**フロッケの理論** (Floquet theory) という．ヒルの方程式 (5.65) の解 (5.70) は増幅 (発散) 形の解と減衰 (収束) 形の解とからなり，その増幅率と減衰率とは相等しい．

5.5.2　マシュー方程式とその例

図 5.17 のように，長さ l，質量 m の単振子の支点を上下に加振するときの振子の運動を考えてみよう．振子の質量には重力のほかに支点の運動による慣性力 $mA\omega^2\cos\omega t$ が働くので，運動方程式は

$$ml^2\ddot{\theta} = -(mg - mA\omega^2\cos\omega t)l\sin\theta$$

となる．$\sin\theta \approx \theta$ とみなしうる範囲では

$$\ddot{\theta} + (\omega_\mathrm{n}^2 - \alpha^2\cos\omega t)\theta = 0 \tag{5.71}$$

で，これを**マシュー方程式** (Mathieu equation) とよんでいる．ここで，$\omega_\mathrm{n}^2 = g/l$, $\alpha^2 = A\omega^2/l$ を表す．

この形の方程式に支配される振動の例は他にも多く，図 5.18 のように質量 m がリンクとばね k で支持され，リンクのしゅう動端に周期力 $F_0\cos\omega t$ が作用するときの質量の横振動もその一つである．質量 m には横方向にばね力 kx のほか，周期力の成分 $(x/l)F_0\cos\omega t$ が働くから

$$m\ddot{x} = -kx + \frac{x}{l}F_0\cos\omega t \tag{5.72}$$

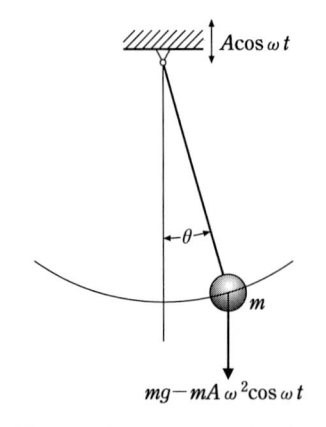

図 5.17 支点が上下振動する振子 **図 5.18** リンクの横振動

で, $\omega_n^2 = k/m$, $\alpha^2 = F_0/lm$ とおけば式 (5.71) の形になる.

また横振動する弦の張力が

$$T = T_0(1 - \gamma \cos \omega t)$$

のように時間とともに余弦的に変化すれば, 運動方程式 (4.1) は

$$\rho \frac{\partial^2 y}{\partial t^2} = T_0(1 - \gamma \cos \omega t) \frac{\partial^2 y}{\partial x^2} \tag{5.73}$$

となる. $y(x,t) = Y(t) \sin \beta x$ とおき, 式 (5.73) に代入すると

$$\ddot{Y} + \frac{\beta^2 T_0}{\rho}(1 - \gamma \cos \omega t) Y = 0 \tag{5.74}$$

で, $\omega_n^2 = \beta^2 T_0/\rho$, $\alpha^2 = \gamma \beta^2 T_0/\rho$ とおけば式 (5.74) は式 (5.71) の形になる.

式 (5.71) において, θ を x に置き換え, 時間の尺度を変換して

$$\omega t = \tau, \quad \omega_n = p\omega, \quad \alpha = q\omega$$

とおけば

$$\frac{d^2 x}{d\tau^2} + (p^2 - q^2 \cos \tau)x = 0 \tag{5.75}$$

となる. この方程式の解は少々面倒なので, これにちかい復元力が 1/2 サイクルごとに階段的に変化する系の振動を調べてみよう.

5.5.3 階段的な可変ばね系の振動

1/2 サイクルごとの運動方程式が

$$\left. \begin{array}{l} \dfrac{d^2x}{d\tau^2} + (p^2 - q^2)x = 0 \quad (0 < \tau < \pi) \\[2mm] \dfrac{d^2x}{d\tau^2} + (p^2 + q^2)x = 0 \quad (\pi < \tau < 2\pi) \end{array} \right\} \quad (5.76)$$

で与えられるとき，$p^2 - q^2 = p_1^2$, $p^2 + q^2 = p_2^2$ とおけば，その一般解は

$$\left. \begin{array}{l} x_1(\tau) = A_1 \sin p_1\tau + B_1 \cos p_1\tau \quad (0 < \tau < \pi) \\ x_2(\tau) = A_2 \sin p_2\tau + B_2 \cos p_2\tau \quad (\pi < \tau < 2\pi) \end{array} \right\} \quad (5.77)$$

と書ける．A_1, B_1 と A_2, B_2 はそれぞれ積分定数で，この系の振動の解は半サイクルごとに変位と速度を接続することによって得られる．いまある時刻 $\tau = 0$ と 1 サイクルのちにおける変位と速度の比を s とすれば

$$\left. \begin{array}{ll} x_1(\pi) = x_2(\pi), & \dfrac{dx_1}{d\tau}(\pi) = \dfrac{dx_2}{d\tau}(\pi) \\[2mm] x_2(2\pi) = s x_1(0), & \dfrac{dx_2}{d\tau}(2\pi) = s \dfrac{dx_1}{d\tau}(0) \end{array} \right\} \quad (5.78)$$

これに式 (5.77) を入れると係数 A_1, B_1 ； A_2, B_2 に関する 1 次方程式が得られるが，これらの係数のすべてが 0 にならないためには，次の条件が満足されなくてはならない．

$$\begin{vmatrix} \sin \pi p_1 & \cos \pi p_1 & -\sin \pi p_2 & -\cos \pi p_2 \\ p_i \cos \pi p_1 & -p_1 \sin \pi p_1 & -p_2 \cos \pi p_2 & p_2 \sin \pi p_2 \\ 0 & -s & \sin 2\pi p_2 & \cos 2\pi p_2 \\ -sp_1 & 0 & p_2 \cos 2\pi p_2 & -p_2 \sin 2\pi p_2 \end{vmatrix} = 0$$

これを展開すると

$$\left. \begin{array}{l} s^2 - 2Ns + 1 = 0 \\[2mm] N = \cos \pi p_1 \cos \pi p_2 - \dfrac{p_1^2 + p_2^2}{2 p_1 p_2} \sin \pi p_1 \sin \pi p_2 \end{array} \right\} \quad (5.79)$$

で，この式を解いて

$$s = N \pm \sqrt{N^2 - 1} \quad (5.80)$$

が得られる．こうして 1 サイクルごとの振幅比 s は p_1, p_2, すなわち系に固有の数値だけで決まり，初期条件には関係しない．そして

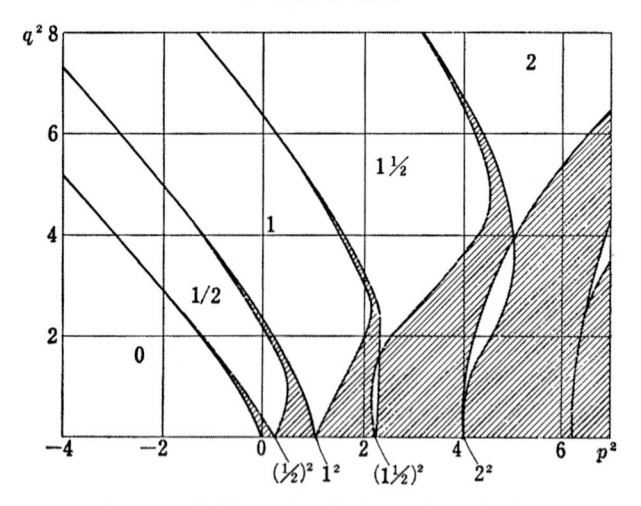

図 5.19 階段的な可変ばね系の振動の安定領域

(1)　　$1 < N$　　　のとき　sの一つは正で1より大
(2)　$-1 \leq N \leq 1$　のとき　sは複素数で，絶対値が1
(3)　　$N < -1$　　のとき　sの一つは負で-1より小

となる．(2)のsの絶対値が1のときは振幅が増幅されることなく安定であるのに対して，(1)および(3)の場合はsの絶対値が1より大となり，振幅が次々と増大して振動は不安定となる．

図 5.19 は横軸にp^2を，縦軸にq^2をとって，式(5.79)のNの値から安定限界を求めたものである．図中の実線は$N = 1$，破線は$N = -1$の場合に対応しており，斜線の範囲内で運動は安定である．1/2, 1, 1 1/2, … の数字は復原力が1サイクル変化する間に起こる系の振動の回数を表している．$p^2 < 0$は復原力(の平均値)が負の系に相当し，記号0を付した領域は通常非周期的な不安定振動が起こる範囲を示している．$p^2 < 0$で，本来ならば運動が不安定となる領域においても，復原力の変動分であるq^2との組合せによっては不安定な振動が起こりうることがわかる．$p^2 > 0$のときはq^2が増加するにつれて不安定振動が発生するが，$p = 1/2, 1, 1 1/2, \cdots$においてはすでに$q^2 = 0$から不安定領域が現れている．とくに，$p = 1/2$，すなわち復原力の振動数$\omega$が系の固有振動数$\omega_n$の2倍になると，復原力の変動成分が小さくても激しい自励振動が発生する．

問 題 5

5.1 粘性減衰系の変位 $x = Ae^{-\zeta\omega_n t}\sin(\omega_d t + \varphi)$ と，これから導かれる速度 v に 1 次変換

$$\xi = \omega_d x, \quad \eta = \zeta\omega_n x + v$$

を行なうと，$\xi - \eta$ 平面上で対数ら線を描くことを証明せよ．また，$\xi - \eta$ 平面上に $\zeta = 0.2$ と 0.5 の場合のトラジェクトリを描いてみよ．

5.2 図 5.20 に示す非線形ばね系の固有振動数を求めよ．ただし中央の釣り合い位置ではばねに力は働いていないものとする．この場合の位相平面トラジェクトリはどのようになるか．

5.3 図 5.21 に示す遊隙のあるばね－質量系の固有振動数を求めよ．振動の振幅が増すにつれて振動数はどのように変化するか．

5.4 図 5.22 のように水平に移動しうる物体に，水平方向と α の角をなす長さ l_0 のばねが取り付けられている．
 (1) 運動方程式を導け．
 (2) 変形－復原力曲線を描け．
 (3) $\alpha = 45°$ として，物体にある初期変位が与えられたときの位相平面トラジェクトリを求めよ．

5.5 微小振動の周期が T_0 に等しい粒子を $60°$ の振幅で振動させると，周期はいくらになるか．

5.6 図 5.23 のように壁と衝突を繰り返す振子の振動を位相平面トラジェクトリを描いて調べよ．振子と壁の間の反発係数を e とする．

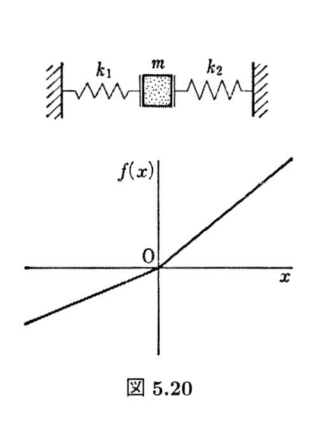

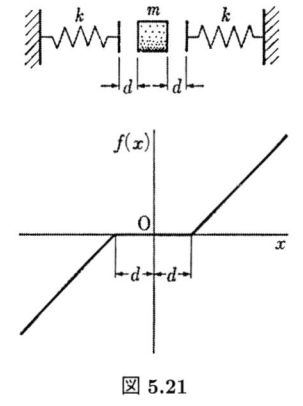

図 5.20

図 5.21

図 5.22

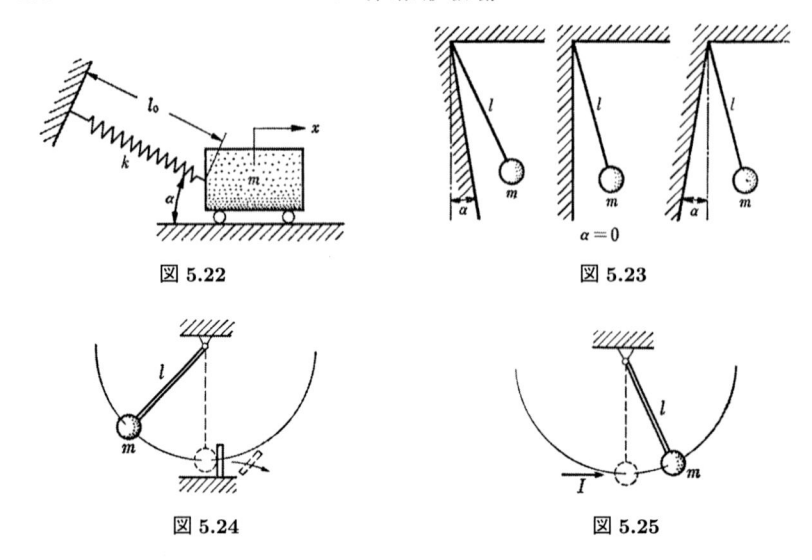

図 5.23

図 5.24

図 5.25

5.7 図 5.24 に示す衝撃試験機の振子が水平の位置から放されて落下し，最下点で試験片をたたく．破壊は瞬間に起こり，振子のもつエネルギーの 1/4 がこのために消費されるものとすれば，最初の 1 サイクルにおける振子の運動はどのようになるか．位相・平面トラジェクトリを用いて調べよ．

5.8 質量 m，微小振動の周期が T の振子が最下点を通過する瞬間に，毎回図 5.25 のように水平方向のインパルス I が加えられる．振子はどのような運動をするか． $m = 1.5\,\mathrm{kg}$, $T = 1\,\mathrm{s}$ の振子に毎回 $I = 0.95\,\mathrm{N \cdot s}$ のインパルスが働くときの運動を位相平面トラジェクトリを描いて調べよ．振子に働く摩擦力は小さくて省略できるものとする．

5.9 速度の 2 乗に比例する減衰力が働く振動系の運動方程式

$$m\ddot{x} \pm c\dot{x}^2 + kx = 0 \qquad (\dot{x} \gtreqless 0)$$

を積分して，変位と速度の関係を求めよ．

5.10 一般の変位－速度曲線において，任意の状況点 P における加速度の大きさは，P 点から x 軸に下した垂線の足と，P 点における積分曲線への法線が J 軸と交わる点との間の距離に等しいことを証明せよ．

5.11 包装物はコンテナの底につかえ (bottoming) ないように，図 5.26 に示す漸硬形の材料 (クッション) で保護されている．質量 m の物体 (要保護体) が h の高さからコンテナとともにかたい床の上に落下するとき，クッションの最大変位はいくらか．落下の際，クッションは床と非弾性的な衝突をするものとして計算せよ．

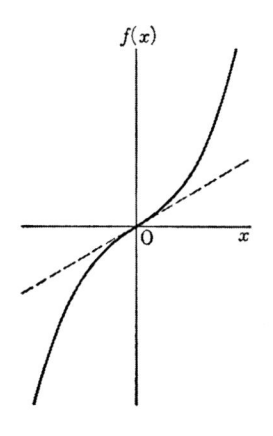

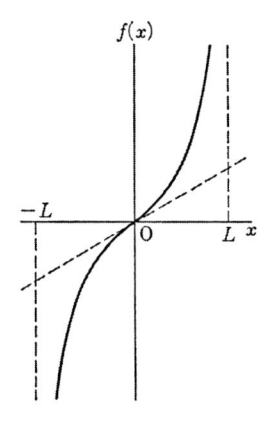

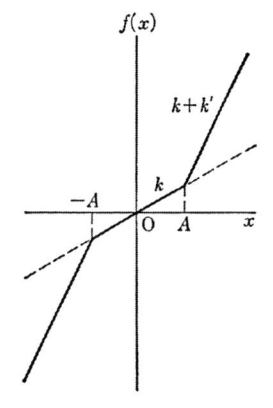

(a) $f(x) = kx + \beta x^3$　(b) $f(x) = \dfrac{2Lk}{\pi} \tan \dfrac{\pi x}{2L}$　(c) $f(x) = kx \ (0 < x < A)$, $kx + k'(x - A) \ (x > A)$

図 5.26

第6章

ランダム振動

 道路を走行する自動車や飛行中の航空機をはじめ，種々の機械や構造物に働く力や外乱には正弦関数や簡単な時間の関数で表されないものが多い．これらの振動や力の変化などを実際に測定し，記録してみると，一見複雑な波形をしている．そしてこのような振動には明らかに定義される周期性はなく，任意の時刻の振動の値を予測することができない．これを**ランダム振動** (random vibration) あるいは不規則振動といい，その性質を明らかにするためには統計的な手法によらなければならない．すなわちランダム振動では時間の関数 $x(t)$ の一つ一つの値が問題ではなくて，現象の背後にある振動の性質を知ることが重要だからである．

6.1 ランダム過程

6.1.1 ランダム変数と確率分布

機械のある振動を測って図 6.1 のようないくつかの時間記録

$$x_1(t), \ x_2(t), \ \cdots$$

を得たものとする．これらの記録の一つ一つは格別な意味をもっていない．このような不規則な関数が無数に多く集まったものを**集合** (ensemble) というが，一つ一つの記録は集合の中から任意に (無作為に) 取り出されたものである．個々の記録における時間関数が互いに等しくなくても，そこに何らかの共通した性質が認められるならば，不規則関数の集合に関する理論が存在するはずである．

6.1 ランダム過程

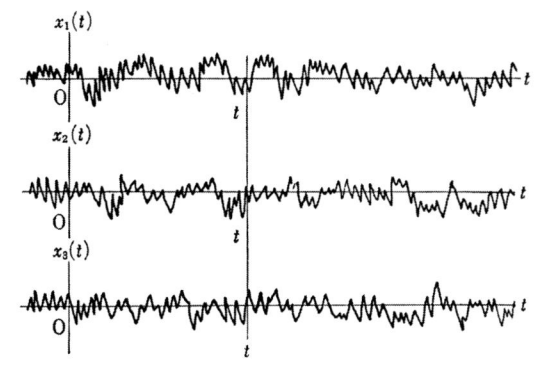

図 6.1 振動の時間記録

ランダム振動がある**確率** (probability) に支配されるとき，これを**ランダム過程** (random process) という．ランダム過程がある確率に支配されるというのは次のようなことをいう．いまある時刻 t におけるおのおのの関数の値 $x_1(t)$, $x_2(t)$, $\cdots$ に一定の性質があるものとして，これらの関数の値がある設定値 x より小さい記録の数が記録の総数に対して占める比が n/N であったとする．この値は x の関数で，これを記号 $P(x)$ で表し，1 次**確率分布** (probability distribution) とよんでいる．すなわち

$$P(x) = P_r\{x_i(t) < x\} \tag{6.1}$$

で，関数の設定値を $-\infty$ ととることによって $P(-\infty) = 0$, $+\infty$ とすればどんな値もすべて包含するので $P(\infty) = 1$, そして中間の値 x に対しては確率分布は図 6.2 のような上限と下限をもつ x の単調増加関数となる．すなわち

$$0 \leq P(x) \leq 1 \tag{6.2}$$

関数 $x(t)$ が x と $x + \Delta x$ の間にある確率は $P(x + \Delta x) - P(x)$ で

$$p(x) = \lim_{\Delta x \to 0} \frac{P(x + \Delta x) - P(x)}{\Delta x} = \frac{dP(x)}{dx} \tag{6.3}$$

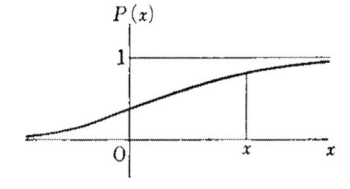

図 6.2 確率分布関数

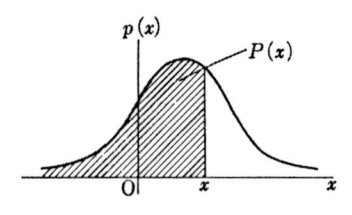

を1次**確率密度** (probability density) という. 確率密度を用いれば, 確率分布は次のような積分形で書くことができる.

$$\mathrm{P}_r\{x_1 < x(t) < x_2\} = \int_{x_1}^{x_2} p(x)dx \qquad (6.4)$$

これは $x(t)$ が x_1 と x_2 の間にある確率が, これらの間にある $p(x)$ の曲線と x 軸との間の面積に等しいことを示している (図 6.3). そして $p(x)$ や $P(x)$ は次のような性質をもっている.

$$\left.\begin{array}{l} p(x) \geq 0, \quad p(-\infty) = 0, \quad p(\infty) = 0 \\ P(x) = \displaystyle\int_{-\infty}^{x} p(x)dx, \quad P(\infty) = \displaystyle\int_{-\infty}^{\infty} p(x)dx = 1 \end{array}\right\} \qquad (6.5)$$

ランダム変数の**平均値** (mean value) あるいは**期待値** (expected value) は

$$\widetilde{x(t)} = E(x) = \int_{-\infty}^{\infty} xp(x)dx \qquad (6.6)$$

で与えられる. ランダム変数 x の1価連続関数を $g(x)$ とすれば, その平均値は

$$\widetilde{g(x)} = E[g(x)] = \int_{-\infty}^{\infty} g(x)p(x)dx \qquad (6.7)$$

で, とくに $g(x) = x^2$ のときは

$$\widetilde{x^2(t)} = E(x^2) = \int_{-\infty}^{\infty} x^2 p(x)dx \qquad (6.8)$$

となる. $\widetilde{x^2(t)}$ をランダム変数 $x(t)$ の **2 乗平均値** (mean square value) という. 記号 ～ は集合についての平均を意味している. また x と平均値 $\tilde{x}$ の差に関する2乗平均

$$\sigma^2 = E[(x-\tilde{x})^2] = \int_{-\infty}^{\infty} (x-\tilde{x})^2 p(x)dx = \widetilde{x^2} - (\tilde{x})^2 \qquad (6.9)$$

は $x(t)$ の平均値の付近の散らばりの程度を表す量で，x の**分散** (variance) といい，σ を $x(t)$ の**標準偏差** (standard deviation) とよんでいる．

実際のランダム変数によくみられるのは**ガウス分布** (Gaussian distribution) あるいは**正規分布** (normal distribution) をなすものであって，ランダム変数が多くの因子の結果によって生じており，ある特定の因子にとくに強い影響を受けない場合にこのような分布が現れる．その確率密度は

$$p(x) = \frac{1}{\sqrt{2\pi}\sigma} e^{-(x-\tilde{x})^2/2\sigma^2} \tag{6.10}$$

で表され，これについてはすでに詳しい研究がなされて数表も作られている．図 6.4 にその確率分布と確率密度曲線を示す．

次に二つのランダム変数 $x(t), y(t)$ について，$x(t) \leq x, y(t) \leq y$ となる 2 次確率分布を

$$P(x,y) = P_r\{x(t) \leq x, y(t) \leq y\} \tag{6.11}$$

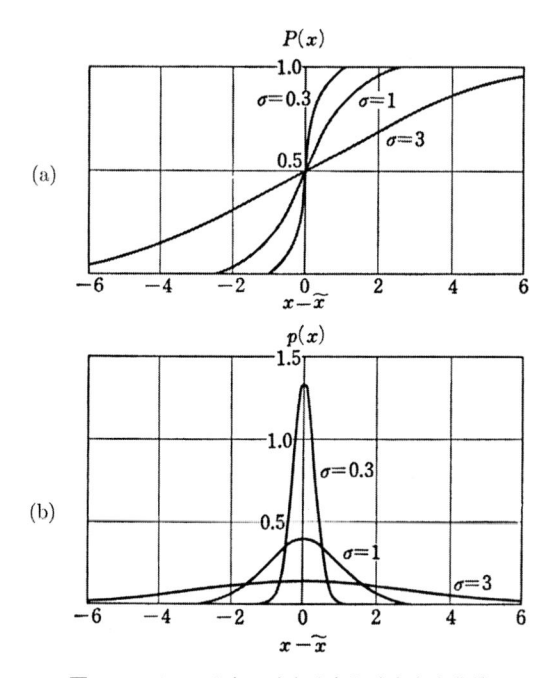

図 6.4 ガウス分布の確率分布と確率密度曲線

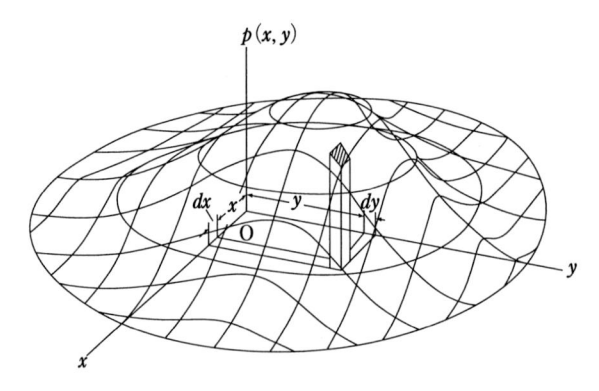

図 6.5 2 次確率密度

で表そう.これを 2 次の確率密度 $p(x, y)$ を用いて書くと

$$P(x, y) = \int_{-\infty}^{x} \int_{-\infty}^{y} p(x, y) dy dx \tag{6.12}$$

$x_1 < x(t) < x_2, y_1 < y(t) < y_2$ となる確率は

$$P_r(x_1 < x < x_2, y_1 < y < y_2) = \int_{x_1}^{x_2} \int_{y_1}^{y_2} p(x, y) dy dx \tag{6.13}$$

で,これは $x = x_1$, $x = x_2$ と $y = y_1$, $y = y_2$ の 4 平面と $p(x, y)$ 曲面および xy 面によって囲まれる立体の体積に等しい (図 6.5).

$p(x, y)$ は

$$p(x, y) \geq 0, \qquad \int_{-\infty}^{\infty} \int_{-\infty}^{\infty} p(x, y) dy dx = 1 \tag{6.14}$$

の性質をもっている.$x(t)$ が $x_1 < x < x_2$ にある確率は y の値に関係なく

$$P_r(x_1 < x < x_2, -\infty < y < \infty) = \int_{x_1}^{x_2} \left\{ \int_{-\infty}^{\infty} p(x, y) dy \right\} dx = \int_{x_1}^{x_2} p(x) dx \tag{6.15}$$

で,ここで

$$p(x) = \int_{-\infty}^{\infty} p(x, y) dy \tag{6.16}$$

は x のみの 1 次確率密度である.同様に

$$p(y) = \int_{-\infty}^{\infty} p(x, y) dx \tag{6.17}$$

となる．このように多変数の同時分布を考え，そのうち，とくに 1 個の変数の分布だけに注目するときこれを**周辺分布** (marginal distribution) という．

ランダム過程の統計的性質はこれら 1 次，2 次の確率分布をはじめ，各次数の確率分布が決まって初めて完全に知ることができる．

6.1.2 定常ランダム過程とエルゴード性

統計的性質が時間に関して変わらない過程を**定常ランダム過程** (stationary random process) という．建設時期や構造，保守の程度が同じような道路の凹凸や，その上を走る自動車の振動，あるいは水平飛行中の航空機の振動など定常過程とみられる例はきわめて多い．しかし地震の記録や，離陸，上昇，下降，着陸など条件を異にする航空機の振動記録は定常ではなく，非定常ランダム過程というべきで，ここでは取り扱わない．

統計的取り扱いをするに当たって重要なものに，定常ランダム過程に対する**エルゴード性** (ergodicity) の仮定がある．これは定常ランダム過程から生じた任意のランダム関数 $x(t)$ を，長い時間にわたって平均した

$$\overline{x(t)} = \lim_{T \to \infty} \frac{1}{T} \int_{-T/2}^{T/2} x(t)dt \tag{6.18}$$

は，同一時刻 t において無数のランダム関数を平均した

$$\widetilde{x(t)} = \int_{-\infty}^{\infty} xp(x)dx \tag{6.19}$$

に等しいことをいう．すなわち

$$\overline{x(t)} = \widetilde{x(t)} \tag{6.20}$$

で，$x(t)$ の上に付した記号 ― は時間平均，〜は集合平均を意味する．

たとえば，定常的に変動している現象について，時々刻々測定したデータをそれぞれ 1 枚のカードに記録し，このカードを時間に関係なくバラバラに集計して得た平均値と，かなり長い時間にわたって連続記録した値を時間的に平均した値とは常識的に等しい．エルゴード性は単なる仮定ではあるが，日常経験において十分その正しさを認めることができるものである．

時間平均と集合平均とが等しいという性質から，任意のランダム関数を一つだけ取り出しても，これがランダム過程を正しく代表している限りにおいては，

長時間にわたって積分することにより，ランダム過程の統計的性質を知ることができる．しかも定常性のゆえにその観測開始時刻はどこにとってもよく，観測時間は統計的な性質が脱落しない程度の長さでよい．こうして多くのランダム関数の値を同時に観測するのと比較して，観測・計算の操作は簡単となり，ランダム振動の統計的な取り扱いも可能となる．

一般に，$x(t)$ の関数 $g(x)$ の時間平均値は

$$\overline{g(x)} = \lim_{T \to \infty} \frac{1}{T} \int_{-T/2}^{T/2} g\{x(t)\} dt \tag{6.21}$$

で，定常エルゴード過程では

$$\overline{g(x)} = \widetilde{g(x)} \tag{6.22}$$

とおいてさしつかえない．

6.2 相関関数

物理学や工学上の測定や観測においては，二つ以上の集団についてそれらの量の間の関連性を求めることがきわめて多い．二つの量の間の関連性を評価するためにおのおのの観測値の集団 (x_i) と (y_i) に対して，x_i と y_i の**共分散** (covariance)

$$\frac{1}{n} \sum_{i=1}^{n} (x_i - \bar{x})(y_i - \bar{y}) \qquad (n \text{ は標本の数}) \tag{6.23}$$

の大きさを調べたり，あるいはこれを標準偏差

$$\sigma_x = \sqrt{\frac{1}{n} \sum_{i=1}^{n} (x_i - \bar{x})^2}, \qquad \sigma_y = \sqrt{\frac{1}{n} \sum_{i=1}^{n} (y_i - \bar{y})^2}$$

で割った**相関係数** (correlation coefficient)

$$r = \frac{1}{n} \sum_{i=1}^{n} \frac{(x_i - \bar{x})(y_i - \bar{y})}{\sigma_x \sigma_y} \tag{6.24}$$

の大きさを調べることがある．r の正負にしたがって $x - \bar{x}$ と $y - \bar{y}$ は正あるいは逆比例の関係にあり，$r = 0$ のときは両者の間にはなんらの相関関係はない．そして $r = \pm 1$ のときは完全な比例あるいは逆比例の関係にある．

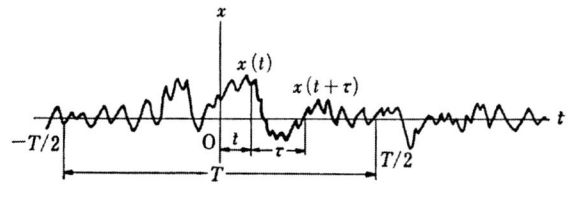

図 6.6 自己相関関数の計算法

6.2.1 自己相関関数

以上の考え方を連続的な時間関数に適用してみよう．もし連続な曲線や観測によって得られた時間記録に周期性があれば，ちょうど1周期ごとに同じ値が再現するので，1周期の時間間隔をもった曲線上の値の間の相関は完全である．ランダム曲線にはとくにめだった相関はないが，時間間隔が小さくなると曲線上の2点はちかい値となって相関性が高くなるであろうし，逆に時間間隔が大きくなると相互の関連も小さくなるであろう．このような相関を自己相関という．道路の凹凸を調べるような場合には時間の代わりに長さを用いればよい．

ランダム曲線のある時刻 t における値 $x(t)$ と，これから時間 τ だけ経過したときの値 $x(t+\tau)$ の積を図 6.6 のように長時間にわたって平均した

$$\varphi(\tau) = \lim_{T\to\infty} \frac{1}{T}\int_{-T/2}^{T/2} x(t)x(t+\tau)dt \qquad (6.25)$$

を**自己相関関数** (autocorrelation function) という．この式は時間平均を意味するが，定常エルゴード過程では集合平均にも等しいはずである．これは時間間隔 τ の関数であって，τ だけ間隔をおいた $x(t)$ と $x(t+\tau)$ の相関の程度を表している．とくに $\tau = 0$ のときは，自己相関関数は

$$\varphi(0) = \overline{x^2(t)} = \lim_{T\to\infty} \frac{1}{T}\int_{-T/2}^{T/2} x^2(t)dt \qquad (6.26)$$

のように $x(t)$ の2乗平均となる．これはもちろん $\widetilde{x^2(t)}$ に等しい．$x(t)$ の平均値を0にするようにとれば，$\varphi(0)$ は分散を与えることになる．いま次のような積分を計算すれば

$$\lim_{T\to\infty} \frac{1}{T}\int_{-T/2}^{T/2} \{x(t) - x(t+\tau)\}^2 dt$$
$$= \lim_{T\to\infty} \frac{1}{T}\int_{-T/2}^{T/2} x^2(t)dt - 2\lim_{T\to\infty} \frac{1}{T}\int_{-T/2}^{T/2} x(t)x(t+\tau)dt$$

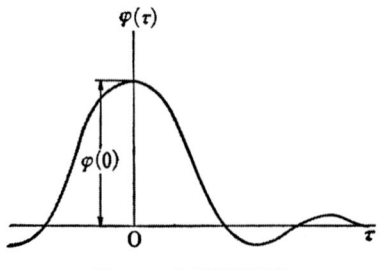

図 6.7　自己相関関数

$$+ \lim_{T\to\infty} \frac{1}{T} \int_{-T/2}^{T/2} x^2(t+\tau)dt$$
$$= 2\{\varphi(0) - \varphi(\tau)\}$$

となるが，この積分は元来負とはならないから

$$\varphi(0) \geq \varphi(\tau) \tag{6.27}$$

で，自己相関関数は $\tau = 0$ のとき最大値をもつ．τ が大きくなるにしたがって $x(t)$ と $x(t+\tau)$ の相関は小さくなり，$\overline{x(t)} = 0$ のとき

$$\varphi(\infty) = 0 \tag{6.28}$$

となる．定常なランダム過程では時間軸をどこへ移動してもかまわないから

$$\varphi(\tau) = \lim_{T\to\infty} \frac{1}{T} \int_{-T/2}^{T/2} x(t-\tau)x(t)dt = \varphi(-\tau) \tag{6.29}$$

こうして自己相関関数は図 6.7 のような τ の偶関数で，その値は $\tau = 0$ で最大，τ が大きくなるにしたがって小さくなる．

6.2.2　周期関数の自己相関関数

2.8 節で見たように，周期 T で変動する周期関数 $x(t)$ は，複素数で表したフーリエ級数

$$x(t) = \sum_{n=-\infty}^{\infty} c_n e^{jn\omega t} \tag{6.30}$$

と書くことができる．c_n は複素係数で次のような値をもっている．

$$c_n = \frac{1}{T} \int_{-T/2}^{T/2} x(t) e^{-jn\omega t} dt \quad (n = 0, \pm 1, \pm 2, \cdots) \tag{6.31}$$

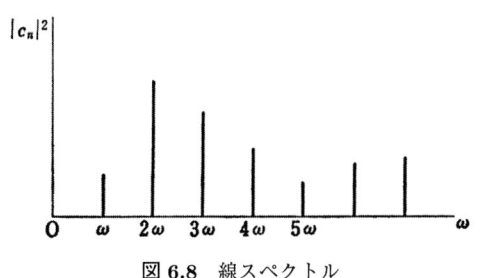

周期関数 $x(t)$ の自己相関関数

$$\varphi(\tau) = \frac{1}{T} \int_{-T/2}^{T/2} x(t)x(t+\tau)dt \qquad (6.32)$$

の $x(t+\tau)$ を式 (6.30) を用いて書き直せば

$$\varphi(\tau) = \frac{1}{T} \int_{-T/2}^{T/2} x(t) \sum_{n=-\infty}^{\infty} c_n e^{jn\omega(t+\tau)} dt = \sum_{n=-\infty}^{\infty} c_n e^{jn\omega\tau} \frac{1}{T} \int_{-T/2}^{T/2} x(t) e^{jn\omega t} dt$$

この式の積分

$$\frac{1}{T} \int_{-T/2}^{T/2} x(t) e^{jn\omega t} dt \qquad (n = 0, \pm 1, \pm 2, \cdots)$$

は c_n の共役複素数であるから，これを $\bar{c}_n$ と書けば

$$\varphi(\tau) = \sum_{n=-\infty}^{\infty} c_n \bar{c}_n e^{jn\omega\tau} = \sum_{n=-\infty}^{\infty} |c_n|^2 e^{jn\omega\tau} \qquad (6.33)$$

となり，これから

$$|c_n|^2 = \frac{1}{T} \int_{-T/2}^{T/2} \varphi(\tau) e^{-jn\omega\tau} d\tau \qquad (6.34)$$

が求められる．とくに $\tau = 0$ のときは

$$\varphi(0) = \overline{x^2(t)} = \sum_{n=-\infty}^{\infty} |c_n|^2 = c_0^2 + 2 \sum_{n=1}^{\infty} |c_n|^2 \qquad (6.35)$$

で，この式は任意の振動数の区間における2乗平均が，その振動数帯域内におけるすべての成分の和に等しいことを示している (図 6.8)．

自己相関関数をフーリエ係数 a_n, b_n を用いて表せば

$$\varphi(\tau) = \frac{1}{4} \sum_{n=-\infty}^{\infty} (a_n^2 + b_n^2) e^{jn\omega t} = \frac{a_0^2}{4} + \frac{1}{2} \sum_{n=1}^{\infty} (a_n^2 + b_n^2) \cos n\omega\tau \qquad (6.36)$$

図 6.8 線スペクトル

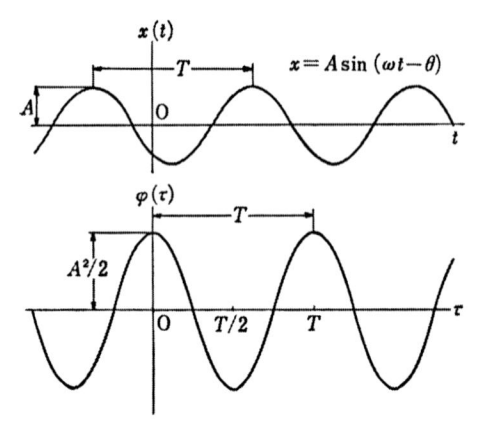

図 6.9 正弦関数の自己相関関数

となる.

【例:正弦関数の自己相関関数】 周期関数の簡単な例として,正弦関数

$$x(t) = A\sin(\omega t - \theta) \tag{6.37}$$

の自己相関関数を求めてみよう.

$$\begin{aligned}
\varphi(\tau) &= \lim_{T\to\infty} \frac{1}{T} \int_{-T/2}^{T/2} A\sin(\omega t - \theta) A\sin\{\omega(t+\tau) - \theta\} dt \\
&= \lim_{T\to\infty} \frac{A^2}{2T} \int_{-T/2}^{T/2} \{\cos\omega\tau - \cos(2\omega t + \omega\tau - 2\theta)\} dt \\
&= \frac{1}{2} A^2 \cos\omega\tau
\end{aligned} \tag{6.38}$$

で,図 6.9 のように $\varphi(\tau)$ はもとの関数 $x(t)$ と等しい振動数をもち,位相 θ には全く無関係な余弦関数である.

6.2.3 相互相関関数

時間とともに変化する二つの異なったランダム関数 $x(t)$ と $y(t)$ があるとき

$$\varphi_{xy}(\tau) = \lim_{T\to\infty} \frac{1}{T} \int_{-T/2}^{T/2} x(t) y(t+\tau) dt \tag{6.39}$$

を $x(t)$ と $y(t)$ の**相互相関関数** (crosscorrelation function) というが,これは τ だけ時間をへだてた $x(t)$ と $y(t)$ の相関の程度を表すものである.式 (6.39) は時間平均を意味するが,定常エルゴード過程では集合平均と等しい.

いま $x(t)$ が τ だけ離れた $y(t)$ に比例するとき，すなわち

$$x(t) = cy(t+\tau) \tag{6.40}$$

では，式 (6.39) により相互相関関数は

$$\varphi_{xy}(\tau) = c\overline{y^2(t)} = c\varphi_y(0) \tag{6.41}$$

となり，$y(t)$ の 2 乗平均に比例する．

$x(t)$ と $y(t)$ とが同じ振動数の正弦関数

$$\left.\begin{array}{l} x(t) = A\sin(\omega t - \theta) \\ y(t) = B\sin\omega t \end{array}\right\} \tag{6.42}$$

で与えられるときは，相互相関関数は 1 周期について積分して

$$\varphi_{xy}(\tau) = \lim_{T\to\infty}\frac{1}{T}\int_{-T/2}^{T/2} A\sin(\omega t - \theta)B\sin(\omega t + \tau)dt = \frac{1}{2}AB\sin(\omega t + \theta) \tag{6.43}$$

となり，位相が θ だけずれることを除いて，式 (6.38) で与えられた正弦関数の自己相関関数と同じ形である．

6.3 パワースペクトル密度

パワーとは単位時間になされる仕事のことで，単振動では振幅の 2 乗に比例する．したがって多くの振動数成分をもつ振動パワーはおのおのの振動数に対応する個々の振幅の 2 乗の和に比例する．

単振動の場合は，振動のエネルギーは図 6.8 のように各振動数に離散的に集中して存在し，それ以外のところには存在しないのに対して，ランダム振動は連続的な振動数をもつものと考えられる．したがってランダム振動が観測される場合，どのような振動数成分がどれくらいの強度で含まれるかを知ることは，振動の性質やその原因を追究するために必要である．

6.3.1 フーリエ積分

2.9 節で述べたフーリエ変換を用いて

$$F(\omega) = \int_{-\infty}^{\infty} x(t)e^{-j\omega t}dt \tag{6.44}$$

を考える。式 (6.45) を**フーリエ積分** (Fourier integral) ともよぶ。一般に $F(\omega)$ は複素数であるが，$x(t)$ が実数のとき $F(\omega)$ は $F(-\omega)$ と共役な複素数になっている。このとき

$$\int_{-\infty}^{\infty} x^2 dt = \frac{1}{2\pi} \int_{-\infty}^{\infty} x(t) \left\{ \int_{-\infty}^{\infty} F(\omega) e^{j\omega t} d\omega \right\} dt$$

で，積分の順序を変更すれば

$$\int_{-\infty}^{\infty} x^2 dt = \frac{1}{2\pi} \int_{-\infty}^{\infty} F(\omega) \left\{ \int_{-\infty}^{\infty} x(t) e^{j\omega t} dt \right\} d\omega$$
$$= \frac{1}{2\pi} \int_{-\infty}^{\infty} F(\omega) F(-\omega) d\omega = \frac{1}{2\pi} \int_{-\infty}^{\infty} |F(\omega)|^2 d\omega \quad (6.46)$$

となる。

【例：方形波パルスのフーリエ積分】 図 6.10 に示す高さ h，時間 b の方形波衝撃パルスについて計算してみよう。これを

$$x(t) = \begin{cases} h & (|t| < b/2) \\ 0 & (|t| > b/2) \end{cases} \quad (6.47)$$

と書けば

$$F(\omega) = \int_{-b/2}^{b/2} h e^{-j\omega t} dt = \frac{2h}{\omega} \sin \frac{\omega b}{2} \quad (6.48)$$

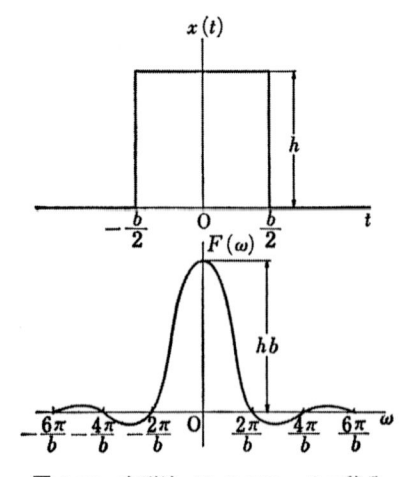

図 6.10　方形波パルスのフーリエ積分

で，この場合 $x(t)$ は偶関数で表されているので，そのフーリエ変換は実数となる．式 (6.46) により $x(t)$ の 2 乗の和は

$$h^2 b = \frac{1}{2\pi} \int_{-\infty}^{\infty} \frac{4h^2}{\omega^2} \sin^2 \frac{\omega b}{2} d\omega$$

で，$\omega b/2 = x$ とおけば，この式は

$$\int_{-\infty}^{\infty} \frac{1}{x^2} \sin^2 x \, dx = \pi$$

の積分を意味している．

6.3.2 パワースペクトル密度

時間関数 $x(t)$ の 2 乗平均は

$$\overline{x^2(t)} = \lim_{T \to \infty} \frac{1}{T} \int_{-T/2}^{T/2} x^2(t) dt = \frac{1}{2\pi} \int_{-\infty}^{\infty} \left\{ \lim_{T \to \infty} \frac{1}{T} |F(\omega)|^2 \right\} d\omega$$

これを

$$\overline{x^2(t)} = \int_{-\infty}^{\infty} S(\omega) d\omega \quad (6.49)$$

と書けば

$$S(\omega) = \frac{1}{2\pi} \lim_{T \to \infty} \frac{1}{T} |F(\omega)|^2 \quad (6.50)$$

で，この $S(\omega)$ をパワースペクトル密度 (power spectral density) という．時間関数 $x(t)$ のフーリエ変換 $F(\omega)$ はフーリエ係数に相当するから，パワースペクトル密度は各振動数における振幅の 2 乗に匹敵し，図 6.11 のようにおのおのの振動の振動数成分がどのような強度で (連続的に) 分布するかを示すものである．$|F(\omega)|^2$ は ω の偶関数であり，実際には振動数が正の値であることから

$$\overline{x^2(t)} = 2 \int_0^{\infty} \left\{ \lim_{T \to \infty} \frac{1}{T} |F(\omega)|^2 \right\} df = \int_0^{\infty} S(f) df \quad (6.51)$$

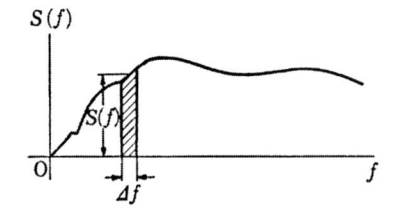

図 **6.11** パワースペクトル密度

図 6.12 白色雑音

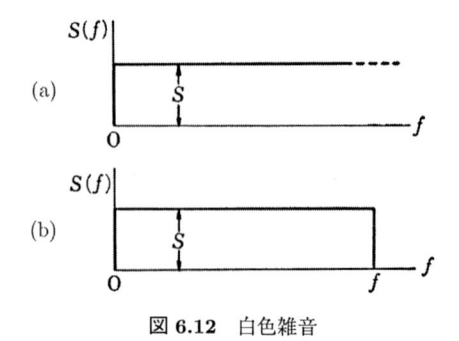

で，これからパワースペクトル密度は

$$S(f) = 2 \lim_{T \to \infty} \frac{1}{T} |F(f)|^2 \tag{6.52}$$

となる．ここで $f = \omega/2\pi$ は実用振動数を表す．

とくにパワースペクトル密度が図 6.12(a) のようにすべての振動数で一定の値をもつとき，これを**白色雑音** (white noise) という．白色光がすべての波長(振動数)の光を平等に含むのに似ていることから連想されるであろう．この場合 $x(t)$ の 2 乗平均値が有限の値をもつ限り，パワースペクトル密度が無限の振動数範囲にわたって一定の (正) 値をもつとは考えられないが，同図 (b) のようにある有限の振動数の範囲では，これが一定の値をもつと考えることができるであろう．パワースペクトル密度は式 (6.50) のように単に振幅の成分の大きさ $|F(\omega)|$ のみによって決まる量で，位相には関係しない．したがって一見別のように見えるランダム振動も，同じ種類の定常ランダム過程に属していればスペクトル密度は相等しい．

ランダム振動 $x(t)$ がガウス分布形のランダム過程に属し，その平均値が 0 のとき，2 乗平均は分散に等しいから

$$\overline{x^2(t)} = \lim_{T \to \infty} \frac{1}{T} \int_{-T/2}^{T/2} x^2(t)dt = \sigma^2 \tag{6.53}$$

で，式 (6.51) により

$$\sigma^2 = \int_0^\infty S(f)df \tag{6.54}$$

振動 $x(t)$ のパワースペクトル密度が既知であれば，その分散の値が計算でき，ガウス分布の確率密度

$$p(x) = \frac{1}{\sqrt{2\pi}\sigma} e^{-x^2/2\sigma^2} \tag{6.55}$$

が求められる．しかし一般的にはランダム関数のスペクトル密度が求められても，これから確率密度や確率分布などの確率論的な知識を得ることはできない．

6.3.3 パワースペクトル密度と自己相関関数との関係

パワースペクトル密度はランダム変動の性質を振動数を変数とした領域で示したもので，その強さの分布は変動中に含まれる振幅の大きさによって決まる．自己相関関数は一定の時間間隔をおいた変動曲線の2点間の相関関数を時間を変数とした領域で求めており，これも変動の振幅に関係がある．したがってこれらの両者の間には何らかの関係があることが予想される．

自己相関関数 (6.25) をフーリエ変換した式

$$\int_{-\infty}^{\infty} \varphi(\tau) e^{-j\omega \tau} d\tau = \int_{-\infty}^{\infty} \left\{ \lim_{T \to \infty} \frac{1}{T} \int_{-T/2}^{T/2} x(t) x(t+\tau) dt \right\} e^{-j\omega \tau} d\tau$$

の積分の順序を交換すれば

$$\int_{-\infty}^{\infty} \varphi(\tau) e^{-j\omega\tau} = \lim_{T \to \infty} \frac{1}{T} \int_{-T/2}^{T/2} x(t) e^{j\omega t} dt \int_{-\infty}^{\infty} x(t+\tau) e^{-j\omega(t+\tau)} d(t+\tau)$$

$$= \lim_{T \to \infty} \frac{1}{T} F(-\omega) F(\omega) = \lim_{T \to \infty} \frac{1}{T} |F(\omega)|^2 \quad (6.56)$$

この式のパワースペクトル密度は式 (6.50) と比較すると

$$S(\omega) = \frac{1}{2\pi} \int_{-\infty}^{\infty} \varphi(\tau) e^{-j\omega t} d\tau \quad (6.57)$$

で，パワースペクトル密度 $S(\omega)$ は係数 $1/2\pi$ を除いて考えれば，自己相関関数 $\varphi(\tau)$ のフーリエ変換である．そしてその逆変換

$$\varphi(\tau) = \int_{-\infty}^{\infty} S(\omega) e^{j\omega \tau} d\omega \quad (6.58)$$

は自己相関関数になっている．

$\varphi(\tau)$ および $S(\omega)$ は，次のように書くこともできる．式 (6.57) より

$$S(\omega) = \frac{1}{2\pi} \left\{ \int_{-\infty}^{0} \varphi(\tau) e^{-j\omega \tau} d\tau + \int_{0}^{\infty} \varphi(\tau) e^{-j\omega \tau} d\tau \right\}$$

$$= \frac{1}{2\pi} \left\{ \int_{0}^{\infty} \varphi(-\tau) e^{j\omega \tau} d\tau + \int_{0}^{\infty} \varphi(\tau) e^{-j\omega \tau} d\tau \right\}$$

$\varphi(\tau)$ は偶関数で，$\varphi(-\tau) = \varphi(\tau)$，したがって

$$S(\omega) = \frac{1}{\pi} \int_0^\infty \varphi(\tau) \cos\omega\tau \, d\tau \tag{6.59}$$

$S(\omega)$ も偶関数であるから

$$\varphi(\tau) = 2 \int_0^\infty S(\omega) \cos\omega\tau \, d\omega \tag{6.60}$$

となる．

【例：正弦波のパワースペクトル密度】 いま簡単な例として，正弦関数で与えられる変動

$$x(t) = A\sin(\omega t - \theta)$$

のスペクトル密度を求めてみよう．式 (6.38) に求められたとおり自己相関関数は

$$\varphi(\tau) = \frac{1}{2}A^2 \cos\omega\tau \tag{6.61}$$

で，周期的変動に対してはその 1 周期分のスペクトル密度を計算すれば十分であるから

$$S(\omega) = \frac{1}{\pi} \int_0^{2\pi/\omega} \varphi(\tau) \cos\omega\tau \, d\tau = \frac{A^2}{2\pi} \int_0^{2\pi/\omega} \cos^2\omega\tau \, d\tau = \frac{A^2}{2\omega} \tag{6.62}$$

となる．

【例：方形波パルスのパワースペクトル密度】 図 6.13 に示す方形波パルスのフーリエ変換は式 (6.48) により

$$F(\omega) = \frac{2h}{\omega} \sin\frac{\omega b}{2} \tag{6.63}$$

パワースペクトル密度は式 (6.50) の定義により

$$S(\omega) = \frac{1}{2\pi} \frac{1}{b} \left(\frac{2h}{\omega}\right)^2 \sin^2\frac{\omega b}{2} = \frac{h^2 b}{2\pi} \left(\frac{\sin\omega b/2}{\omega b/2}\right)^2 \tag{6.64}$$

で，とくに $\omega \to 0$ のとき

$$S(0) = \frac{h^2 b}{2\pi} \tag{6.65}$$

6.3 パワースペクトル密度

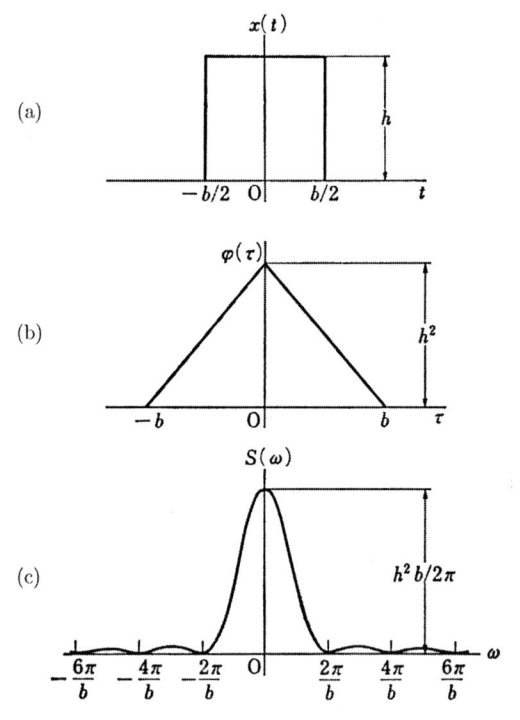

図 6.13 方形波パルスの自己相関関数とパワースペクトル密度

となる.この自己相関関数を求めると

$$\varphi(\tau) = \frac{1}{b} \int_{-\infty}^{\infty} x(t)x(t+\tau)dt$$
$$= \frac{1}{b}\left\{ \int_{-\infty}^{-b/2} x(t)x(t+\tau)dt + \int_{-b/2}^{b/2-\tau} x(t)x(t+\tau)dt \right.$$
$$\left. + \int_{b/2-\tau}^{\infty} x(t)x(t+\tau)dt \right\}$$

第1と第3の積分は0で,第2の積分中の $x(t)$ と $x(t+\tau)$ は h に等しいから

$$\varphi(\tau) = \frac{1}{b}\int_{-b/2}^{b/2-\tau} h^2 dt = h^2\left(1 - \frac{\tau}{b}\right)$$

$\varphi(-\tau) = \varphi(\tau)$ であることと,$|\tau| > b$ のとき $x(t)$ と $x(t+\tau)$ の間に相関がな

いことから

$$\varphi(\tau) = \begin{cases} h^2 \left(1 - \dfrac{|\tau|}{b}\right) & (-b \leq \tau \leq b) \\ 0 & (|\tau| > b) \end{cases} \tag{6.66}$$

で，式 (6.59) によりパワースペクトル密度は

$$\begin{aligned} S(\omega) &= \frac{1}{\pi} \int_0^b \varphi(\tau) \cos \omega \tau \, d\tau = \frac{1}{\pi} \int_0^b h^2 \left(1 - \frac{\tau}{b}\right) \cos \omega \tau \, d\tau \\ &= \frac{h^2 b}{2\pi} \left(\frac{\sin \omega b/2}{\omega b/2}\right)^2 \end{aligned} \tag{6.67}$$

となる．こうして自己相関関数を用いて式 (6.64) と同じ結果が求められる．図 6.13(b) は方形波パルスの自己相関関数，同図 (c) はパワースペクトル密度を示す．

6.4 ランダムな加振力による線形振動系の応答

図 6.14 に示す線形振動系にランダムな加振力 $f(t)$ が働くときの系の振動を考えてみよう．運動方程式は

$$m\ddot{x} + c\dot{x} + kx = f(t) \tag{6.68}$$

で，2.11 節で述べたように加振力 $f(t)$ と，これによる質量の応答 $x(t)$ との間には

$$x(t) = \int_0^t f(\tau) h(t - \tau) d\tau \tag{6.69}$$

の関係がある．ここで $h(t)$ は単位インパルス力による応答である．式 (6.69) は

$$f(t) = \begin{cases} 0 & (t < 0) \\ f(l) & (l > 0) \end{cases} \tag{6.70}$$

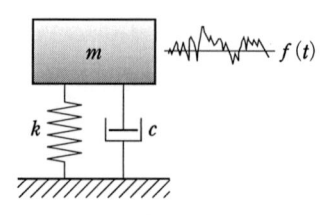

図 6.14 線形振動系に働く不規則な加振力

のとき成り立つが，$f(t)$ が $t = -\infty \sim \infty$ の間に働くときは

$$x(t) = \int_{-\infty}^{t} f(\tau)h(t-\tau)d\tau \tag{6.71}$$

となる．$x(t)$, $h(t)$, $f(t)$ のフーリエ変換をそれぞれ $X(\omega)$, $H(\omega)$, $F(\omega)$ と書くと

$$\begin{aligned}X(\omega) &= \int_{-\infty}^{\infty} x(t)e^{-j\omega t}dt = \int_{-\infty}^{\infty} f(\tau)\left\{\int_{-\infty}^{\infty} h(t-\tau)e^{-j\omega t}dt\right\}d\tau \\ &= \int_{-\infty}^{\infty} f(\tau)e^{-j\omega\tau}\left\{\int_{-\infty}^{\infty} h(\tau')e^{-j\omega\tau'}d\tau'\right\}d\tau = H(\omega)F(\omega)\end{aligned} \tag{6.72}$$

加振力が定常ランダム過程であるときは，応答の自己相関関数は

$$\begin{aligned}\varphi_x(\tau) &= \overline{x(t)x(t+\tau)} \\ &= \overline{\int_{-\infty}^{\infty} h(\tau_1)f(t-\tau_1)d\tau_1 \int_{-\infty}^{\infty} h(\tau_2)f(t+\tau-\tau_2)d\tau_2} \\ &= \int_{-\infty}^{\infty}\int_{-\infty}^{\infty} h(\tau_1)h(\tau_2)\overline{f(t)f(t+\tau+\tau_1-\tau_2)}d\tau_1 d\tau_2\end{aligned}$$

で，加振力の自己相関関数を用いて

$$\varphi_x(\tau) = \int_{-\infty}^{\infty}\int_{-\infty}^{\infty} h(\tau_1)h(\tau_2)\varphi_f(\tau+\tau_1-\tau_2)d\tau_1 d\tau_2 \tag{6.73}$$

と書ける．応答のパワースペクトル密度は

$$\begin{aligned}S_x(\omega) &= \frac{1}{2\pi}\int_{-\infty}^{\infty} \varphi_x(\tau)e^{-j\omega\tau}d\tau \\ &= \frac{1}{2\pi}\int_{-\infty}^{\infty} e^{-j\omega\tau}\left\{\int_{-\infty}^{\infty} h(\tau_1)\left(\int_{-\infty}^{\infty} h(\tau_2)\varphi_f(\tau+\tau_1-\tau_2)d\tau_2\right)d\tau_1\right\}d\tau \\ &= \frac{1}{2\pi}\int_{-\infty}^{\infty} e^{-j\omega\tau} \\ &\quad \times\left[\int_{-\infty}^{\infty} h(\tau_1)\left\{\int_{-\infty}^{\infty} h(\tau_2)\left(\int_{-\infty}^{\infty} S_f(\omega)e^{j\omega(\tau+\tau_1-\tau_2)}d\omega\right)d\tau_2\right\}d\tau_1\right]d\tau \\ &= \int_{-\infty}^{\infty} e^{-j\omega\tau}\left(\frac{1}{2\pi}\int_{-\infty}^{\infty} H(\omega)H(-\omega)S_f(\omega)e^{j\omega\tau}d\omega\right)d\tau\end{aligned}$$

$H(\omega)$ と $H(-\omega)$ とは共役複素数であるから

$$S_x(\omega) = \frac{1}{2\pi}\int_{-\infty}^{\infty} e^{-j\omega\tau}\left(\int_{-\infty}^{\infty} |H(\omega)|^2 S_f(\omega)e^{j\omega\tau}d\omega\right)d\tau$$

したがって，加振力と応答のパワースペクトル密度の間に

$$S_x(\omega) = |H(\omega)|^2 S_f(\omega) \tag{6.74}$$

の関係が成立する．こうして加振力による振動応答のスペクトル密度は力のスペクトル密度に比例し，系の特性と力の性質がわかっていれば応答特性を予測することができる．

また $S_x(\omega)$, $H(\omega)$, $S_f(\omega)$ のうちどれか二つがわかっていれば，式 (6.74) の関係を用いて他の量を簡単に求めることができる．特に白色雑音のように加振力のパワースペクトル密度が周波数に関係なく一定のときは

$$S_x(\omega) = |H(\omega)|^2 S \tag{6.75}$$

で，$S_x(\omega)$ と $|H(\omega)|^2$ とは同じ形状のものとなる．図 6.14 に示す振動系では

$$|H(\omega)|^2 = \frac{1}{(k - m\omega^2)^2 + (c\omega)^2} \tag{6.76}$$

であるから

$$S_x(\omega) = \frac{1}{(k - m\omega^2)^2 + (c\omega)^2} S_f(\omega) \tag{6.77}$$

となる．図 6.15 はこの関係を図示したものである．

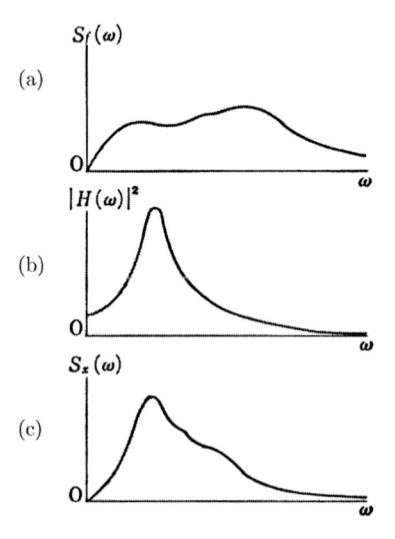

図 **6.15** 加振力と応答のパワースペクトル密度

また応答の自己相関関数はパワースペクトル密度を逆変換して

$$\varphi_x(\tau) = \int_{-\infty}^{\infty} |H(\omega)|^2 S_f(\omega) e^{j\omega\tau} d\omega \tag{6.78}$$

となり，2乗平均値は

$$\overline{x^2(t)} = \varphi_x(0) = \int_{-\infty}^{\infty} |H(\omega)|^2 S_f(\omega) d\omega \tag{6.79}$$

と書くことができる．

問題 6

6.1 図 6.16 に示す三角波の確率密度および確率分布はどのような関数で表されるか．

6.2 正弦波 $x(t) = a\sin\omega t$ の確率密度が

$$p(x) = \begin{cases} \dfrac{1}{\pi} \dfrac{1}{\sqrt{a^2 - x^2}} & (|x| < a) \\ 0 & (|x| > a) \end{cases}$$

で表されることを確かめ，これを用いて平均値 $\widetilde{x(t)}$ と 2 乗平均値 $\widetilde{x^2(t)}$ を計算せよ．

6.3 正弦波 $x(t) = a\sin\omega t$ の時間平均値 $\overline{x(t)}$ および 2 乗平均値 $\overline{x^2(t)}$ を求め，前問と比較せよ．

6.4 単位ステップ関数 $u(t)$ の自己相関関数とスペクトル密度を求めよ．

6.5 図 6.17 に示す三角波パルスの自己相関関数とスペクトル密度を求めて，これを図示せよ．

6.6 図 6.18 に示す周期的な方形波パルスの自己相関関数とスペクトル密度を計算せよ．

6.7 白色雑音の自己相関関数とスペクトル密度はどのようなものか．

6.8 実際に起こるランダム振動とそうでない振動の例をあげ，どのようなとき振動がランダムとなるか，その理由を考えてみよ．

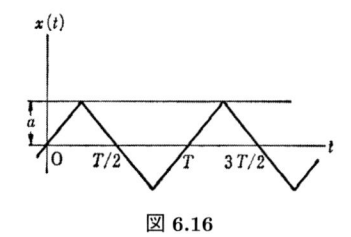

図 6.16

6. ランダム振動

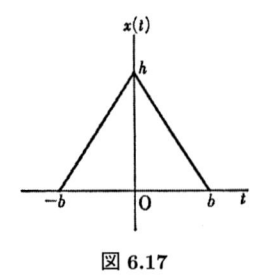

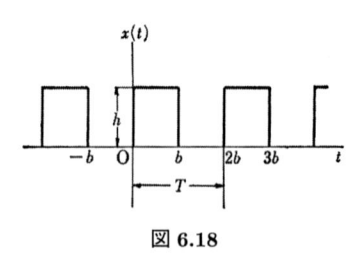

図 6.17

図 6.18

第7章
力学の諸原理と数値解析法

7.1 変分法とオイラー方程式

変数 t, y, $\dot{y}$ に関して二階微分可能な既知関数を F とするとき，次式で定義される**汎関数** (funactional)

$$I = \int_{t_1}^{t_2} F(t, y, \dot{y}) dt \qquad (7.1)$$

の極値を求める手順を**変分法** (variational method) といい，その極値を**停留値** (stationary value) とよぶ．このとき，I の値は図 7.1 に示す 2 点 (t_1, y_1) および (t_2, y_2) の間で選ばれた経路すなわち関数 $y(t)$ に依存する．

関数 $y(t)$ を極値曲線とよび，それに対してわずかに離れた関数 $\tilde{y}(t)$ を比較曲線とよぶ．この二つの関数の差を**変分** (variation) とよび，デルタ演算子 (変分記号) を

$$\delta[y(t)] = \tilde{y}(t) - y(t) \qquad (7.2)$$

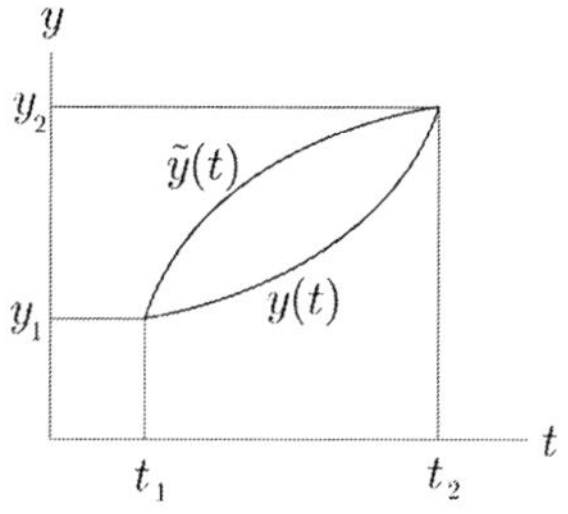

図 **7.1** 極値曲線と比較曲線

と定義する．ただし，二つの曲線は始点と終点(境界)において一致するものとし，以下では比較曲線が極値曲線に一致する条件について考える．

関数 $y(t)$ の微分 dy/dt の変分を考えると

$$\delta\left(\frac{dy}{dt}\right) = \frac{d\tilde{y}}{dt} - \frac{dy}{dt} = \frac{d}{dt}(\tilde{y} - y) = \frac{d(\delta y)}{dt} \tag{7.3}$$

となり，デルタ演算子と微分演算子は交換可能である．また，同様にしてデルタ演算子は積分演算子とも交換可能である．

比較曲線に対する関数 F を**テイラー級数** (Taylor series) に展開すれば

$$F(y + \delta y, \dot{y} + \delta\dot{y}, t) = F(y, \dot{y}, t) + \left[\frac{dF}{dy}\delta y + \frac{dF}{d\dot{y}}\delta\dot{y}\right] + \cdots O(\delta^2) \tag{7.4}$$

となる．このとき右辺 [ ] 内を第一変分とよぶ．式 (7.4) を t_1 から t_2 まで積分し，高次成分を無視すると次式を得る．

$$\begin{aligned}
\tilde{I} - I &= \int_{t_1}^{t_2} \left(\frac{\partial F}{\partial y}\delta y + \frac{\partial F}{\partial \dot{y}}\delta\dot{y}\right)dt \\
&= \int_{t_1}^{t_2} \left(\frac{\partial F}{\partial y} - \frac{d}{dt}\frac{\partial F}{\partial \dot{y}}\right)\delta y\, dt + \left[\frac{\partial F}{\partial \dot{y}}\delta y\right]_{t_1}^{t_2} = 0
\end{aligned} \tag{7.5}$$

t_1 と t_2 においては $\delta y = 0$ なので [ ] 内の積分値は 0 となる．一方，$t_1 < t < t_2$ では δy は任意の微小値をとりうるので，汎関数 I が停留値をとるとき $\tilde{I} = I$，すなわち $\delta I = 0$ であるためには

$$\frac{\partial F}{\partial y} - \frac{d}{dt}\frac{\partial F}{\partial \dot{y}} = 0 \tag{7.6}$$

でなければならず，これを**オイラー方程式** (Euler's equation) という．

7.2 仮想仕事の原理

N 個の質点 m_i からなる系の運動方程式は

$$m_i \frac{d^2 \boldsymbol{r}_i}{dt^2} = \boldsymbol{F}_i \quad (i = 1, 2, \cdots, N) \tag{7.7}$$

で表される．ここで，$\boldsymbol{r}_i$ は位置ベクトル，$\boldsymbol{F}_i$ は質点に作用する合力である．上式を

$$\boldsymbol{F}_i - m_i \frac{d^2 \boldsymbol{r}_i}{dt^2} = 0 \quad (i = 1, 2, \cdots, N) \tag{7.8}$$

の形に書き直して，$-m_i d^2 \boldsymbol{r}_i/dt^2$ を質点に働く力とみなせば，式 (7.8) は質点に働く力の釣り合い式とみなせる．これを**ダランベールの原理** (d'Alembert's principle) とよび，$-m_i d^2 \boldsymbol{r}_i/dt^2$ を**慣性力** (inertia force) とよぶ．

質点に任意の微小変位 $\delta \boldsymbol{r}_i$ を与えたとする．この変位が想像上の変位であり，力の釣り合いに影響を及ぼさないとき，これを**仮想変位** (virtual displacement) という．仮想変位によってなされる仕事

$$\delta W = \sum_{i=1}^{N} \boldsymbol{F}_i \cdot \delta \boldsymbol{r}_i \tag{7.9}$$

を**仮想仕事** (virtual work) とよぶ．質点に働くすべての力が釣り合っているときは仮想仕事は 0 であり，仮想仕事が 0 であれば力は釣り合いの状態にある．これを**仮想仕事の原理** (principle of virtual work) という．式 (7.8) に仮想変位を与えても仮想仕事は 0 であり

$$\delta W = \sum_{i=1}^{N} \left(\boldsymbol{F}_i - m_i \frac{d^2 \boldsymbol{r}_i}{dt^2} \right) \cdot \delta \boldsymbol{r}_i = 0 \tag{7.10}$$

となる．

7.3 ハミルトンの原理とラグランジュ方程式

式 (7.10) の第 2 項すなわち慣性力による仮想仕事を以下のように書き直す．

$$\sum_{i=1}^{N} m_i \frac{d^2 \boldsymbol{r}_i}{dt^2} \cdot \delta \boldsymbol{r}_i = \sum_{i=1}^{N} \frac{d}{dt}\left(m_i \frac{d\boldsymbol{r}_i}{dt} \cdot \delta \boldsymbol{r}_i \right) - \sum_{i=1}^{N} \delta\left(\frac{1}{2} m_i \dot{\boldsymbol{r}}_i^2 \right) \tag{7.11}$$

ここで，

$$T = \frac{1}{2} \sum_{i=1}^{r} m_i \dot{\boldsymbol{r}}_i^2 \tag{7.12}$$

は系の運動エネルギーである．また，外力 $\boldsymbol{F}_i$ がポテンシャル U をもつ場合

$$\sum_{i=1}^{N} \boldsymbol{F}_i \cdot \delta \boldsymbol{r}_i = -\delta U \tag{7.13}$$

と表せるので，式 (7.10) は

$$\sum_{i=1}^{N} \frac{d}{dt}\left(m_i \frac{d\boldsymbol{r}_i}{dt} \cdot \delta \boldsymbol{r}_i \right) = \delta T - \delta U \tag{7.14}$$

と書き直せる．始点 ($t = t_1$) と終点 ($t = t_2$) では変分 $\delta \boldsymbol{r}_i = 0$ となるように定め，式 (7.14) を時刻 t_1 から t_2 まで積分すると

$$\delta \int_{t_1}^{t_2} (T - U)\, dt = \left[\sum_{i=1}^{N} m_i \frac{d\boldsymbol{r}_i}{dt} \cdot \delta \boldsymbol{r}_i \right]_{t_1}^{t_2} = 0 \qquad (7.15)$$

となる．これを**ハミルトンの原理** (Hamilton's principle) とよび，$L = T - U$ を**ラグランジュ関数** (Lagrangian) とよぶ．

N 個の質点 m_i からなる r 自由度系を考える．系が釣り合いの位置にあるときに 0 となるような一般座標を $q_1, q_2, \cdots, q_r$ とすると，質点の直角座標系における位置ベクトル $\boldsymbol{r}_i$ は，一般座標の関数であり

$$\boldsymbol{r}_i = \boldsymbol{r}_i(q_1, q_2, \cdots, q_r) \qquad (7.16)$$

と表される．一般座標 q_k に変分 (仮想変位) δq_k を与えるとき，位置ベクトルの変分は

$$\delta \boldsymbol{r}_i = \frac{\partial \boldsymbol{r}_i}{\partial q_1} \delta q_1 + \frac{\partial \boldsymbol{r}_i}{\partial q_2} \delta q_2 + \cdots + \frac{\partial \boldsymbol{r}_i}{\partial q_r} \delta q_r = \sum_{k=1}^{r} \frac{\partial \boldsymbol{r}_i}{\partial q_k} \delta q_k \qquad (7.17)$$

となる．また，速度は

$$\dot{\boldsymbol{r}}_i = \sum_{k=1}^{r} \frac{\partial \boldsymbol{r}_i}{\partial q_k} \dot{q}_k + \frac{\partial \boldsymbol{r}_i}{\partial t} \qquad (7.18)$$

である．

質点に作用する力 $\boldsymbol{F}_i$ のする仮想仕事は，

$$\delta W = \sum_{i=1}^{N} \boldsymbol{F}_i \cdot \delta \boldsymbol{r}_i = \sum_{k=1}^{r} \sum_{i=1}^{N} \boldsymbol{F}_i \cdot \frac{\partial \boldsymbol{r}_i}{\partial q_k} \delta q_k \qquad (7.19)$$

である．ここで，

$$Q_k = \sum_{i=1}^{N} \boldsymbol{F}_i \cdot \frac{\partial \boldsymbol{r}_i}{\partial q_k} \qquad (7.20)$$

を**一般力** (general force) という．外力 $\boldsymbol{F}_i$ がポテンシャル U をもつ場合

$$\boldsymbol{F}_i = -\frac{\partial U}{\partial \boldsymbol{r}_i} \qquad (7.21)$$

と表せるので，一般力は

$$Q_k = \sum_{i=1}^{N} \bm{F}_i \cdot \frac{\partial \bm{r}_i}{\partial q_k} = -\sum_{i=1}^{N} \frac{\partial U}{\partial \bm{r}_i} \cdot \frac{\partial \bm{r}_i}{\partial q_k} = -\frac{\partial U}{\partial q_k} \qquad (7.22)$$

となる．ポテンシャルをもたない一般力 $\bar{Q}_k$ による仮想仕事は

$$\delta V = \sum_{k=1}^{r} \bar{Q}_k \delta q_k \qquad (7.23)$$

で与えられる．このとき，$U+V$ は**全ポテンシャルエネルギー** (total potential energy) であり，ラグランジュ関数は $L = T - (U+V)$ と表せる．

汎関数 (7.1) で関数 $F(t, y, \dot{y})$ をラグランジュ関数 $L(t, q_k, \dot{q}_k)$ に置き換えて変分を考えると

$$\begin{aligned}
\delta I = \tilde{I} - I &= \int_{t_1}^{t_2} \left(\frac{\partial L}{\partial q_k} \delta q_k + \frac{\partial L}{\partial \dot{q}_k} \delta \dot{q}_k - \bar{Q}_k \right) dt \\
&= \int_{t_1}^{t_2} \left(\frac{\partial L}{\partial q_k} - \frac{d}{dt} \frac{\partial L}{\partial \dot{q}_k} - \bar{Q}_k \right) \delta q_k \, dt + \left[\frac{\partial L}{\partial \dot{q}_k} \delta q_k \right]_{t_1}^{t_2} = 0 \quad (7.24)
\end{aligned}$$

となり，t_1 と t_2 においては $\delta q_k = 0$ なので [ ] 内の積分値は 0 となる．一方，$t_1 < t < t_2$ では δq_k は任意の微小値をとりうるので，$\delta I = 0$ であるためには

$$\frac{\partial L}{\partial q_k} - \frac{d}{dt} \frac{\partial L}{\partial \dot{q}_k} = \bar{Q}_k \qquad (7.25)$$

でなければならず，これを**ラグランジュ方程式** (Lagrange's equation) という．

力の釣り合いによって運動方程式を導きにくい場合には，ラグランジュ方程式を用いると便利である．以上の手順は連続体においても同様であり，微小要素の運動エネルギーとひずみエネルギーからラグランジュ関数を導けばよい．連続体に関してハミルトンの原理を適用すると，ラグランジュ方程式すなわち運動方程式を導く過程で，すべての境界条件の組み合わせが求められる．このため，境界条件の規定が困難な場合が多い連続体の解析では特に有用な手法といえる．

【例：ハミルトンの原理によるはりの運動方程式の導出】 長さ l，単位体積当たりの質量 ρ，断面積 A，曲げこわさ EI で外力 $f(x,t)$ が作用する一様な細長いはりを考える．はりのたわみを y とするとき，ハミルトンの原理は

$$\delta \int_{t_1}^{t_2} \int_0^l \left\{ \frac{\rho A}{2} \left(\frac{\partial y}{\partial t} \right)^2 - \frac{EI}{2} \left(\frac{\partial^2 y}{\partial x^2} \right)^2 + fy \right\} dx dt = 0 \quad (7.26)$$

と書ける．第 1 項を時間に関して，また第 2 項を長さに関して部分積分すると

$$\int_{t_1}^{t_2} \left\{ \int_0^l \left(\rho A \frac{\partial^2 y}{\partial t^2} + EI \frac{\partial^4 y}{\partial x^4} - f \right) (\delta y) \, dx \right.$$
$$\left. - \left[EI \frac{\partial^2 y}{\partial x^2} \delta \left(\frac{\partial y}{\partial x} \right) \right]_0^l + \left[EI \frac{\partial^3 y}{\partial x^3} (\delta y) \right]_0^l \right\} dt = 0 \qquad (7.27)$$

となる．δy は任意に取りうるので，上式が成立するためには

$$\rho A \frac{\partial^2 y}{\partial t^2} + EI \frac{\partial^4 y}{\partial x^4} = f \qquad (7.28)$$

$$\left. \begin{array}{l} EI \dfrac{\partial^2 y}{\partial x^2} \left(\delta \dfrac{\partial y}{\partial x} \right) \bigg|_0^l = 0 \\[2mm] EI \dfrac{\partial^3 y}{\partial x^3} (\delta y) \bigg|_0^l = 0 \end{array} \right\} \qquad (7.29)$$

でなければならない．式 (7.28) は運動方程式であり，式 (7.29) は境界条件を与える．式 (7.29) は，はりの両端 $(x = 0, l)$ において

$$EI \frac{\partial^2 y}{\partial x^2} = 0 \quad \text{または} \quad \frac{\partial y}{\partial x} = 0 \qquad (7.30)$$

および

$$EI \frac{\partial^3 y}{\partial x^3} = 0 \quad \text{または} \quad y = 0 \qquad (7.31)$$

となることを示している．

7.4　ガラーキンの方法

一般に連続体の運動方程式は

$$\mathbf{D} y = f \qquad (7.32)$$

と書ける．ここで $\mathbf{D}$ は微分演算子，y は変位，f は外力を表す．拘束条件を満足する仮想変位を δy とすると

$$\int \mathbf{D} y \, \delta y \, dV = \int f \, \delta y \, dV \qquad (7.33)$$

が成り立つ．ここで y に対して近似値 $\tilde{y}$ を用いると

$$\int \mathbf{D}\tilde{y}\,\delta y\,dV \neq \int f\,\delta y\,dV \tag{7.34}$$

である．今 Φ_i を座標関数として

$$\tilde{y} = \sum_{i=1}^{n} a_i \Phi_i \tag{7.35}$$

と表せば，係数 a_i を適切に調整し，$\tilde{y}$ を真の解 u にちかづけることによって式 (7.34) で等号が成立するようにできる．すべての境界条件を満足する Φ_j が選定され，δy に置き換えられるとすれば

$$\int (\mathbf{D}\tilde{y} - f)\Phi_j\,dV = 0 \tag{7.36}$$

となる．これより，未定係数 a_i に対する n 本の連立方程式が導かれる．このとき Φ_j を**試験関数** (trial function) という．この方法を一般に**重みつき残差法** (weighted residual method) とよぶが，特に試験関数に固有関数を用いるとき，**ガラーキンの方法** (Galerkin's method) とよぶ．

【例】 7.3 節の例と同じはりを考える．このとき，運動方程式は

$$\frac{d^2}{dx^2}\left(EI\frac{d^2 y}{dx^2}\right) - \omega^2 \rho A y = 0 \tag{7.37}$$

となる．ここで ω は角振動数である．はりのたわみ曲線を，境界条件を満足する適当な関数 $\Phi_i(x)$ を用いて

$$y(x) = \sum_{i=1}^{n} a_i \Phi_i(x) \tag{7.38}$$

と表し，式 (7.36) に代入すると

$$\int_0^l \sum_{i=1}^{n} a_i \left\{ \frac{d^2}{dx^2}\left(EI\frac{d^2 \Phi_i}{dx^2}\right) - \omega^2 \rho A \Phi_i \right\} \Phi_j\,dx = 0 \tag{7.39}$$

となり，

$$\sum_{i=1}^{n} (p_{ij} - \omega^2 q_{ij}) a_i = 0 \tag{7.40}$$

ただし，

$$\left.\begin{array}{l} p_{ij} = \displaystyle\int_0^l \frac{d^2}{dx^2}\left(EI\frac{d^2\Phi_i}{dx^2}\right)\Phi_j dx \\ q_{ij} = \displaystyle\int_0^l \rho A \Phi_i \Phi_j dx \end{array}\right\} \quad (7.41)$$

である．式 (7.40) より振動数方程式が導かれ，固有振動数が求まる．

7.5 レーリーの方法とリッツの方法

第 4 章では，連続体の振動を解析するために，微分方程式を解き，境界条件や初期条件を満足する解を用いて，固有振動や動的挙動を調べた．はりの断面が一定でない場合は断面積や曲げこわさが変化し，特別な場合を除いて方程式の解を得ることはむずかしい．実際にはこのような問題はきわめて多く，実用上十分な精度をもった近似解を得る必要があり，そのためにいくつかの方法が研究されている．連続体を前章の有限自由度系に置き換えて計算するのも有効な方法であるが，ここではエネルギーの概念を用いた**レーリーの方法** (Rayleigh's method) と**リッツの方法** (Ritz method) を，はりの曲げ振動を例に説明する．

7.5.1 レーリーの方法

変形するはりにたくわえられるポテンシャルエネルギーは曲げによるひずみエネルギーに等しく

$$U = \frac{1}{2}\int_0^l EI(x)\left(\frac{\partial^2 y}{\partial x^2}\right)^2 dx \quad (7.42)$$

運動エネルギーは

$$T = \frac{1}{2}\int_0^l \rho A(x)\left(\frac{\partial y}{\partial t}\right)^2 dx \quad (7.43)$$

である．減衰のない系ではエネルギー保存則

$$T + U = \text{const} \quad (7.44)$$

が成り立ち，このとき U と T の極大値は相等しい．振動するはりの変位を

$$y(x,t) = Y(x)\sin\omega t \quad (7.45)$$

と書けば

$$T_{\max} = \frac{\omega^2}{2}\int_0^l \rho A(x) Y^2(x) dx, \quad U_{\max} = \frac{1}{2}\int_0^l EI(x)\left[Y''(x)\right]^2 dx \quad (7.46)$$

で，両者を等しく置くことによって

$$\omega^2 = \frac{\int_0^l EI(x)\left[Y''(x)\right]^2 dx}{\int_0^l \rho A(x) Y^2(x) dx} \quad (7.47)$$

が得られる．ただし，$'$ は x に関する偏微分を表す．この式は固有振動モードと固有振動数との関係を与えており，正しい振動モードにちかい関数 $Y(x)$ を用いて計算すれば精度がよい固有振動数の近似値を得ることができる．

レーリーの方法は基本振動数に対してよい近似値を与える．例えば一様断面の片持はりについて，振動モードを自重による静たわみ

$$Y(x) = \frac{\rho A g}{2EI}\left(\frac{x^4}{12} - \frac{lx^3}{3} + \frac{l^2 x^2}{2}\right) \quad (7.48)$$

に等しいものと仮定すると，式 (7.47) により

$$\omega = \sqrt{\frac{EI\int_0^l (x^2 - 2lx + l^2)^2 dx}{\rho A \int_0^l (x^4/12 - lx^3/3 + l^2 x^2/2)^2 dx}} = \frac{3.530}{\rho^2}\sqrt{\frac{EI}{\rho A}} \quad (7.49)$$

となる．この場合の正解 (p.138, 表 4.1) $\lambda_1^2 = 1.875^2 \fallingdotseq 3.516$ と比べてやや大きいが，その差は 0.5% 以内である．

7.5.2 リッツの方法

レーリーの方法では振動モードを一つの関数で仮定している．このことは振動系にある拘束を加え，こわさを増したのと等しい効果を与えるので，これより計算される固有振動数は，真の値よりやや大きい値を示す．リッツの方法はこれを改良して，振動モード $Y(x)$ の仮定にいくらかの任意性を加え

$$Y(x) = a_1 \varphi_1(x) + a_2 \varphi_2(x) + \cdots + a_n \varphi_n(x) \quad (7.50)$$

のように，境界条件のうち少なくとも幾何学的な条件 (たわみと傾き) を満足する関数 $\varphi_i(x)$ ($i = 1, 2, \cdots, n$) を仮定して，未定係数 a_i を固有振動数 (7.47) が最も真値にちかい極小の値をとるように決めるものである．そのためには

$$\frac{\partial \omega^2}{\partial a_i} = \frac{\partial}{\partial a_i}\frac{\int_0^l EI(x)\left[Y''(x)\right]^2 dx}{\int_0^l \rho A(x) Y^2(x) dx} = 0 \quad (i = 1, 2, \cdots, n) \quad (7.51)$$

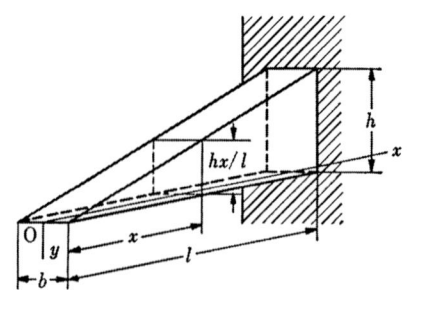

図 7.2　くさび形片持はり

の条件を用いて

$$\int_0^l \rho A(x) Y^2(x) dx \cdot \frac{\partial}{\partial a_i} \int_0^l EI(x)[Y''(x)]^2 dx$$
$$- \int_0^l EI(x)[Y''(x)]^2 dx \cdot \frac{\partial}{\partial a_i} \int_0^l \rho A(x) Y^2(x) dx = 0 \quad (7.52)$$

と書き，これを $\int_0^l \rho A(x) Y^2(x) dx$ で割って，式 (7.47) を用いると

$$\frac{\partial}{\partial a_i} \int_0^l EI(x)[Y''(x)]^2 dx - \omega^2 \frac{\partial}{\partial a_i} \int_0^l \rho A(x) Y^2(x) dx = 0 \quad (7.53)$$

となる．この式は a_i の 1 次の同次方程式で，すべての a_i が 0 でないためにはその係数で作った行列式が 0 でなくてはならない．これから ω^2 を解くことによって，より精度の高い固有振動数の値を得ることができる．

図 7.2 に示すくさび形片持はりを例にとって計算をしてみよう．自由端を原点にとり，はりの長さを l，固定端における断面の高さを h，はりの幅を $b(=$ 一定$)$ とすれば，面積と断面二次モーメントは

$$A = bh\frac{x}{l}, \qquad I = \frac{b}{12}\left(h\frac{x}{l}\right)^3 \quad (7.54)$$

となる．この場合の境界条件は

$$EI(0)Y''(0) = \frac{d}{dx}[EI(0)Y''(0)] = 0, \qquad Y(l) = Y'(l) = 0 \quad (7.55)$$

であるが，くさびの先端では $I(0) = I'(0) = 0$ であるから，自由端における境界条件はすでに満足されていることになる．固定端の条件を満足する振動モードは

$$Y(x) = a_1\left(1 - \frac{x}{l}\right)^2 + a_2 \frac{x}{l}\left(1 - \frac{x}{l}\right)^2 + \cdots \quad (7.56)$$

と書けるから，これを式 (7.53) に代入して，a_1, a_2 の係数で作った行列式から固有振動数を求めると

$$\omega = \frac{\sqrt{2.358}}{l^2}\sqrt{\frac{Eh^2}{\rho}} = \frac{1.536}{l^2}\sqrt{\frac{Eh^2}{\rho}} \tag{7.57}$$

となる．この問題は厳密解があり，固有振動数が

$$\omega = \frac{5.315}{2\sqrt{3}l^2}\sqrt{\frac{Eh^2}{\rho}} = \frac{1.534}{l^2}\sqrt{\frac{Eh^2}{\rho}} \tag{7.58}$$

の値をもつことを考えれば，リッツの方法による解がきわめて精度が高いものであることがわかる．リッツの方法で得られる固有振動数の精度は，振動モードを表す関数 (7.50) の項数に依存し，項数を増すにつれて，真の値より高い値から次第に減少しながら収束していく．

7.6 有限要素法

有限要素法 (finite element method) は，連続体を小さな有限要素に分割し，エネルギー原理より導かれる各有限要素に関する支配方程式を合成して全体系の支配方程式を行列表現する解析方法である．有限要素法は，きわめて汎用的であり，コンピュータによる数値計算に適した解析手法である．ここでは，はりの曲げ振動解析を例に，有限要素法の概要を紹介する．図 7.3 は，はりおよびはり要素を示す．長さ L のはりを 1 要素長 l の要素に n 等分し，要素における座標系を $u - w$ とする．厚さ h は長さ L，幅 b よりも十分小さいものとする．

節点 j と $j+1$ の間のはり要素内部のたわみを w_e とすると，要素の静的変形を表す微分方程式は

$$\frac{d^4 w_e(u)}{du^4} = 0 \tag{7.59}$$

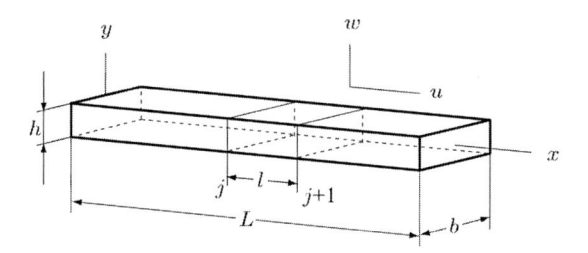

図 7.3 はりの有限要素

であり，上式の一般解は次式で表せる．

$$w_e(u) = a_1 + a_2 u + a_3 u^2 + a_4 u^3 \tag{7.60}$$

ただし，$a_1 \sim a_4$ は積分定数であり，はり要素の境界条件から一義的に決定される．

節点 j $(u=0)$ で，

$$w_e(0) = w_j, \qquad w'_e(0) = w'_j \tag{7.61}$$

節点 $j+1$ $(u=l)$ で，

$$w_e(l) = w_{j+1}, \qquad w'_e(l) = w'_{j+1} \tag{7.62}$$

とすると，式 (7.60) より，

$$\left.\begin{array}{l} w_j = a_1, \quad w'_j = a_2 \\ w_{j+1} = a_1 + a_2 l + a_3 l^2 + a_4 l^3 \\ w'_{j+1} = a_2 + 2 a_3 l + 3 a_4 l^2 \end{array}\right\} \tag{7.63}$$

が成り立つ．ただし，$'$ は u に関する偏微分を表す．

この式をマトリクス表示すると，

$$\left\{\begin{array}{c} w_j \\ w'_j \\ w_{j+1} \\ w'_{j+1} \end{array}\right\} = \left[\begin{array}{cccc} 1 & 0 & 0 & 0 \\ 0 & 1 & 0 & 0 \\ 1 & l & l^2 & l^3 \\ 0 & 1 & 2l & 3l^2 \end{array}\right] \left\{\begin{array}{c} a_1 \\ a_2 \\ a_3 \\ a_4 \end{array}\right\} \tag{7.64}$$

となる．この式より，積分係数 $a_1 \sim a_4$ は，

$$\left\{\begin{array}{c} a_1 \\ a_2 \\ a_3 \\ a_4 \end{array}\right\} = \left[\begin{array}{cccc} 1 & 0 & 0 & 0 \\ 0 & 1 & 0 & 0 \\ -\frac{3}{l^2} & -\frac{2}{l} & \frac{3}{l^2} & -\frac{1}{l} \\ \frac{2}{l^3} & \frac{1}{l^2} & -\frac{2}{l^3} & \frac{1}{l^2} \end{array}\right] \left\{\begin{array}{c} w_j \\ w'_j \\ w_{j+1} \\ w'_{j+1} \end{array}\right\} \tag{7.65}$$

となる．式 (7.65) を式 (7.60) に代入し，節点変位に関して整理すると次式が得られる．

$$\begin{aligned} w_e(u) &= \left(1 - \frac{3u^2}{l^2} + \frac{2u^3}{l^3}\right) w_j + \left(u - \frac{2u^2}{l} + \frac{u^3}{l^2}\right) w'_j \\ &\quad + \left(\frac{3u^2}{l^2} - \frac{2u^3}{l^3}\right) w_{j+1} + \left(-\frac{u^2}{l} + \frac{u^3}{l^2}\right) w'_{j+1} \end{aligned} \tag{7.66}$$

上式がはり要素におけるたわみ関数となる．式 (7.66) ははり要素内部の変位を表す関数であり，各項の係数である u の関数を**形状関数** (shape function) とよぶ．式 (7.66) の係数を $\phi_1, \phi_2, \phi_3, \phi_4$ と表すと，

$$w_e(u) = \phi_1 w_j + \phi_2 w'_j + \phi_3 w_{j+1} + \phi_4 w'_{j+1} = \{\boldsymbol{\Phi}\}^T \{\boldsymbol{w}_j\} \quad (7.67)$$

となる．ここで，

$$\{\boldsymbol{\Phi}\}^T = \{\phi_1 \ \phi_2 \ \phi_3 \ \phi_4\}, \qquad \{\boldsymbol{w}_j\} = \{w_j \ w'_j \ w_{j+1} \ w'_{j+1}\}^T$$

である．式 (7.66) を u で 2 回微分して次式を得る．

$$\frac{\partial^2 w_e(u)}{\partial u^2} = \left(-\frac{1}{l^2}\right) \left\{\begin{array}{c} 6(1-2u/l) \\ 2l(2-3u/l) \\ -6(1-2u/l) \\ 2l(1-3u/l) \end{array}\right\}^T \{\boldsymbol{w}_j\} = \{\boldsymbol{B}\}^T \{\boldsymbol{w}_j\} \quad (7.68)$$

はりの曲げこわさを EI，単位体積当たりの質量を ρ，断面積を A とすると，はり要素の運動エネルギー T と，ポテンシャルエネルギー U は，次式で与えられる．

$$\begin{aligned} T_e &= \frac{1}{2} \int_0^l \rho A \left\{\frac{\partial w_e(u)}{\partial t}\right\}^2 du \\ &= \frac{1}{2} \{\dot{\boldsymbol{w}}_j\}^T \left(\int_0^l \rho A \{\boldsymbol{\Phi}\} \{\boldsymbol{\Phi}\}^T du\right) \{\dot{\boldsymbol{w}}_j\} = \frac{1}{2} \{\dot{\boldsymbol{w}}_j\}^T [\boldsymbol{M}_e] \{\dot{\boldsymbol{w}}_j\} \end{aligned} \quad (7.69)$$

$$\begin{aligned} U_e &= \frac{1}{2} \int_0^l EI_z \left\{\frac{\partial^2 w_e(u)}{\partial u^2}\right\}^2 du \\ &= \frac{1}{2} \{\boldsymbol{w}_j\}^T \left(\int_0^l \{\boldsymbol{B}\} EI \{\boldsymbol{B}\}^T du\right) \{\boldsymbol{w}_j\} = \frac{1}{2} \{\boldsymbol{w}_j\}^T [\boldsymbol{K}_e] \{\boldsymbol{w}_j\} \end{aligned} \quad (7.70)$$

ただし，$[\boldsymbol{K}_e]$ は要素剛性マトリクス，$[\boldsymbol{M}_e]$ は要素質量マトリクスであり

$$[\boldsymbol{K}_e] = \int_0^l \{\boldsymbol{B}\} EI_z \{\boldsymbol{B}\}^T du \quad (7.71)$$

$$[M_\mathrm{e}] = \int_0^l \rho A \{\boldsymbol{\Phi}\} \{\boldsymbol{\Phi}\}^T du \tag{7.72}$$

である. 式 (7.69) と式 (7.70) をラグランジュ方程式に代入すると, はりの要素に関する運動方程式

$$[M_\mathrm{e}] \{\ddot{w}_j\} + [K_\mathrm{e}] \{w_j\} = 0 \tag{7.73}$$

が導かれる. 全体系の節点変位ベクトルを

$$\{w\} = \{w_1, w_1', \cdots, w_{n+1}, w_{n+1}'\}^T \tag{7.74}$$

と表すと, 節点 j と $j+1$ の間のはり要素内部のたわみ $\{w_j\}$ は, $(2j-1)$〜$(2j+2)$ 列が単位行列で他の要素が 0 である変換行列を用いて, 次式のように書ける.

$$\{w_j\} = \begin{bmatrix} 0 & \cdots & 1 & 0 & 0 & 0 & \cdots & 0 \\ 0 & \cdots & 0 & 1 & 0 & 0 & \cdots & 0 \\ 0 & \cdots & 0 & 0 & 1 & 0 & \cdots & 0 \\ 0 & \cdots & 0 & 0 & 0 & 1 & \cdots & 0 \end{bmatrix} \{w\} = [A_\mathrm{e}] \{w\} \tag{7.75}$$

これによって, N 個の要素に等分されたはり全体の運動エネルギーとポテンシャルエネルギーは

$$T = \frac{1}{2} \sum_{j=1}^{N} \{\dot{w}\}^T [A_\mathrm{e}]^T [M_\mathrm{e}] [A_\mathrm{e}] \{\dot{w}\} \tag{7.76}$$

$$U = \frac{1}{2} \sum_{j=1}^{N} \{w\}^T [A_\mathrm{e}]^T [K_\mathrm{e}] [A_\mathrm{e}] \{w\} \tag{7.77}$$

と表される. 式 (7.76), (7.77) をラグランジュ方程式に代入し, 全体系の質量, 剛性マトリクスをそれぞれ $[M_\mathrm{All}]$, $[K_\mathrm{All}]$ とすると, 全体系の運動方程式

$$[M_\mathrm{All}] \{\ddot{w}\} + [K_\mathrm{All}] \{w\} = 0 \tag{7.78}$$

が導かれる.

調和振動を考えて, $\{w\}$ を

$$\{w\} = \{C\} e^{j\omega t} \tag{7.79}$$

と表すと，$\{\ddot{\bm{w}}\}$ は次式となる．

$$\{\ddot{\bm{w}}\} = -\omega^2 \{\bm{C}\} e^{j\omega t} \tag{7.80}$$

ただし，ω は角振動数，$\{\bm{C}\}$ は振幅ベクトルであり，その成分は振動時におけるはり要素の各節点変位の振幅である．式 (7.79)，(7.80) を式 (7.78) に代入すると

$$\left[[\bm{K}_{\text{AII}}] - \omega^2 [\bm{M}_{\text{AII}}]\right] \{\bm{C}\} = 0 \tag{7.81}$$

を得る．この式が恒等的に成り立つ条件から，次の振動数方程式が求まる．

$$\det \left[[\bm{K}_{\text{AII}}] - \omega^2 [\bm{M}_{\text{AII}}]\right] = 0 \tag{7.82}$$

これは，式 (7.81) の固有値を求める固有値問題であり，式 (7.81) の固有値より固有振動数が，固有ベクトルより固有振動モードが求まる．

問 題 7

7.1 断面が一様な細い棒の縦振動の自由振動の運動方程式と境界条件をハミルトンの原理を用いて導け．ただし，全長を l，断面積を A，ヤング率を E，単位体積当たりの質量を ρ とする．

7.2 一様な断面をもつ片持はりの振動曲線を放物線 $y = ax^2$ で仮定し，レーリーの方法によって基本振動数を求めよ．この値を厳密解と比較することによって，はりの振動曲線の仮定が妥当なものであるかどうかを調べよ．

7.3 図 7.4 に示す幅が一定で，高さにテーパのついた両端支持はりの変位を一定断面のはりの変位関数 $y = a \sin(\pi x/l)$ で仮定し，レーリーの方法によって基本振動数を求めよ．

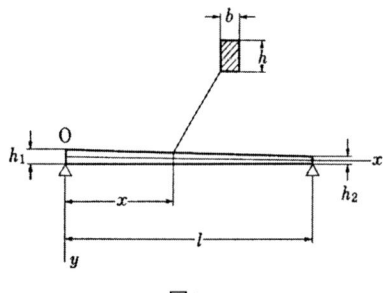

図 7.4

参 考 文 献

[1] 椹木義一：非線型振動論（1958），共立出版．
[2] 井町　勇編：機械振動学（1964），朝倉書店．
[3] 高橋利衞：機械振動とその防止（1964），オーム社．
[4] 亘理　厚：機械振動（1966），丸善．
[5] 田村章義：機械力学（1972），森北出版．
[6] 谷口　修編：振動工学ハンドブック（1976），養賢堂．
[7] 近藤恭平：工学基礎振動論（1993），培風館．
[8] 長松昭男：モード解析入門（1993），コロナ社．
[9] 大須賀公一：制御工学（1995），共立出版．
[10] 志水清孝，鈴木昌和：常微分・偏微分ノート（1995），コロナ社．
[11] 永井健一：ダイナミクスのシステム解析（2000），森北出版．
[12] 末岡淳男，金光陽一，近藤孝広：機械振動学（2000），朝倉書店．
[13] 土谷武士，江上　正：新版　現代制御工学（2000），産業図書．
[14] R. V. チャーチル（洪四方次訳）：応用ラプラス変換（1950），彰国社．
[15] J. P. デン・ハルトック（谷口　修，藤井澄二訳）：機械振動論[改訂版]（1960），コロナ社．
[16] N. N. ボゴリューボフ，U. A. ミトロポリスキー（益子正教訳）：非線型振動論（1961），共立出版．
[17] L. S. ジェコブセン，R. S. エーア（後藤尚男，金多　潔訳）：機械と構造物のための振動工学（1961），丸善．
[18] N. O. マイクルスタッド（小掘与一訳）：機械振動解析（1968），ブレイン図書．
[19] T. v. カルマン，M. A. ビオ（村上勇次郎ほか訳）：工学における数学的方法 上，下（1969），法政大学出版局．
[20] C. L. ディム，I. H. シャームス(砂川　恵監訳)：材料力学と変分法(1977)，ブレイン図書．
[21] S. P. Timoshenko, D. H. Young and W. Weaver Jr.（谷口　修，田村章義訳）：新版工業振動学（1977），コロナ社．
[22] E. クライツィグ（堀　素夫, 近藤次郎監訳）：技術者のための高等数学[第8版]（2003-2004），培風館．
[23] N. Minorsky : Introduction to Non-linear Mechanics (1947), Edwards Brothers.
[24] A. A. Andronow and S. E. Chaikin : Theory of Oscillations (1949), Princeton Univerity Press.
[25] J. J. Stoker : Nonlinear Vibrations in Mechanical and Electrical System (1950), Interscience Publishers.
[26] R. E. D. Bishop and D. C. Johnson : Mechanics of Vibration (1960), Cambridge University Press.
[27] S. H. Crandall and W. D. Mark : Random Vibration in Mechanical Systems (1963), Academic Press.
[28] Y. Chen : Vibrations (1966), Addison-Wesley.
[29] C. M. Harris and C. E. Crede (ed.) : Shock and Vibration Handbook (2nd ed.), (1976), McGraw-Hill.
[30] T. Y. Young : Finite Element Structural Analysis (1986), Prentice Hall.
[31] S. S. Rao : Mechanical Vibrations (4th ed.), (2004), Pearson Prentice Hall.

問題の解答とヒント

1.1 $v_{\max} = 0.19\,[\text{m/s}]$, $a_{\max} = 18\,[\text{m/s}^2]$

1.2 台の加速度が重力加速度をこえると飛び上がる．2.5 mm 以下．

1.3 (1) $f = 0.25\,[\text{Hz}]$, (2) $x_0 = 2.6\,[\text{mm}]$, $v_0 = 2.4\,[\text{mm/s}]$, $a_0 = -6.4\,[\text{mm/s}^2]$,
(3) $x_{0.5} = 2.9\,[\text{mm}]$, $v_{0.5} = -1.2\,[\text{mm/s}]$, $a_{0.5} = -7.2\,[\text{mm/s}^2]$

1.4 $A = 4.9\,[\text{mm}]$, $\varphi = 54°$, $C = 2.9\,[\text{mm}]$, $D = 4.0\,[\text{mm}]$

1.5 $x + y = (5\cos\pi/3 + 3\cos\pi/4)\sin 30t + (5\sin\pi/3 + 3\sin\pi/4)\cos 30t$
$= 7.93\sin(30t + 54°)$

1.6 $x = A_1 \sin(3t + \varphi + \pi/4) + A_2 \sin(3t + \varphi - \pi/3)$
$= \left(\dfrac{1}{\sqrt{2}}A_1 + \dfrac{1}{2}A_2\right)\sin(3t + \varphi) + \left(\dfrac{1}{\sqrt{2}}A_1 - \dfrac{\sqrt{3}}{2}A_2\right)\cos(3t + \varphi)$

とおいて A_1, A_2 を求める．

$x = 7.17\sin(3t + \varphi + \pi/4) + 5.86\sin(3t + \varphi - \pi/3)$

1.7 (1) $5e^{j\cdot 53°}$, (2) $-5 + 10j = 5\sqrt{5}e^{j\cdot 117°}$, (3) $0.44 + 0.08j = 0.45e^{j\cdot 10°}$

1.8 図 A　　**1.9** 図 B

1.10 式 (1.19), (1.20) により，$v = 5.6(\sin 188t + 0.091\sin 376t + \cdots)\,[\text{m/s}]$,
$a = 1060(\cos 188t + 0.182\cos 376t + \cdots)\,[\text{m/s}^2]$

2.1 $\omega_\text{n} = \sqrt{EA/ml}$

2.2 $k = 1.7\,[\text{kN/m}]$, $k_\text{t} = 0.34\,[\text{N·m}]$

2.3 6.7 Hz

2.4 $\omega_\text{n} = \sqrt{48EI/ml^3}$

はりをばねと考えると，二つの直列ばねの合成と考えられる．

$\omega_\text{n} = \sqrt{\dfrac{k}{m(1 + kl^3/48EI)}}$

2.5 $k = 3.2\,[\text{kN/m}]$, $m = 7.8\,[\text{kg}]$

2.6 物体が x だけ変位したとき，ばねの伸びは $x\cos\alpha$ で，x 方向の復原力の成分は $-kx\cos^2\alpha$ に等しい．したがって

$\omega_\text{n} = \sqrt{k/m}\,\cos\alpha$

2.7 片方の管の液面が静止液面より x だけ上昇すれば，他方の液面は x だけ下降

図 A   図 B

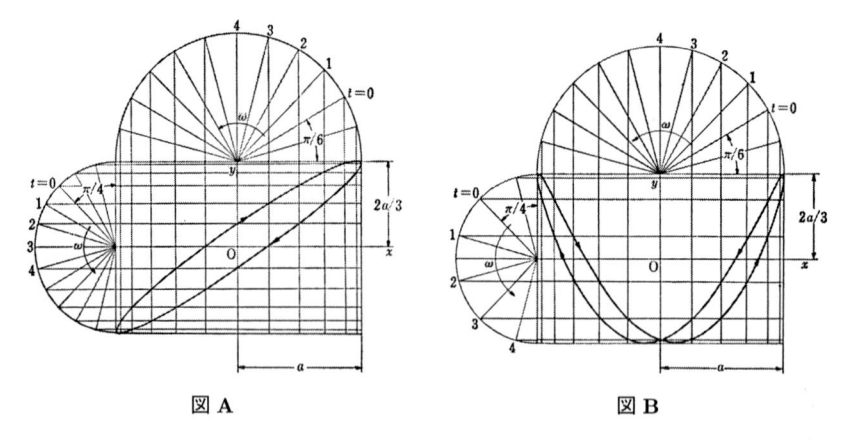

する．したがって復原力は $-2\rho Agx$ (ρ は液体の密度，A は管の断面積) で，液柱の運動方程式は
$$\rho Al\ddot{x} + 2\rho Agx = 0$$
と書ける．こうして
$$\omega_n = \sqrt{2g/l}$$

2.8 比重計が x だけ沈んだときの浮力は $-\rho g(\pi d^2/4)x$ で，これより
$$\omega_n = \sqrt{(\pi/4)(\rho g/m)}d$$

2.9 ボートが φ だけ傾いたときの復原モーメントは $-Mgh\varphi$，したがって
$$\omega_n = \sqrt{Mgh/J}$$

2.10 ピボット周りの運動方程式は $mb^2\ddot{\theta} + ka^2\theta = 0$ で，これから
$$\omega_n = (a/b)\sqrt{k/m}$$

2.11 棒が微小な角 θ だけ回転したとき，ばねの伸びは $(l\theta/2)\cos 45°$ で，ピボットの周りには大きさ $(kl\theta/2)\cos 45° \cdot (l/2)\sin 45° = (kl^2/8)\theta$ の復原モーメントが働く．したがって
$$\omega_n = \sqrt{kl^2/8I} = \sqrt{3k/8m} \qquad \{I = (1/3)ml^2\}$$

2.12 棒の回転角を θ，質量の変位を x とすれば
$$m\ddot{x} = -k_2(x - l\theta), \qquad k_1 a^2 \theta = k_2 l(x - l\theta)$$
角 θ を消去して質量 m の運動方程式
$$m\ddot{x} + \frac{k_1 k_2 a^2}{k_1 a^2 + k_2 l^2} x = 0$$
が得られる．これより

$$\omega_\mathrm{n} = \sqrt{\frac{k_1 k_2 a^2}{m(k_1 a^2 + k_2 l^2)}}$$

2.13 円板の両側の軸は並列ばねと考えられる．したがって

$$\omega_\mathrm{n} = \sqrt{\frac{G\pi d_1^4 d_2^4}{16 J(l_1 d_2^4 + l_2 d_1^4)}}$$

2.14 図 C のように棒の中心 O の周りの復原モーメントは $-2(T\varphi)(b/2)$．$T = mg/2$, $l\varphi = (b/2)\theta$ なので，このモーメントの大きさは $-(mgb^2/4l)\theta$ となる．したがって棒の回転運動の方程式は

$$I\ddot{\theta} + (mgb^2/4l)\theta = 0 \qquad \{I = (1/12)mb^2\}$$

で，これより

$$\omega_\mathrm{n} = \sqrt{3g/l}$$

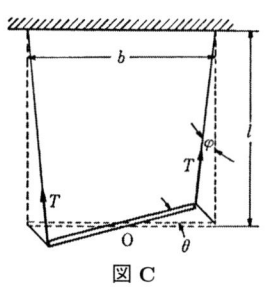

図 C

2.15 斜面に沿った中心軸の変位を x，円板の回転角を θ とすれば，系のエネルギーは

$$\frac{1}{2}m\dot{x}^2 + \frac{1}{2}I\dot{\theta}^2 + \frac{1}{2}kx^2 = \mathrm{const}$$

となる．円板がすべらないでころがるときは $\theta = x/r$ で，これから

$$\omega_\mathrm{n} = \sqrt{\frac{k}{m + I/r^2}} = \sqrt{\frac{2k}{3m}} \qquad \left(I = \frac{1}{2}mr^2\right)$$

2.16 運動方程式は

$$ml^2\ddot{\theta} + cb^2\dot{\theta} + ka^2\theta = 0$$

これより

$$\omega_\mathrm{d} = \frac{a}{l}\sqrt{\frac{k}{m}}\sqrt{1 - \frac{b^4 c^2}{4a^2 l^2 mk}}, \qquad c_\mathrm{c} = 2\frac{al}{b^2}\sqrt{mk}$$

2.17 空気抵抗を無視すれば，空気中での周期は

$$T = 2\pi\sqrt{m/k}$$

液体中では

$$nT = 2\pi\sqrt{\frac{m/k}{1 - (C_\mathrm{D} S/2\sqrt{mk})^2}}$$

この二つの式から抵抗係数 C_D を解いて

$$C_\mathrm{D} = (2\sqrt{mk}/S)\sqrt{1 - 1/n^2}$$

2.18 式 (2.54) を用いて

$$x_0/x_{10} = 4 = e^{10(2\pi\zeta\sqrt{1-\zeta^2})} \approx e^{20\pi\zeta}$$

これより $\zeta = 0.022$, $c = 170\,[\mathrm{N/(m/s)}]$

2.19 式 (2.59), (2.60) により, $f_n = 5.3\,[\mathrm{Hz}]$, $c_c = 48\,[\mathrm{kN/(m/s)}]$

2.20 $F = 220\,[\mathrm{N}]$, $\mu = 0.24$, $f_n = 13\,[\mathrm{Hz}]$

2.21 1/2 サイクルごとに振幅が $2F/k$ だけ減少するから, $n \times (1/2\,\text{サイクル})$ 後の振幅は初期変位を x_0 として

$$x_{(1/2)n} = x_0 - 2nF/k$$

となる．これが正の値であるためには

$$n < kx_0/2F = 3.3$$

したがって 1.5 回振動したのち停止する．その停止位置は初期位置からほぼ 13 mm のところである．

2.22 速度振幅が $T/J\omega$ の正弦的な変動をする．

2.23 $ml^2\ddot{\theta} + cb^2\dot{\theta} + ka^2\theta = F_0 l\sin\omega t$ を解いて

$$\theta = \frac{F_0 l}{\sqrt{(ka^2 - ml^2\omega^2)^2 + (cb^2\omega)^2}}\sin(\omega t - \varphi), \quad \varphi = \tan^{-1}\frac{cb^2\omega}{ka^2 - ml^2\omega^2}$$

ばねの位置に加振力が働くときは，単に $F_0 l$ を $F_0 a$ にかえればよい．

2.24 $m\ddot{x} + c(\dot{x} - \dot{x}') + kx = F_0 e^{j\omega t}$, $\quad k'x' - c(\dot{x} - \dot{x}') = 0$

これらの式に $x = \tilde{A}e^{j\omega t}$, $x' = \tilde{A}'e^{j\omega t}$ を代入して，$\tilde{A}$ を解くことにより

$$x = \frac{(k' + jc\omega)F_0}{(k - m\omega^2)k' + jc\omega(k + k' - m\omega^2)}e^{j\omega t}$$

$c \to 0$ あるいは $k' \to 0$ のときは質量 m とばね k 系, $c \to \infty$ のときは質量 m と並列ばね k, k' 系, $k' \to \infty$ のときは質量 m とばね k, ダンパ c の並列系．

2.25 $A = F_0/c\omega$ より $c = 2\,[\mathrm{kN/(m/s)}]$

2.26 $k = 160\,[\mathrm{kN/m}]$, $\zeta = 0.11$. 加振振動数を 5 Hz に上げると振幅は 2.8 mm.

2.27 P 点に強制変位 $u = Ae^{j\omega t}$ を与えるときは

(a) $m\ddot{x} + c\dot{x} + kx = jc\omega A e^{j\omega t}$ で，これを解いて

$$x = \frac{c\omega A}{\sqrt{(k - m\omega^2)^2 + (c\omega)^2}}e^{j(\omega t + \varphi)}, \quad \varphi = \tan^{-1}\frac{k - m\omega^2}{c\omega}$$

(b) $m\ddot{x} + c\dot{x} + kx = kAe^{j\omega t}$ で，これより

$$x = \frac{kA}{\sqrt{(k - m\omega^2)^2 + (c\omega)^2}}e^{j(\omega t - \varphi')}, \quad \varphi' = \tan^{-1}\frac{c\omega}{k - m\omega^2}$$

P 点に加振力 $F_0 e^{j\omega t}$ が働くときは，先端のダンパやばねの存在には関係なく，直接力が質量 m に働く場合と等しい．

2.28 $|\ddot{x}_{\max}| = \dfrac{2m_{\mathrm{u}}e\omega^2}{k-(M+2m_{\mathrm{u}}+m)\omega^2}\omega^2 \geq 10g$ より $f = 320\,[\mathrm{rpm}]$

2.29 $156\,[\mathrm{kN/m}]$

2.30 $V = 12.6\,[\mathrm{m/s}] = 45\,[\mathrm{km/h}]$

2.31 危険速度は軸の固有振動数に等しい．$1150\,[\mathrm{rpm}]$

2.32 $1730\,[\mathrm{rpm}]$

2.33 $\dot{x}>0$ で運動する場合，左端から右端にいたる間のエネルギー変化を考えると

$$\left|\frac{1}{2}m\dot{x}^2\right|_{-A_1}^{A_2} + \left|\frac{1}{2}kx^2\right|_{-A_1}^{A_2} = -\left|Fx\right|_{-A_1}^{A_2}$$

で，これより半サイクルの振幅の減少量が求められる．

2.34 (1) $f(x) = h\left\{\dfrac{1}{2} + \dfrac{2}{\pi}\left(\sin x + \dfrac{1}{3}\sin 3x + \dfrac{1}{5}\sin 5x + \cdots\right)\right\}$

(2) $f(x) = h\left\{\dfrac{1}{2} - \dfrac{4}{\pi^2}\left(\cos x + \dfrac{1}{3^2}\cos 3x + \dfrac{1}{5^2}\cos 5x + \cdots\right)\right\}$

2.35

(1) $\dfrac{2}{s^3}$，(2) $\dfrac{2s+\omega}{s^2+\omega^2}$，(3) $\dfrac{\omega}{s^2+4\omega^2}$，(4) $\dfrac{F_0}{s}e^{-st_1}(1-e^{-s\tau})$，(5) $\dfrac{2F_0}{\tau s^2}(1-e^{-s\tau/2})^2$

2.36 (1) $e^t + e^{-2t}$，(2) $u(t) - (1+2t)e^{-2t}$

(3) $\dfrac{1}{3a^2}\left\{e^{-at} - e^{(1/2)at}\left(\cos\dfrac{\sqrt{3}}{2}at - \sqrt{3}\sin\dfrac{\sqrt{3}}{2}at\right)\right\}$

(4) $-\dfrac{1}{3a}\left\{e^{-at} - e^{(1/2)at}\left(\cos\dfrac{\sqrt{3}}{2}at + \sqrt{3}\sin\dfrac{\sqrt{3}}{2}at\right)\right\}$

(5) $u(t-a) = \begin{cases} 0 & (t<a) \\ 1 & (t>a) \end{cases}$

2.37 単位ステップ関数を用いて

$$x(t) = \frac{2F_0}{k\tau}\left(t - \frac{1}{\omega_{\mathrm{n}}}\sin\omega_{\mathrm{n}}t\right)u(t) - \frac{4F_0}{k\tau}\left\{t - \frac{\tau}{2} - \frac{1}{\omega_{\mathrm{n}}}\sin\omega_{\mathrm{n}}\left(t - \frac{\tau}{2}\right)\right\}$$

$$\times u\left(t - \frac{\tau}{2}\right) + \frac{2F_0}{k\tau}\left\{t - \tau - \frac{1}{\omega_{\mathrm{n}}}\sin\omega_{\mathrm{n}}(t-\tau)\right\}u(t-\tau)$$

2.38 (a) $x(t) = \dfrac{F_{\mathrm{v}}}{k}\left(t - \dfrac{1}{\omega_{\mathrm{n}}}\sin\omega_{\mathrm{n}}t\right)$

(b) $x(t) = \dfrac{F_{\mathrm{a}}}{k}\left\{\dfrac{1}{2}t^2 - \dfrac{1}{\omega_{\mathrm{n}}^2}(1-\cos\omega_{\mathrm{n}}t)\right\}$

2.39 器械 m の地上での静止位置から下向きに測った変位は

$$x = (\sqrt{2gh}/\omega_{\mathrm{d}})e^{-\zeta\omega_{\mathrm{n}}t}\sin\omega_{\mathrm{d}}t$$

容器が接地する瞬間 $(t=0)$ には，$x=0$，$\dot{x}=\sqrt{2gh}$ であることに注意せよ．

2.40 方程式を初期状態ゼロとしてフーリエ変換すると

$$(j\omega)^2 Y + 101(j\omega)Y + 100Y = 100U$$

したがって，周波数伝達関数は

$$G(j\omega) = \dfrac{Y}{U} = \dfrac{100}{(j\omega)^2 + 101(j\omega) + 100}$$

2.41 周波数伝達関数を書き直すと

$$G(j\omega) = \dfrac{100}{(j\omega+1)(j\omega+100)}$$

ここで，

$$G_1(j\omega) = \dfrac{1}{j\omega+1}, \quad G_2(j\omega) = \dfrac{100}{j\omega+100}$$

として，それぞれのボード線図を描いて足し合わせる (図 D)．

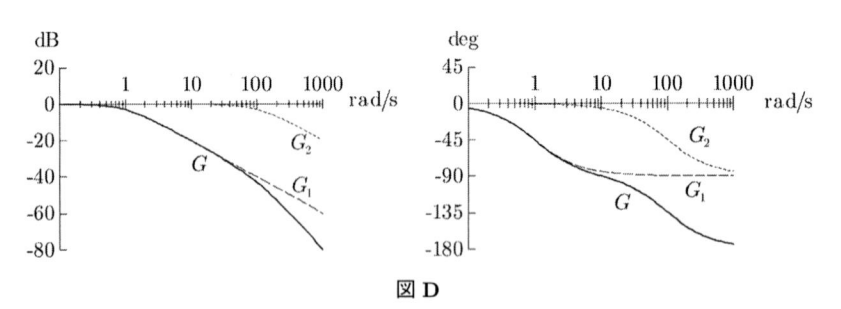

図 D

2.42 方程式を初期状態を 0 としてフーリエ変換すると

$$(j\omega)^2 Y + 3(j\omega)Y + Y = U$$

したがって，周波数伝達関数は

$$G(j\omega) = \dfrac{Y}{U} = \dfrac{1}{(j\omega)^2 + 3(j\omega) + 1}$$

となる．周波数伝達関数は余弦波入力時の定常応答特性を表すので，$\omega=1$ として，伝達関数の大きさ (ゲイン) と位相を求めると

$$|G(j\omega)| = \dfrac{1}{\sqrt{(1-\omega^2)^2 + 9\omega^2}} = \dfrac{1}{3}, \quad \angle G(j\omega) = \tan^{-1}\dfrac{-3\omega}{1-\omega^2} = -\dfrac{\pi}{2}$$

問題の解答とヒント　*223*

であり，応答は
$$y(t) = |G(j\omega)|\cos(t + \angle G) = (1/3)\cos(t - \pi/2)$$

2.43 状態フィードバック入力を状態方程式に代入して整理すると
$$\begin{bmatrix} \dot{x}_1 \\ \dot{x}_2 \end{bmatrix} = \begin{bmatrix} 0 & 1 \\ 2+f_1 & 3+f_2 \end{bmatrix} \begin{bmatrix} x_1 \\ x_2 \end{bmatrix}$$
となる．閉ループ系のシステム行列の固有値が極に一致すればよいので
$$(s+2-j)(s+2-j) = s^2 + 4s + 5 = \begin{vmatrix} s & -1 \\ -2-f_1 & s-3-f_2 \end{vmatrix}$$
$$= s^2 - (3+f_2)s - (2+f_1)$$
したがって，$f_1 = -7$, $f_2 = -7$.

3.1 $\omega_1 = \sqrt{k/2J}$, $\omega_2 = \sqrt{2k/J}$

3.2 $\omega_1 = 0.614\sqrt{k/J}$, $\omega_2 = 1.881\sqrt{k/J}$

3.3 式 (3.18) を用いる．2.3 [Hz]

3.4 $m\ddot{x} + k_2 x - k_2 r\theta = 0$, $J\ddot{\theta} + (k_1 + k_2)r^2\theta - k_2 r x = 0$
$mJ\omega^4 - \{m(k_1+k_2)r^2 + Jk_2\}\omega^2 + k_1 k_2 r^2 = 0$ より ω を解く．

3.5 $m_1(a+b+c)^2\ddot{\theta}_1 + \{k_1(a+b)^2 + k_2 a^2\}\theta_1 - k_2 ae\theta_2 = 0$
$m_2(d+e)^2\ddot{\theta}_2 + k_2 e^2\theta_2 - k_2 ae\theta_1 = 0$
これより振動数方程式は以下のように導かれる．
$$m_1 m_2(a+b+c)^2(d+e)^2\omega^4 - [m_1(a+b+c)^2 k_2 e^2$$
$$+ m_2(d+e)^2\{k_1(a+b)^2 + k_2 a^2\}]\omega^2 + k_1 k_2(a+b)^2 e^2 = 0$$

3.6 $(m_1 + m_2)l_1\ddot{\theta}_1 + m_2 l_2\ddot{\theta}_2 + (m_1 + m_2)g\theta_1 = 0$
$l_1\ddot{\theta}_1 + \ddot{\theta}_2 + g\theta_2 = 0$
固有振動数は
$$m_1 l_1 l_2 \omega^4 - (m_1 + m_2)g(l_1 + l_2)\omega^2 + (m_1 + m_2)g^2 = 0$$
を解いて得られる．$m_1 = m_2 = m$, $l_1 = l_2 = l$ のときは
$$\omega_1 = 0.765\sqrt{g/l}, \qquad \omega_2 = 1.848\sqrt{g/l}$$

3.7 $(M+m)\ddot{x} + ml\ddot{\theta} + kx = 0$, $\ddot{x} + l\ddot{\theta} + g\theta = 0$
振動数方程式は，$Ml\omega^4 - \{kl + (M+m)g\}\omega^2 + kg = 0$

3.8 1 自由度．
$$(M + J/r^2 + m)\ddot{x} + ml\ddot{\theta} = 0, \qquad \ddot{x} + l\ddot{\theta} + g\theta = 0$$
固有振動数は
$$\omega_n = \sqrt{1 + \frac{2m}{3M}}\sqrt{\frac{g}{l}}$$

3.9 $\omega_n = \sqrt{1 + \dfrac{2m}{3M}}\sqrt{\dfrac{k}{m}}$

3.10 $A_1 = \dfrac{F_0}{m\omega^2}\left|\dfrac{k - 2m\omega^2}{3k - 2m\omega^2}\right|, \quad A_2 = \dfrac{F_0}{m\omega^2}\left|\dfrac{k}{3k - 2m\omega^2}\right|$

ダンパが入ると

$$A_1 = \dfrac{F_0}{m\omega^2}\sqrt{\dfrac{(k - 2m\omega^2)^2 + (c\omega)^2}{(3k - 2m\omega^2)^2 + (3c\omega)^2}},$$

$$A_2 = \dfrac{F_0}{m\omega^2}\sqrt{\dfrac{k^2 + (c\omega)^2}{(3k - 2m\omega^2)^2 + (3c\omega)^2}}$$

3.11 $m\ddot{x}_1 - k(x_2 - x_1) = F_0 \sin\omega t, \quad 2m\ddot{x}_2 + k(x_2 - x_1) - 2k(x_3 - x_2) = 0$
$1.5m\ddot{x}_3 + 2k(x_3 - x_2) = 0$

において $x_i = A_i \sin\omega t$ として得られる式

$$\begin{bmatrix} k - m\omega^2 & -k & 0 \\ -k & 3k - 2m\omega^2 & -2k \\ 0 & -2k & 2k - 1.5m\omega^2 \end{bmatrix}\begin{Bmatrix} A_1 \\ A_2 \\ A_3 \end{Bmatrix} = \begin{Bmatrix} F_0 \\ 0 \\ 0 \end{Bmatrix}$$

から A_i を解け.

3.12 右側の質量に力が働くときは，つぎの並進と回転振動が起こる.

$$x = \dfrac{F_0/2}{\sqrt{(k - m\omega^2)^2 + (c\omega)^2}}e^{j(\omega t - \varphi)}, \quad \varphi = \tan^{-1}\dfrac{c\omega}{k - m\omega^2}$$

$$\theta = \dfrac{F_0 l/2}{\sqrt{(ka^2 - ml^2\omega^2)^2 + (cb^2\omega)^2}}e^{j(\omega t - \psi)}, \quad \psi = \tan^{-1}\dfrac{cb^2\omega}{ka^2 - ml^2\omega^2}$$

3.13 ダンパの振幅は

$$A = \dfrac{F_0 k}{\sqrt{\{k(m_1 + m_2)\omega^2 - m_1 m_2\omega^4\}^2 + \{c\omega(k - m_1\omega^2)\}^2}}$$

で，これに $c\omega$ 倍した大きさの力が基礎に伝達される. ばねとダンパの配列を入れ換えると，ダンパの振幅は

$$A' = \dfrac{F_0|k - m_2\omega^2|}{\sqrt{\{m_1\omega^2(k - m_2\omega^2)\}^2 + \{c\omega(k - (m_1 + m_2)\omega^2)\}^2}}$$

基礎に伝達される力の大きさは以下のようになる.

$$|F_T| = \dfrac{F_0 k c\omega}{\sqrt{\{m_1\omega^2(k - m_2\omega^2)\}^2 + \{c\omega(k - (m_1 + m_2)\omega^2)\}^2}}$$

3.14 $m\ddot{x} + 2k_1 x + 2k_1 h\theta = 0, \quad m\ddot{y} + 2k_2 y = 0$
$mi^2\ddot{\theta} + 2(k_1 h^2 + k_2 b^2)\theta + 2k_1 h x = 0$

上下方向には $\omega = \sqrt{2k_2/m}$. ロッキング振動数は

$$\omega^2 = \frac{1}{2}\left\{\omega_x^2 + \omega_\theta^2 \mp \sqrt{(\omega_x^2 - \omega_\theta^2)^2 + 4\omega_x^4 \frac{h^2}{i^2}}\right\}$$

ここで

$$\omega_x^2 = \frac{2k_1}{m}, \qquad \omega_\theta^2 = \frac{2(k_1 h^2 + k_2 b^2)}{mi^2}$$

3.15 一つの質量に，単位の大きさの水平力が働く場合の各質量の変位 (影響係数の定義) を計算する．

$$[a_{ij}] = \frac{1}{\Delta}\begin{bmatrix} k_2 k_3 + k_3 k_4 + k_4 k_2 & k_2(k_3 + k_4) & k_2 k_3 \\ k_2(k_3 + k_4) & (k_1 + k_2)(k_3 + k_4) & k_3(k_1 + k_2) \\ k_2 k_3 & k_3(k_1 + k_2) & k_2 k_3 + k_3 k_1 + k_1 k_2 \end{bmatrix}$$

ここで

$$\Delta = \left(\frac{1}{k_1} + \frac{1}{k_2} + \frac{1}{k_3} + \frac{1}{k_4}\right) k_1 k_2 k_3 k_4$$

右辺のばねを取り除けば $k_4 = 0$．固有振動数は式 (3.47) から計算できる．

3.16 $[a_{ij}] = \dfrac{1}{16T}\begin{bmatrix} 3 & 2 & 1 \\ 2 & 4 & 2 \\ 1 & 2 & 3 \end{bmatrix}$

$$\omega_1 = 1.53\sqrt{T/ml}, \qquad \omega_2 = 2.83\sqrt{T/ml}, \qquad \omega_3 = 3.70\sqrt{T/ml}$$

3.17 この場合の影響係数は

$$a_{11} = a_{22} = 23l^3/1536EI, \qquad a_{12} = a_{21} = 3l^3/512EI$$

で，固有振動数は

$$\omega_1 = 6.93\sqrt{EI/ml^3}, \qquad \omega_2 = 10.47\sqrt{EI/ml^3}$$

3.18 この系の影響係数は

$$a_{11} = \frac{l_1^3}{3EI}, \qquad a_{22} = \frac{(l_1 + l_2)^3}{3EI}, \qquad a_{12} = a_{21} = \frac{l_1^2(2l_1 + 3l_2)}{6EI}$$

各質量の振幅は

$$A_1 = \frac{F_0 a_{12}}{|(1 - a_{11}m_1\omega^2)(1 - a_{22}m_2\omega^2) - a_{12}^2 m_1 m_2 \omega^4|}$$

$$A_2 = \frac{F_0 |a_{22}(1 - a_{11}m_1\omega^2) + a_{12}^2 m_1 \omega^2|}{|(1 - a_{11}m_1\omega^2)(1 - a_{22}m_2\omega^2) - a_{12}^2 m_1 m_2 \omega^4|}$$

加振振動数が

$$\omega = \sqrt{\frac{12EI(l_1 + l_2)^3}{m_1 l_1^3 l_2^2 (3l_1 + 4l_2)}}$$

のとき，自由端の振幅 A_2 が 0 となる．

3.19 (1) 安定，(2) 不安定

3.20 $k > 2\sqrt{2} - 1$

3.21 断面が上下方向に $\dot{x}$ の速さで運動するとき，空気の流れは断面に $\alpha = (\pi/2) - \beta$ $(\beta = \dot{x}/V)$ の角度で当り，大きさがそれぞれ

$$L_0 \sin(\pi - 2\beta) = L_0 \sin 2\beta$$

$$D_0 \left\{ 1 - \frac{1}{2} \cos(\pi - 2\beta) \right\} = D_0 \left(1 + \frac{1}{2} \cos 2\beta \right)$$

の揚力と抗力が働く．$\dot{x}$ の方向に働く空気力の成分は

$$F(\beta) = L_0 \sin 2\beta \cos \beta - D_0 \left(1 + \frac{1}{2} \cos 2\beta \right) \sin \beta$$

で，運動が安定であるためには $dF/d\beta < 0$，したがって $L_0/D_0 < 3/4$ でなければならない．

3.22 つりあい位置からのタンクの水位の変動量を h とすれば $A\dot{h} = Q_0 - Q$ で，流出する水の流量は，水位および弁の開度 x とほぼ $Q - Q_0 = \alpha h + \beta x$ (α, β は正の比例定数) の関係にあるので

$$A\dot{h} + \alpha h + \beta x = 0$$

が成り立つ．一方，弁の運動方程式は

$$m\ddot{x} + c\dot{x} + kx = \gamma h \quad (\gamma は正の定数)$$

で

$$c(\alpha^2 m + \alpha A c + A^2 k) > \beta \gamma A m$$

のとき安定となる．

3.23 $\{q\} = \{a\} e^{j\omega t}$ と置いて代入すると

$$(-\omega^2 [M] + [K])\{a\} = 0$$

となる．この関係は，r 次の固有振動数においても成り立つので

$$(-\omega_r^2 [M] + [K])\{a_r\} = 0$$

である．左から s 次の固有ベクトルの転置 $\{a_s\}^T$ を掛けると

$$\{a_s\}^T (-\omega_r^2 [M] + [K])\{a_r\} = 0$$

同様に $s(\neq r)$ 次に対して

$$\{a_r\}^T (-\omega_s^2 [M] + [K])\{a_s\} = 0$$

が成り立ち，質量行列と剛性行列が実対称行列となることに注意して，上式の転置をとると

$$\{a_s\}^T (-\omega_s^2 [M] + [K])\{a_r\} = 0$$

この式と r 次の関係式との間で両辺の差をとると

であり, $\omega_s \neq \omega_r$ なので
$$\{a_s\}^T[M]\{a_r\} = 0$$
$(\omega_r^2 - \omega_s^2)\{a_s\}^T[M]\{a_r\} = 0$

であり, $\omega_s \neq \omega_r$ なので
$$\{a_s\}^T[M]\{a_r\} = 0$$
の直交性を有する. 同様に $\{a_s\}^T[K]\{a_r\} = 0$ の直交性を有することが示せる.

4.1 $\omega_i = (i\pi/l)\sqrt{T/\rho}$　　$(i = 1, 2, \cdots)$

4.2 前問の結果から T を解いて $T = \rho(\omega_1 l/\pi)^2$. 40 [N]

4.3 $\dfrac{\omega l}{2c} \tan \dfrac{\omega l}{2c} = \dfrac{\rho l}{m}$　　$\left(c = \sqrt{\dfrac{T}{\rho}}\right)$

4.4 5.1 [km/s]

4.5 式 (4.21) で $M = 0$ とおけばよい. $\omega_i = \left(i - \dfrac{1}{2}\right)\dfrac{\pi}{l}\sqrt{\dfrac{E}{\rho}}$　　$(i = 1, 2, \cdots)$

4.6 加振点を原点にとりパイプの軸方向に x 軸をとれば, 変位
$$U(x) = C\cos\frac{\omega}{c}x + D\sin\frac{\omega}{c}x$$
は境界条件 $U(0) = a$, $\dfrac{dU}{dx}(l) = 0$ を満足しなければならない. したがって
$$u(x,t) = a\left(\cos\frac{\omega}{c}x + \tan\frac{\omega}{c}l\sin\frac{\omega}{c}x\right)\sin\omega t$$

4.7 初期変位は
$$f(x) = \begin{cases} \dfrac{Px}{2EA} & \left(0 < x < \dfrac{l}{2}\right) \\ \dfrac{P(l-x)}{2EA} & \left(\dfrac{l}{2} < x < l\right) \end{cases}$$
で, 初期条件と境界条件を満足する解は
$$u(x,t) = \frac{2Pl}{\pi^2 EA}\sum_{i=1,3,\cdots}^{\infty}(-1)^{(i-1)/2}\frac{1}{i^2}\sin\frac{i\pi x}{l}\cos\omega_i t$$
$$\omega_i = (i\pi/l)\sqrt{E/\rho}$$

4.8 棒の初速度は $\partial u/\partial t(x,0) = g(x) = V$. 衝突端を $x = 0$ として, 変位は
$$u(x,t) = \frac{8Vl}{\pi^2\sqrt{E/\rho}}\sum_{i=1}^{\infty}\frac{1}{i^2}\left(1-\cos\frac{i\pi}{2}\right)\sin\frac{i\pi x}{2l}\sin\omega_i t$$
応力は
$$E\frac{\partial u}{\partial x} = \frac{4}{\pi}V\sqrt{E\rho}\sum_{i=1}^{\infty}\frac{1}{i}\left(1-\cos\frac{i\pi}{2}\right)\cos\frac{i\pi x}{2l}\sin\omega_i t$$
$$\omega_i = (i\pi/2l)\sqrt{E/\rho}$$

4.9 (1) $-EI\dfrac{\partial^2 y}{\partial x^2} = 0, \quad -EI\dfrac{\partial^3 y}{\partial x^3} = ky \quad (x=0)$

(2) $y = 0, \quad EI\dfrac{\partial^2 y}{\partial x^2} = k_t\dfrac{\partial y}{\partial x} \quad (x=0)$

4.10 $1 + \cos\lambda\cosh\lambda = \dfrac{m}{\rho Al}\lambda(\sin\lambda\cosh\lambda - \cos\lambda\sinh\lambda)$

はりの質量に対する先端質量比 $m/(\rho Al)$ を 0 とすれば単なる片持はりに，$m/(\rho Al)$ を ∞ とすれば固定-支持はりとなる (表 4.1 参照).

4.11 図 E のように座標系をとり，支点間のはりの横変位を

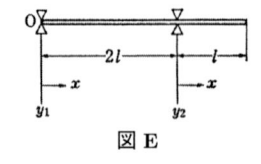

$$Y_1(x) = C_1(\sin\alpha x + \sinh\alpha x)$$
$$+ C_2(\sin\alpha x - \sinh\alpha x)$$
$$+ C_3(\cos\alpha x + \cosh\alpha x)$$
$$+ C_4(\cos\alpha x - \cosh\alpha x)$$

図 E

張り出し部分の変位を

$$Y_2(x) = C_1{'}(\sin\alpha x + \sinh\alpha x) + C_2{'}(\sin\alpha x - \sinh\alpha x)$$
$$+ C_3{'}(\cos\alpha x + \cosh\alpha x) + C_4{'}(\cos\alpha x - \cosh\alpha x)$$

と書くのが便利である．ここで $\alpha = (\rho A/EI)\omega^2$ を表す．これらの式を支点と自由端における境界条件

$$Y_1(0) = Y_1{''}(0) = 0$$
$$Y_1(l_1) = Y_2(0) = 0, \quad Y_1{'}(l_1) = Y_2{'}(0), \quad Y_1{''}(l_1) = Y_2{''}(0)$$
$$Y_2{''}(l_2) = Y_2{'''}(l_2) = 0$$

に代入し，係数 $C_i, C_i{'}$ $(i=1,2,3,4)$ を消去して，振動数方程式

$$(\sin\alpha l_1\cosh\alpha l_1 - \cos\alpha l_1\sinh\alpha l_1)(\sin\alpha l_2\cosh\alpha l_2 - \cos\alpha l_2\sinh\alpha l_2)$$
$$-2\sin\alpha l_1\sinh\alpha l_1(1 + \cos\alpha l_2\cosh\alpha l_2) = 0$$

が導かれる．この問題では $l_1 = 2l, l_2 = l$ である.

4.12 はりの振動モードを

$$Y(x) = C_1\left(\sin\dfrac{\lambda}{l}x + \sinh\dfrac{\lambda}{l}x\right) + C_2\left(\sin\dfrac{\lambda}{l}x - \sinh\dfrac{\lambda}{l}x\right)$$
$$+ C_3\left(\cos\dfrac{\lambda}{l}x + \cosh\dfrac{\lambda}{l}x\right) + C_4\left(\cos\dfrac{\lambda}{l}x - \cosh\dfrac{\lambda}{l}x\right)$$

とおき，境界条件によって各係数を求めると

$$C_2 = -\dfrac{F_0}{2EI(\lambda/l)^3}\dfrac{\cos\lambda + \cosh\lambda}{1 + \cos\lambda\cosh\lambda}, \quad C_4 = \dfrac{F_0}{2EI(\lambda/l)^3}\dfrac{\sin\lambda + \sinh\lambda}{1 + \cos\lambda\cosh\lambda}$$
$$C_1 = C_3 = 0$$

問題の解答とヒント 229

で，固定端に伝達される力の大きさは

$$|F_\mathrm{T}| = |-EIY'''(0)| = F_0 \left|\frac{\cos\lambda + \cosh\lambda}{1+\cos\lambda\cosh\lambda}\right|$$

となる．ただし，$\lambda^4 = (\rho Al^4/EI)\omega^2$

4.13 境界条件は

$$Y(0) = Y'(0) = 0, \quad Y''(l) = 0, \quad -EIY'''(l) = m\omega^2 Y_d + F_0$$

動吸振器の質量の振幅は $\omega_\mathrm{n} = \sqrt{k/m}, \zeta = c/2\sqrt{mk}$ を用いて

$$Y_d = \frac{1+j(2\zeta\omega/\omega_\mathrm{n})}{1-(\omega/\omega_\mathrm{n})^2 + j(2\zeta\omega/\omega_\mathrm{n})}Y(l) = t_\mathrm{R}Y(l)$$

で表される．前問と同様にして係数 $C_i (i=1,2,3,4)$ をきめれば，力の伝達率は

$$T_\mathrm{R} = \left|\frac{\cos\lambda + \cosh\lambda}{1+\cos\lambda\cosh\lambda + \mu t_\mathrm{R}\lambda(\cos\lambda\sinh\lambda - \sin\lambda\cosh\lambda)}\right|$$

となる．ここで $\mu = m/(\rho Al)$．動吸振器がないときは $\mu = 0$ で，前問の結果と一致する．

4.14 4.5 節の例題によって厚さ 1mm の鋼板の曲げこわさは $D = 18\,[\mathrm{N{\cdot}m}]$．式 (4.92) によって長方形板の固有振動数 (単位 [Hz]) は

i \ j	1	2	3	4
1	22	41	75	121
2	66	86	119	166
3	141	161	194	240
4	245	265	298	345

5.1 速度は，$v = Ae^{-\zeta\omega_\mathrm{n}t}\{-\zeta\omega_\mathrm{n}\sin(\omega_\mathrm{d}t+\varphi) + \omega_\mathrm{n}\cos(\omega_\mathrm{d}t+\varphi)\}$．$\xi-\eta$ 平面上で動径は

$$\rho = \sqrt{\xi^2+\eta^2} = \omega_\mathrm{d}Ae^{-\left(\zeta\theta/\sqrt{1-\zeta^2}\right)} \qquad (\theta = \omega_\mathrm{d}t)$$

となる．図 F に $\zeta = 0.2$ と 0.5 のトラジェクトリを示す．

5.2 $\omega_\mathrm{n} = (2\sqrt{k_1 k_2/m})/(\sqrt{k_1}+\sqrt{k_2})$
位相平面トラジェクトリは図 G のようになる．

5.3 点 A $(>d)$ から出発して原点にいたる時間は $\pi/(2\sqrt{k/m}) + d/v$，遊隙を通過する速度は $v = (A-d)\sqrt{k/m}$．したがって固有振動数は

$$\omega_\mathrm{n} = \sqrt{\frac{k}{m}}\bigg/\left\{1 + \frac{2d}{\pi(A-d)}\right\}$$

図 F

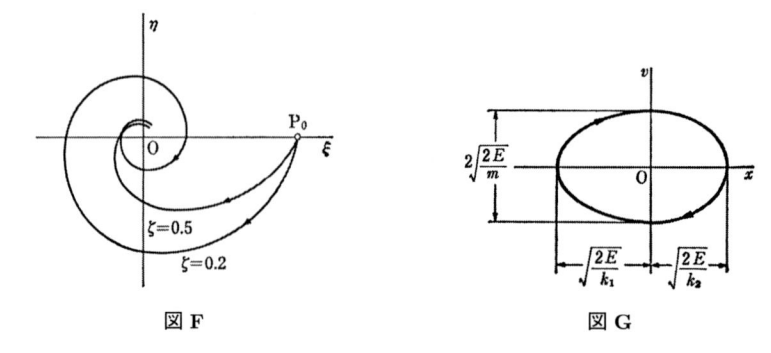

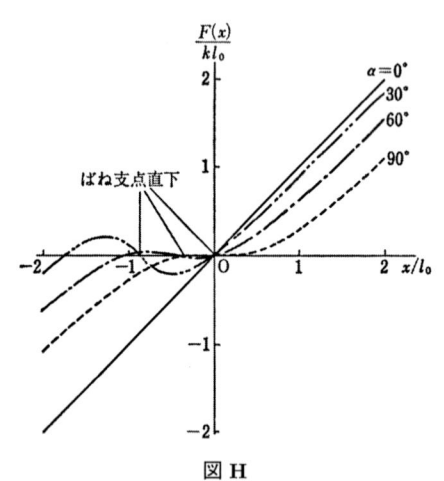

図 G

図 H

で，振幅 A が増すと振動数も大きくなる．

5.4 (1) $m\ddot{x} + kl_0\left(\dfrac{x}{l_0} + \cos\alpha\right)\left\{1 - \dfrac{1}{\sqrt{1 + 2(x/l_0)\cos\alpha + (x/l_0)^2}}\right\} = 0$

(2) 図 H

(3) 位相平面トラジェクトリは

$$\frac{1}{2}mv^2 + \frac{1}{2}kl_0^2\left\{\left(\frac{x}{l_0}\right)^2 + \sqrt{2}\left(\frac{x}{l_0}\right) - 2\sqrt{1 + \sqrt{2}\left(\frac{x}{l_0}\right) + \left(\frac{x}{l_0}\right)^2}\right\} = E$$

5.5 式 (5.2) と式 (5.19) とを対比してみると

$$m \leftrightarrow J, \qquad k \leftrightarrow Mgl, \qquad \beta \leftrightarrow -\frac{1}{6}Mgl$$

したがって式 (5.25) により $T = T_0\{1 + (1/16)a^2 + \cdots\}$. $a = \pi/3$ のとき，周期は約 7% 長くなる．

5.6 図 I **5.7** 図 J
5.8 振子は最下点で毎回打撃されて，そのたびに $\Delta\omega = I/ml$ だけ角速度が増加する．図 K にこの場合の位相平面トラジェクトリを示す．
5.9 $v = \dot{x}$ と置いて書き直した式
$$\frac{1}{2}m\frac{dv^2}{dx} \pm cv^2 + kx = 0 \qquad (v \lessgtr 0)$$
は v^2 に関する線形微分方程式で，その解は A を積分定数として
$$v^2 = (mk/2c^2) \mp (k/c)x + Ae^{\mp(2c/m)x}$$
と書ける．$x = a > 0$ のとき $v = 0$ であったとすれば，その後は $v < 0$ で
$$v^2 = \frac{k}{c}\left\{\frac{m}{2c} + x - \left(\frac{m}{2c} + a\right)e^{-(2c/m)(a-x)}\right\}$$
となる．
5.10 図 L 参照．
5.11 (a) $x_{\max} = \sqrt{k/\beta}(\sqrt{1 + 4\beta mgh/k^2} - 1)^{1/2}$

(b) $x_{\max} = \dfrac{2L}{\pi}\cos^{-1}\left\{\exp\left(-\dfrac{\pi^2 mgh}{4L^2 k}\right)\right\}$

(c) $x_{\max} = \begin{cases} \dfrac{1}{k+k'}\left\{k'A + \sqrt{(k+k')2mgh - kk'A^2}\right\} & (h > kA^2/2mg) \\ \sqrt{2mgh/k} & (h < kA^2/2mg) \end{cases}$

6.1 1 周期の間に三角波が x と $x + dx$ の間に存在する時間を考える (図 M)．
$$p(x) = \begin{cases} 1/2a & (|x| < a) \\ 0 & (|x| > a) \end{cases}$$
$$P(x) = \begin{cases} 0 & (x < -a) \\ 1/2a(x+a) & (-a < x < a) \\ 1 & (x > a) \end{cases}$$
6.2 1 周期の間に正弦波が x と $x + dx$ の間に存在する時間が
$$2dt = \frac{2}{\omega}\frac{dx}{a\cos\omega t} = \begin{cases} \dfrac{T}{\pi}\dfrac{dx}{\sqrt{a^2 - x^2}} & (|x| < a) \\ 0 & (|x| > a) \end{cases}$$
であることに注目する．
$$\widetilde{x(t)} = 0, \qquad \widetilde{x^2(t)} = a^2/2$$
6.3 1 サイクルにおける時間平均を考えればよい．
$$\overline{x(t)} = \frac{1}{T}\int_0^T a\sin\omega t\,dt = 0, \qquad \overline{x^2(t)} = \frac{1}{T}\int_0^T a^2\sin^2\omega t\,dt = \frac{a^2}{2}$$

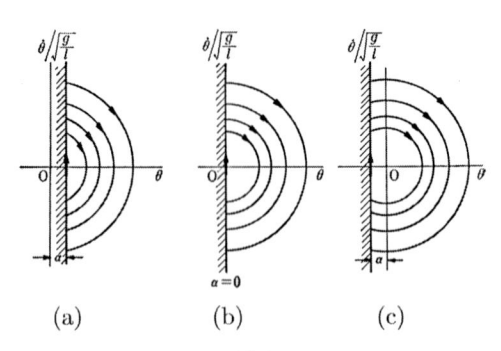

232   問題の解答とヒント

(a)   (b) $a=0$ (c)

図 I

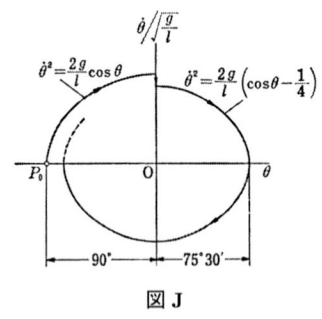

図 J
$\dot{\theta}^2 = \dfrac{2g}{l}\cos\theta$ $\dot{\theta}^2 = \dfrac{2g}{l}\left(\cos\theta - \dfrac{1}{4}\right)$
90°   75°30′

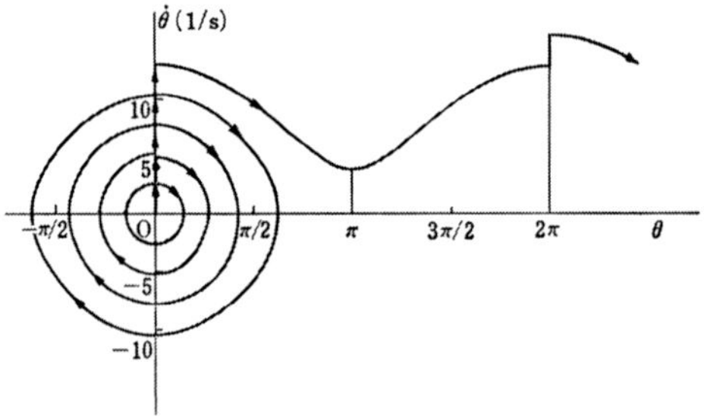

図 K

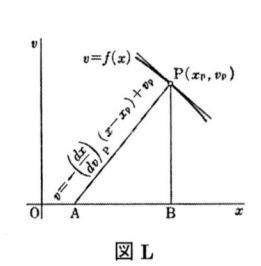

図 L
$v=f(x)$
$v=-\left(\dfrac{dx}{dv}\right)_P (x-x_P)+v_P$
$P(x_P, v_P)$

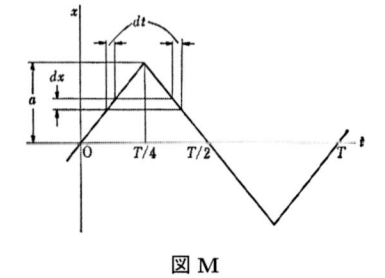

図 M

問題の解答とヒント 233

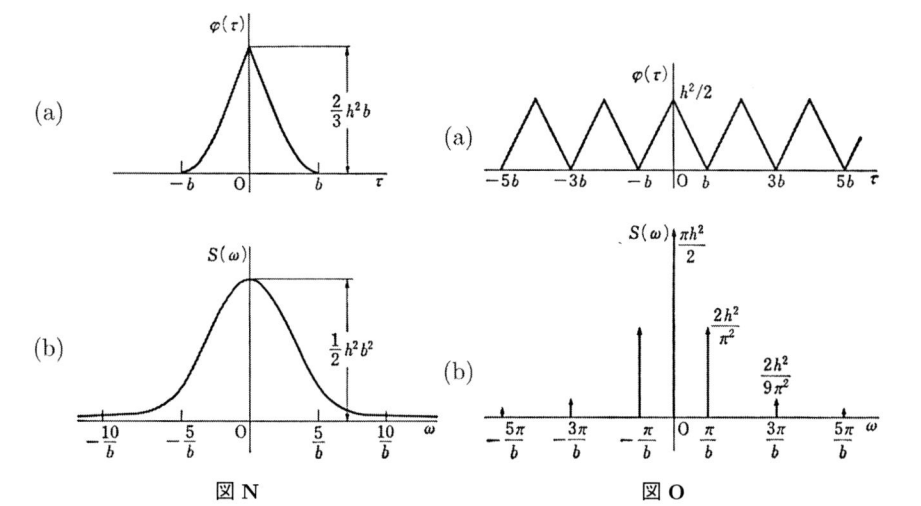

(a), (b) 図 N

(a), (b) 図 O

6.4 $\varphi(\tau) = \dfrac{1}{2}, \qquad S(\omega) = \pi\delta(\omega)$

6.5 $\varphi(\tau) = \begin{cases} \dfrac{1}{3}h^2 b\left(2 - 3\dfrac{|\tau|}{b} + \dfrac{|\tau|^3}{b^3}\right) & (|\tau| < b) \\ 0 & (|\tau| > b) \end{cases}$

$S(\omega) = \dfrac{2h^2}{\omega^2}\left\{1 - 2\dfrac{\sin b\omega}{b\omega} + \left(\dfrac{\sin b\omega/2}{b\omega/2}\right)^2\right\}$ （図 N）

6.6 $\varphi(\tau) = (1/2)h^2(1 - |\tau|/b)\quad (|\tau| < b)$ の周期関数

$S(\omega) = \dfrac{1}{2}\pi h^2 \delta(\omega) + \dfrac{2h^2}{\pi^2}\sum_{n=1}^{\infty}\dfrac{1}{(2n-1)^2}\left[\delta\left\{\omega - (2n-1)\dfrac{\pi}{b}\right\}\right.$

$\left. + \delta\left\{\omega + (2n-1)\dfrac{\pi}{b}\right\}\right]$ （図 O）

6.7 $\varphi(\tau) = S_0\delta(\tau), \qquad S(\omega) = S_0$

6.8 読者自ら考えよう．

7.1 軸方向の変位を u とすると，微小長さ dx の要素の運動エネルギーは

$(1/2)\rho A(\partial u/\partial t)^2 dx$

微小要素にたくわえられるひずみエネルギーは

$(1/2)EA(\partial u/\partial x)^2 dx$

なので，ハミルトンの原理より

$$\delta \int_0^t \int_0^l \left\{\frac{1}{2}\rho A\left(\frac{\partial u}{\partial t}\right)^2 - \frac{1}{2}EA\left(\frac{\partial u}{\partial x}\right)^2\right\} dx dt = 0$$

となる．変分計算を実行すると

$$\int_0^t \left[\int_0^l \left(\rho A \frac{\partial^2 u}{\partial t^2} - EA \frac{\partial^2 u}{\partial x^2} \right) dx + \left[EA \frac{\partial u}{\partial x} \delta u \right]_0^l \right] dt = 0$$

となる．これより，運動方程式は

$$\rho(\partial^2 u/\partial t^2) = E(\partial^2 u/\partial x^2)$$

境界条件は $x = 0, l$ で $\partial u/\partial x = 0$ または $u = 0$ となる．

7.2 $\omega_1 = \dfrac{4.47}{l^2}\sqrt{\dfrac{EI}{\rho A}}$. 厳密な解 $\omega_1 = \dfrac{3.516}{l^2}\sqrt{\dfrac{EI}{\rho A}}$ に比べて約 27% 高い．

7.3 $A(x) = b\left(h_1 + \dfrac{h_2 - h_1}{l}x\right), \quad I(x) = \dfrac{1}{12}b\left(h_1 + \dfrac{h_2 - h_1}{l}x\right)^3$ で，

$$\omega_1 = \frac{\pi^2}{\sqrt{24}\,l^2}\sqrt{\frac{E}{\rho}}\sqrt{h_1^2 + h_2^2 + \frac{1}{\pi^2}\frac{1}{h_1 + h_2}(h_1 - h_2)^2(h_1 - 3h_2)}$$

索　引

1次遅れ系　58, 68
1自由度系　12
2次遅れ系　60
2次振動　85
2自由度不減衰系　83
2乗平均値　180
PID補償器　75

ア　行

アクティブ制御　74
安定　111

位相角　5
位相平面　154
一般解　13
一般座標　90
一般力　204
インデシャル応答　68
インパルス関数　63

うなり　7
運動エネルギー　21

影響行列　100
影響係数　97
エネルギー法　22
エルゴード性　183
円振動数　5
鉛直振子　19

オイラー方程式　202

カ　行

回転振動　17
ガウス分布　181
角振動数　5
確率　179
確率分布　179
確率密度　180

渦状点　156
渦心点　155
仮想仕事　203
仮想仕事の原理　203
仮想変位　203
片持はり　136
過渡振動　61
可変ばね系　170
ガラーキンの方法　207
慣性モーメント　17
慣性力　203

危険速度　44
基準座標　106
期待値　180
基本振動　85
境界条件　124
共振　34
強制振動　32
強制縦振動　128
共分散　184
極　76
曲線適合　109
極配置　76

組み合せばね　16
鞍形点　159
クーロン減衰　48

形状関数　213
係数励振型自励振動　170
ゲイン　56
減衰比　27

コイルばねのこわさ　14
剛性行列　101, 105
構造減衰　51
高速フーリエ変換　109
高速フーリエ変換器　109
高調波振動　168
固体減衰　51

固有関数　125
固有振動数　13
固有振動モード　85
こわさ　12
混合減衰系　52

サ　行

三角関数　63

弛緩振動　164
試験関数　207
自己相関関数　185
指数関数　62
実験モード解析　109
質量行列　105
時定数　69
ジャンプ現象　167
周期　4
周期関数　186
周期振動　4
集合　178
自由振動　14
自由度　3
周波数応答　54
周波数伝達関数　54, 56
周辺分布　183
重みつき残差法　207
状況点　154
状態フィードバック　76
焦点　156
初期条件　14
自励振動　161
振動　1
振動制御　75
振幅　5
振幅倍率　33

水平振子　20
ステップ関数　62

正規分布　181
静連成　101
積分補償器　75
節　85
折点角周波数　58
セパラトリックス　159
漸硬ばね　151
漸軟ばね　151
全ポテンシャルエネルギー　205

相関係数　184
相互相関関数　188
相対伝達率　43
相反定理　98
速度2乗型減衰　50

タ　行

退化　144
対数減衰率　30
多自由度系　83
ダランベールの原理　203
たわみ振動　141
単位インパルス関数　63,69
単位ステップ関数　62,67
単振動　4

中心点　155
超過減衰　27
調速器　115
直線振動　12
直列結合系　60
直交性　102

定常振動　32
定常波　123
定常ランダム過程　183
テイラー級数　202
停留値　201
デュハメル積分　71
伝達率　40

等価質量　23
等価ねじり軸　18
等価粘性減衰　47
動吸振器　91

倒立振子　20
動連成　100
特異点　155
特性曲線　162
トラジェクトリ　154

ナ　行

ねじり振動　131
ねじり振動減衰器　95
粘性減衰　26
粘性減衰振動　29

ハ　行

白色雑音　192
歯車系　87
パッシブ制御　74
波動方程式　121,123
ばね定数　12
ハミルトンの原理　204
はりのこわさ　15
パワースペクトル密度
　　　189,191
汎関数　201
ハンティング　115

非周期運動　4
非線形振動　150
非線形復元力　150
微分補償器　75
標準偏差　181
ヒルの方程式　170
比例補償器　75

不安定　112
フィードバック制御　74
不規則振動　4
不減衰系　12
不釣り合い　37
フーリエ級数　53
フーリエ積分　190
フーリエ変換　55
振子式動吸振器　95
フルビッツの判別式　114
ブロック線図　74

フロッケの理論　171
分散　181
分数調波振動　168

平均値　180
平面板　143
閉ループ　76
ベクトル軌跡　57
変分　201
変分法　201

ポテンシャルエネルギー　21
ボード線図　57

マ　行

膜　141
曲げ振動　133
マシュー方程式　171
モード解析　105
モード行列　106
モード減衰係数　107
モード減衰比　108
モード剛性　107
モード質量　107

ヤ　行

有限要素法　211

横振動　152

ラ　行

ラウスの判別式　114
ラグランジュ関数　204
ラグランジュ方程式
　　　90,203,205
ラプラス逆変換　66
ラプラス変換　61,64
ラプラス変換表　67
ランダム過程　179
ランダム振動　178
ランダムな加振力　196
ランプ関数　62

力学エネルギー　153
力学モデル　2
離散フーリエ変換　109
リッツの方法　208

リミットサイクル　163
両端自由な棒　124
臨界減衰　27
臨界減衰係数　27

レーリーの方法　208
連成項　88
連続体　121

著者略歴

入江敏博(いりえ・としひろ)
1922年　岐阜県に生まれる
1944年　京都大学工学部航空工学科卒業
1964年　北海道大学教授
現　在　北海道大学名誉教授・工学博士

小林幸徳(こばやし・ゆきのり)
1957年　北海道に生まれる
1986年　北海道大学大学院工学研究科機械工学第二専攻博士課程修了
現　在　北海道大学教授・工学博士

機械振動学通論（第3版）　　　　定価はカバーに表示

2006年12月5日　初版第1刷
2015年12月10日　　第11刷

　　　　　　　　　著　者　入　江　敏　博
　　　　　　　　　　　　　小　林　幸　徳
　　　　　　　　　発行者　朝　倉　邦　造
　　　　　　　　　発行所　株式会社　朝倉書店
　　　　　　　　　　　　　東京都新宿区新小川町6-29
　　　　　　　　　　　　　郵　便　番　号　162-8707
　　　　　　　　　　　　　電　話　03(3260)0141
　　　　　　　　　　　　　FAX　03(3260)0180
〈検印省略〉　　　　　　　　http://www.asakura.co.jp

　　© 2006〈無断複写・転載を禁ず〉　　　　東京書籍印刷・渡辺製本

ISBN 978-4-254-23116-8　C 3053　　Printed in Japan

JCOPY　〈(社)出版者著作権管理機構　委託出版物〉
本書の無断複写は著作権法上での例外を除き禁じられています．複写される場合は，そのつど事前に，(社)出版者著作権管理機構（電話 03-3513-6969, FAX 03-3513-6979, e-mail: info@jcopy.or.jp）の許諾を得てください．

竹内洋一郎・柳沢　猛・沖津昭慶著	振動工学に重点を置きつつ各章間の関連にも触れ例題を豊富に活用して解説。〔内容〕機械の静力学と運動学／往復機械の力学／1自由度系の振動／多自由度系の振動／連続体の振動／回転材料の力学／非線形振動と不規則振動／振動計測と防振
機　械　力　学	
23023-9　C3053　　　　A 5 判 192頁　本体3400円	

前名大 山本敏男・愛知工大 太田　博著	機械力学のもっとも基礎的な事項に重点をおき，平易かつ詳細に解説した教科書・参考書。SI単位使用。〔内容〕1自由度系～多自由度系の振動／自励振動／可変特性をもつ振動系／非線形振動系／回転体・回転軸の振動／往復機関の動力学／他
機　械　力　学（増補改訂版）	
23048-2　C3053　　　　A 5 判 272頁　本体4200円	

前東工大 長松昭男著	ニュートン力学と最先端の物理学の成果を含めた機械系力学を本質的に理解できる渾身の展開で院生・技術者のバイブル。〔内容〕なぜ機械の力学か／状態量と接続／力学特性／力学法則／ダランベールの原理／運動座標系／振動／古典力学の歴史
機　械　の　力　学	
23117-5　C3053　　　　A 5 判 256頁　本体4800円	

前日大 金子純一・前金沢工大 須藤正俊・ 前日大 菅又　信編著	好評の旧版を全面的に改訂。〔内容〕物質の構造／材料の変形／材料の強さと強化法／材料の破壊と劣化／材料試験法／相と平衡状態図／原子の拡散と相変化／加工と熱処理／鉄鋼材料／非鉄金属材料／セラミックス／プラスチック／複合材料
改訂新版 **基 礎 機 械 材 料 学**	
23126-7　C3053　　　　A 5 判 256頁　本体3800円	

東亜大 日高照晃・福山大 小田　哲・広島工大 川辺尚志・ 愛媛大 曽我部雄次・島根大 吉田和信著 学生のための機械工学シリーズ1	振動のアクティブ制御，能動制振制御など新しい分野を盛り込んだセメスター制対応の教科書。〔内容〕1自由度系の振動／2自由度系の振動／多自由度系の振動／連続体の振動／回転機械の釣り合い／往復機械／非線形振動／能動制振制御
機　械　力　学	
23731-3　C3353　　　　A 5 判 176頁　本体3200円	

九大 金光陽一・前九大 末岡淳男・九大 近藤孝広著 基礎機械工学シリーズ10	ますます重要になってきた運輸機器・ロボットの普及も考慮して，複雑な機械システムの動力学的問題を解決できるように，剛体系の力学・回転機械の力学も充実させた。また，英語力の向上も意識して英語による例題・演習問題も適宜挿入
機　械　力　学 ―機械系のダイナミクス―	
23710-8　C3353　　　　A 5 判 224頁　本体3400円	

前東大 三浦宏文編著 グローバル機械工学シリーズ1	新世紀の教科書を明確に意識して「学生時代に何を習ったか」でなく，「何を理解できたか」という趣旨で記述。本書は，機構学を含めた機械力学を展開。ベクトルから始めて自由度を経て非線形振動まで演習問題を多用して本当の要点を詳述
機　械　力　学 ―機構・運動・力学―	
23751-1　C3353　　　　B 5 判 128頁　本体2900円	

前東大 吉沢正紹・工学院大 大石久己・慶大 藪野浩司・ 上智大 曄道佳明著 機械工学テキストシリーズ1	機械システムにおける力学の基本を数多くのモデルで解説した教科書。随所に例題・演習・トピック解説を挿入。〔内容〕機械力学の目的／振動の緩和／回転機械／はり／ピストンクランク機構の動力学／磁気浮上物体の上下振動／座屈現象／他
機　械　力　学	
23761-0　C3353　　　　B 5 判 144頁　本体3200円	

麻生和夫・谷　順二・長南征二・林　一夫著 新機械工学シリーズ	学生の理解を容易にするために，できるだけ多くの図や例題，演習問題をとり入れたSI単位によるテキスト。〔内容〕1自由度系の振動／2自由度系の振動／多自由度系の振動／回転機械の力学／往復機械の力学／連続弾性体の振動／非線形振動
機　械　力　学	
23581-4　C3353　　　　A 5 判 200頁　本体3600円	

久曽神煌・矢鍋重夫・金子　覚・田辺郁男・ 阿部雅二朗著 ニューテック・シリーズ	運動方程式のたて方に重点をおいた教科書。〔内容〕質点の様々な運動／質点系の力学／剛体の並進運動と固定軸のまわりの回転運動／剛体の平面運動／仕事とエネルギ（質点・質点系・剛体の運動）／運動量と力積，衝突／他
機械系のための 力　学	
23721-4　C3353　　　　A 5 判 164頁　本体3000円	

上記価格（税別）は 2013 年 8 月現在